한국 식물사회 생태도감 1

우포늪의 식물군락

국립중앙도서관 출판시도서목록(CIP)

우포늪의 식물도감 = Plant communities of Upo wetland / 지은
이: 김종원, 안경환, 이창우, 최병기. -- 대구 : 계명대학교출판부,
2011
p. ; cm. -- (한국 식물사회 생태도감 = Ecologically-illustr-
ated vegetation of Korea ; 1)

참고문헌과 색인수록
권말부록: 식물사회학적 작은 생태사전
ISBN 978-89-7585-557-3 96480 : ₩39000

우포 습지[牛浦濕地]
식물 도감[植物圖鑑]

481.9511-KDC5
581.9519-DDC21 CIP2011003317

Volume 1

Ecologically-Illustrated Vegetation of Korea

Plant Communities of Upo Wetland

한국 식물사회 생태도감 1

우포늪의 식물군락

참나무처럼 **김종원** 공저

계명대학교 출판부
Keimyung University Press

목 차 Contents

세가름 식생의 특이성

네가름 습지생태계 관리

모둠 둘 식물사회 Plant communities

김종원, 안경환, 최병기 by Jong-Won Kim, Kyung-Hwan Ahn, Byoung-Ki Choi

모둠 셋 식물상

식물상 목록 Flora list

부록 Appendix

우포늪은 자연 원시늪이 아니라, 문화적 부영양화(cultural eutrophication)에 의하여 유지되는 습지이다. 이러한 문화적 부영양화 습지를 특징짓는 진단종 가운데 하나가 '자운영'이다.
Astragalus sinicus, a kind of diagnostic species to the culturally-eutrophic wetland vegetation

머리글

우포늪, 그리고 미래와의 대화

우포늪은 정착농경이 활발했던 청동기시대에도 이미 지역 토착민들에게 가장 중요한 생활의 기반이 되는 습지였다. 그것은 지금으로부터 길게는 8천여 년 전으로 기원전 6천여 년경의 일이다. 우포늪에서 얼마 떨어지지 않은 창녕 부곡에서 8천여 년 전의 것으로 추정되는 통나무 배가 발굴된 것은 그것을 실체적으로 증명하기에 충분하였다. 글자로 기록된 오래된 유산은 그리 많지 않지만, 우포 자연사와 인간 문화사가 어우러지는 역사는 인류 농경문화의 발달사와 그 맥을 같이 한다고 볼 수 있다. 특히 우포늪은 낙동강의 범람과 홍수 그리고 토평천과의 역동적인 상호관계에서 발달한 배후습지이기 때문에 농경시대에는 분명 귀중한 토지 자원으로 주목받을 수밖에 없었을 것이다.

그러던 우포늪이 인간에 의하여 근본적인 일그러짐을 강요받기 시작한 것은 일제 식민지 시대라 할 수 있는데, 물 흐름과 물고임에 결정적인 영향을 미치는 수리시설의 축조이다. 오늘날에도 그 영향이 지속되고 있으며, 새로운 수리수문의 간섭 요소도 생겨나고 있다. 마침내 우포늪은 자연적인 물의 움직임에서 발달한 청동기

시대의 '자연 배후습지'로부터 지금처럼 인공 조절의 '반자연/반인공 배후습지' 상태로 변질되어 유지되고 있는 것이다.

국제적으로 습지 보호를 위한 국가 간의 약속, 람사르협약, 그 협약 정신에 대응하는 한국 대표 습지가 바로 우포늪이다. 람사르 습지로 등재되기 전부터도 국가 수준에서 이미 관리되고 있었으며, 전 국민에게 주목받는 생태지역이기도 하다. 2008년 10월, 람사르협약 제 10 차 당사국 총회가 경남 일원에서 개최되었을 때도 우포늪은 그 중심에 서 있었다. 그런데 그 총회는 한바탕의 소란만 피운 채 이벤트로 끝나버렸고, 저자들은 날벼락을 맞았다.

국가적 국민적 공유 자연자산이기에 우포늪 관리에는 기본적으로 국민의 세금이 지불된다. 환경부가 추진하고 있는 국가장기생태연구의 대상 지역인 것도 그 때문이다. 그런데 장기생태연구를 위하여 설치해 둔 영구방형구(permanent quadrat; 특정 면적의 네모진 공간)가 어떤 예고도 없이 굴삭기에 의하여 무참히 훼손되는 사건이 발생했다. 2008년 8월 잔뜩 찌푸린 여름 아침나절의 일이었다. 계획대로 현장조사를 나갔던 연구원(공동 저자)은 예기치 못한 상황을 목격하고 심장이 멎는 듯했다고 하였다.

우리는 습지 천이를 연구하기 위해서, 우포의 잠재적 습지영역인 묵정 논밭에서 2년 이상 지속적으로 모니터링 해오고 있었던 참이었다. 그런데 바로 우리가 모니터링 말뚝을 박아두었던 그 묵정 논밭을 짓뭉개고 있었던 것이다. 그 모니터링은 적어도 향후 10여 년간을 계속할 것을 계획하고 시작되었던 국가 장기생태프로젝트(지역 책임연구자: 부산대 주기재 교수)의 일환이었다. 그곳은 우포늪생태관에서 그리 멀리 떨어져 있지 않는, 람사르 총회의 손님들이 드나들 우포늪 나들목에 위치하고 있었다.

우포늪 그 자체가 이미 거대한 습지이거늘, 얼토당토않게 '습지체험단지'를 만든다면서 연구 입지(sites)를 짓뭉개버린 것이다. 우리는 창녕군, 환경부 낙동강유역환경청, 그리고 지역 생태전문가들이 참여한 자문과 정책적 결정을 통해서 합법적으로 이루어졌다는 강변(强辯)만을 반복해서 들어야만 했다. 그래서 우리는 우리가 할 수 있는 일을 찾아 나서기로 했다.

본서는 현재 이 순간까지 우포늪이 우리에게 보여주었던 정보를 늦게나마 담아내 놓은 것이다. 우포늪이 생성된 이후, 우포늪에 대한 현존 식생 역사를 최초로 담은 자연사 기록서인 셈이다. 때문에 미래의 후세대들에게 도움이 되어야 하며, 진실된 생태정보만을 담아내야 한다는 것을 잊지 않았다. 이것이 '우포늪 자연의 안과 겉'이라고 하는 당당한 역사적 기록물이 되어야 한다는 다짐을 하였다. 그 가운데 사람들이 체험할 수 있는 직접적인 생태요소를 중심으로 그 내용을 채워나갔다. 한 가지 대표적인 사례가 현존식생도이다. 고해상도의 현존식생도는 다음 세대의 토지 이용과 생태계 관리에 크나큰 지침이 되기 때문이다.

또 다른 사례는 우포늪 물그릇의 '전'이라 할 수 있는 주변 산지에 그 흔한 '진달래속(*Rhododendron* spp.)'의 식물종이 매우 희귀(稀貴)하다는 사실을 적시하였다. 우포늪 생태계가 예사롭지 않다는 그 특이성을 단적으로 보여주는 대목이다. 당연히 우포늪의 물그릇은 셰일(혈암)이라는 퇴적암으로 된 질그릇에서 기인하는 생태학적 이유 때문이기도 하지만, 우포늪이 가지고 있는 생태계와 경관의 독특성을 말해주고 있는 것이다. 이처럼 우포를 우포답게 하기 위한 우포늪 생태계 관리의 나침반이 되기 위해서라도 그 궤도를 벗어나지 않도록 다섯 가지의 우포늪 특질을 여기에 적시해 둔다.

첫째, 우포늪은 원시적인 늪이 아니라, 사람과 자연이 어우러지는 늪이라는 것이다. 장구한 세월동안 농경에 의한 문화적 부영양화로부터 식생과 경관과 생태계가 우점하고 유지되고 있다는 뜻이다.

둘째, 우포늪은 1억5천만년의 나이를 가진 습지가 아니라, 약 5, 6천 년 전부터 현재의 형상으로 발달해 온 늪으로서, 청동기 농경문화 이후로 이미 사람의 주목을 끌었던 '사람과 자연이 어우러진 늪'이라는 것이다.

셋째, 질퍽질퍽한 늪이라기보다는 물 흐름이 인공적으로 통제되는 여러 수리시설로 말미암아 현재는 오히려 얕은 호수로 바뀐 서식처가 넓게 분포한다는 것이다. 소벌, 나무벌, 모래벌, 쪽지벌 등이 자유자재로 물이 드나드는 '잠재범람습지'로써 기능하는 것이 본래의 우포늪 원형이기 때문이다.

넷째, 우포늪의 골격(지형형상)과 수질에 변화를 야기하는 개발 또는 이벤트성의 행사를 빌미로 우포늪은 점차 변질되고 있다는 것이다.

다섯째, 결론적으로 서식처 기반의 생물상 이해만이 우포늪 관리에 가장 원초적인 생태학적 접근 전략이 된다는 것이다. 얼마 전에 시도되었던 황새 복원사업도 그랬고, 지금 진행되고 있는 따오기 복원사업도 그렇고, 앞으로도 몇 번이라도 있을 법한 어떤 복원사업도 "서식처에 대한 철두철미한 생태학적 준비"가 없다면 진정한 생명 사랑을 실현할 수 없을 것이다. 오히려 외래 귀화생물종의 번성과 분산의 핵으로 변질되고 말 것이다. 그래서 본서는 생물의 서식 공간으로서 우포늪에 대한 현황 분석 결과를 우선적으로 고찰하게 된 것이다.

본서는 두 권으로 이루어진『한국 식물사회 생태도감』가운데, 제 1 권『우포늪의 식물군락』편이다. 위에서 기술한 다섯 가지 특질들은 다음과 같은 항목 속에 정리되어 있다:

(1) 습지 생성기원과 자연환경 조건,
(2) 우포늪 내에서의 서식처 다양성,
(3) 습지를 대표하는 지표종 '오리나무'가 분포하지 않는 것, '버드나무 종류(*Salix* spp.)'의 암수 성비(性比)의 불균형 등의 우포늪 식생의 특이성,
(4) 최초로 밝혀지는 늪의 바닥 형상과 고해상도의 GIS 현존식생도,
(5) 식물사회(군락)의 다양성과 분포,
(6) 귀화식물종을 포함한 식물상 총목록(species pool)과 생태식물상적 특성,

(7) 학술적 전문 용어에 대한 해설.

본서는 이 시대에서 가장 낮은 시장경제적 금전(현금)가치로 평가되고 있는 순수 식생지(植生誌)이지만, 시간이 경과함에 따라 자연사적 기록물로서 그 존재가치가 무한하다. 본서를 출판하는데 많은 분들의 격려와 협력이 있었다. 특히 '참나무처럼'에 뜻을 같이 하는 분들과 여러 제자들의 끊임없는 의문과 탐구 그리고 그들의 맑은 마음으로의 응시는 저자로 하여금 그 출판 시기를 앞당기게 하는 모티브가 되었다. 우리 저자들은 무엇보다도 오지랖 넓은 우포늪과 그 속에 깃들어 있는 모든 생명들의 삶을 몸과 마음으로 존중하기로 했다. 그것은 사람(人)과 땅(地)과 하늘(天)과 도(道)의 본보기가 자연(道法自然)이기 때문이며, 여전히 우포늪에서는 무위자연(無爲自然)이 충만하고 있기 때문이다.

2011년 진달래 꽃 만발한 봄날

橡然齋에서 김종원

우포(牛浦)가 소벌인 이유

우포늪의 올레길, 둘레길

'우포늪'이라고 부르는 명칭 속에는 사실상 창녕군 일대에 걸쳐 있는 네 개의 크고 작은 늪이 포함되어 있다. 우포, 사지포, 목포, 쪽지벌 등이 그것이다. 이 가운데 세 개는 포(浦) 자가 붙어 있고, 나머지 하나는 순수 우리말이다. 습지의 형성기원이 어떻든 간에 포(浦) 자가 붙은 습지 명칭은 한자말인데, 우포(牛浦)는 소벌, 사지포(砂地浦)는 모래벌, 목포(木浦)는 나무벌이라는 우리말 이름을 가지고 있다. 그 이름이 어느 것이 먼저라고 단정지을만한 기록물은 보이지 않는다. 단지 중국에서 한자가 도입된 이후 시대부터 지명이 한자로 표기됨을 전제로 할 때, 한자 표기 전까지라도 지역민들이 부르던 고유 명칭은 분명히 존재했을 것이다. 특히 일찍부터 인간의 농경문화 중심지였다면 우포늪 지역은 더욱 그러했음을 미루어 짐작할 수 있다.

우포늪은 '우포'와 '늪'이라는 두 단어의 합성어인데, 한자어 '우포'(牛浦)와 우리말의 '늪'이 조합된 명칭이다. 사실상 우포늪이란 명칭이 전국민에게 널리 받아들여지게 된 것은 1992년 KBS 자연다큐멘터리 '자연생태보고, 우포늪'이라고 하는 제목이 등장하면서였다. 우포 지역에 흩어져 있는 늪을 통칭하는 의미로 쓰이진듯하다. 그런데 15세기말 『동국여지승람』(1481년) 창녕현편과 19세기 『대동여지도』(1861년)에는 우포라는 한자 명칭은 발견되지 않는다. 1872년(고종9년) 『지방도』(地方圖)에 처음으로 우포늪 일대를 두고 용호(龍湖), 목포(木浦), 사포(沙浦), 우포(牛浦) 등의 습지를 지칭하는 한자명이 표기되어 있다(37쪽 한가름 자연환경편 참조). 조선총독부는 『조선지지』(朝鮮地誌, 1918년)에서 '창녕에는 한반도에서 가장 큰 우포가 있다'고 기술하고 있고, '보호사적에 관한 법률'을 제정(1933년) 하여 우포늪을 천연기념물 15호로 지정했다고 설명하고 있다. 그런데 아이러니 하게도 천연기념물을 지정해 두고서도 우포 일대의 물흐름을 조절함으로써 습지 생태계에 결정적 변질을 초래하게 되는 제방을 축조하는데, 도무지 납득되지 않는 토지 관리 정책을 폈던 것이다. 물론 지명의 기원이 무엇인지에 대해서도 어떤 고민도 할 필요가 없는 일제 식민지 지배자들의 정치적 합리주의의 전형이다.

우리말 지명으로 소벌, 나무벌, 모래벌, 쪽지벌의 명칭은 그 이름에서 늪의 특성을 이해할 수 있다. 소벌은 소가 노닐던 질퍽한 땅, 나무벌은 나무 땔감을 채취하던 질퍽한 땅, 모래벌은 모래가 많은 질퍽한 땅, 쪽지벌은 한 모퉁이에 따로 떨어져 있는 질퍽한 땅으로 이해하면 정확하다. 그래서 이들 명칭은 토착 원주민들 사이에서 이미 오랜 세월 동안 자연스럽게 불리어졌던 지명이지, 어떤 시기에 누구에 의하여 만들어진 지명이 아니라는 것도 쉽게 알 수 있다. 한자 지명들은 한자를 체득한 사람들에 의해서 이러한 우리말 지명으로부터 번역되어 만들어진 것이다.

이 가운데 가장 넓고 중심적인 늪은 소벌인데, 이 명칭으로부터 지역의 문화적 역사적 그리고 생태적 측면에서 중요한 의미를 발견할 수 있다. 소벌은 그 말의 기원이 각기 다른 소와 벌의 합성어이다. 둘 다 한 글자의 외마디 소리이며, 일반적인 복합명사들보다 더욱 오래된 말이다. 소(牛)는 일찍이 한반도에서도 특히 중남부 지방의 벼농사 정착 농경문화와 함께 한 가축의 대명사이고, 벌은 광활하면서 나지막하고 평평한 벌판이며, 그 속에는 부드럽고 완만한 요철(凹凸) 지형을 가지고 있는 그런 지역을 일컫는다. 전국적으로 이곳 창녕의 소벌이 그 유일한 지명이다.

소벌은 소의 벌판으로 농민들에게 아주 매력적인 토지자원이다. 이 소벌을 중심으로 둘러싸고 있는 주변의 한자 지명들을 살펴보면, 소벌의 그런 의미는 더욱 명백해진다. 나무벌과 소벌의 사이에는 소목산이 있다. 소(牛)와 목(項)과 산(山)의 합성어인데, 현재 한자 지명으로 우항산(牛項山)이라고 부른다. 소목산은 나무벌과 소벌

사이에 있는 나지막한 야산으로, 소를 키우며 땔감을 하면서 빈번하게 왕래하던 길목, 즉 나들목에 위치하고 있는 것에서 그 이름이 유래하는 것으로 보인다. 최근 자료들에는 하늘에서 내려다보면 소(牛)의 목처럼 생긴 것에서 붙여진 이름이라고 설명하고 있지만, 비행기는커녕 고무풍선도 없었던 그 옛날에 "하늘에서 내려다 본다"는 논리는 성립되지 않기 때문에 생각없는 사람들의 유치함에서 비롯된 우스개일 뿐이다. 또 다른 소와 관련된 지명을 살펴보면 그것은 더욱 분명해진다.

낙동강에서 소벌로 이어지는 토평천의 끝자락에 소의 머리 부문에 해당하는 곳으로 이른바 소머리산, 우두산(牛頭山)이 있다. 소의 머리 바로 아래에 소의 목이 있고, 그 목은 소의 몸통에 위치하는 소벌로 이어진다. 이러한 사실은 1872년 조선의 지방도 속에 우포늪 일대를 지나는 길(道路) 표시에서도 잘 나타나 있다. 아쉽게도 지방도 속에는 소머리나 소목이라고 표기된 한글명은 보이지 않으며, 우두산, 우항산이란 한자지명도 보이지 않는다. 그렇지만 옛날 사람들은 소벌로 통하는 소목과 소머리에 해당하는 위치를 인식하면서 왕래했음이 틀림없다.

낙동강 소금 배에서 하역한 소금을 실은 소달구지는 소머리산을 돌아 소목에서 한숨을 돌리고, 소벌을 지나 창녕 읍내로 들어오는 아련한 풍광을 떠올려 본다. 그래서 소벌이라는 습지를 중심으로 생겨난 토착 지명들은 지금도 면면히 기억되고 전래되고 있는 것은 아닐까. '자연과 인간의 관계'를 냉철하게 이해하려 들면, 우포는 원초적으로 소벌일 수밖에 없고, 그런 소벌은 청동기시대 이전부터 존재해왔을지도 모를 일이다. 한 가지 분명한 것은 이러한 사실이 한반도에 한자가 전래되는 시기보다도 훨씬 이전인 약 2, 3 천 년 전의 일이라는 것이다.

우리는 여기에서 분명히 인식하고 넘어가야 할 또 한 가지가 있다. 소(牛)라는 이름을 포함하고 있는 지명은 소가 가축으로 이용됨으로써 우리 뇌세포 속에 깊숙이 인식된 후에 뒤늦게 생겨난 이름이라는 사실이다. 소에 대한 인식 없이 지명이 생겨날 경우는 없기 때문이다. 소가 언제부터 한반도에서 가축으로 이용되었는지 정확한 역사적 시점을 제시할 수는 없으나, 벼농사가 전래된 청동기시대에 분명히 가축으로 길러진 것은 부정할 수 없는 사실이다. 그래서 소는 청동기시대이래로 서기 1960년대까지 약 4천여 년 간 농경사회의 가장 중요한 생활수단이자 생존 수단이었던 셈이다. 우포늪 일대는 그러한 소를 이용한 농경문화를 꽃피울 수 있는 한반도 최대의 무대였던 것이다. 그것은 우포의 생성기원에서 더욱 분명하게 설명된다.

한자(漢字)가 전래되는 시점보다 무려 약 3천여 년 전의 청동기 시대, 그리고 지금으로부터 1천9백여 년 전 가락의 문화가 꽃피웠던 시기, 우포 지역 일대에서는 현재의 모습과 같은 광활한 늪이 존재했다는 지질학적 지형학적 증거가 있다(아래 자연환경 부문의 '생성 기원'을 참조, 33쪽). 청동기시대의 '정착농경'과 '가축'이라는 사회사는 신석기시대보다 훨씬 진보된 첨단기술과 문화로 특징지어진다. 그러한 청동기시대의 정착 농경 사회는 큰 강과 습지 주변의 충적지에서 그 유적이 발굴되고 있는 것과 일치한다. 낙동강과 이어져 있는 우포 늪지대도 청동기 사람들의 주요 '삶의 터전'이었던 것이다.

글자가 없었던 신석기, 청동기 시대에 선사인들은 그들의 역사를 암각화를 통해서 전하고 있다. 창녕 우포에서 그리 멀지 않은 울산 반구대에는 신석기인과 청동기인들이 파놓은 기록들이 있다. 이 암각화를 만들었던 사람이나 그 사회는 자신들의 생각과 의도를 암각화 문양으로 표출하면서 생존에 필수적인 가축을 뺄 리가 만무하다. 암각화 속에는 소를 포함한 다양한 가축 동물이 포함되어 있었을 것이 분명하다. 거기에 소 문양의 암각화가 없다고 반박할 수 있는 어떤 근거도 찾아볼 수 없다. 오히려 있었던 소 문양의 암각화가 사라져 버렸을는지도 모른다. 지금까지 반구대 암각화의 보존 실상을 살펴보면 충분히 그러 하고도 남는다. 제 역사의 정통성과 독창성을 제대로 보존하지 못하는 현실이, 부끄럽고 안타까울 뿐이다. 암각화 실체를 보존하는 일을 더 이상 미루지 말고, 진정성을 가지고 노력해야 할 것을 지도자들에게 고한다.

부식(腐蝕)이 심한 반구대 암각화의 현재 형상으로부터 구체적인 동물을 지칭하

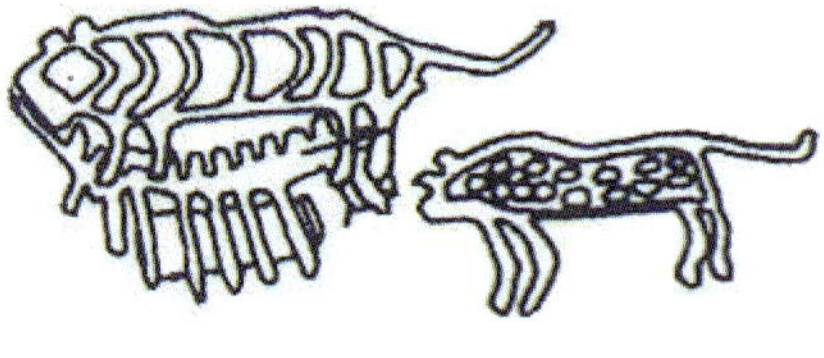

훼손이 심하기 때문에 암각화 문양을 현재 보이는대로 이해하는 데에는 분명 한계가 있지만, 울타리를 가운데 두고서 가축소(칡소)와 맹수가 서로를 응시하고 있는 듯 한 울산 반구대 암각화의 한 부분.

기란 간단한 일이 아니다. 하지만, 암각화 속에는 선뜻 '칡소'의 형상이라고 이해할만한 부분이 관찰된다. 울타리를 가운데 두고서 울타리 바깥쪽에서 소를 응시하고 있는 맹수의 형상이나, 그 맹수를 향해 고개를 돌리고 있는 듯 한, 소의 형상은 암각화를 새겨 그린 선사인들의 생각을 생생하게 보여주고 있는 것이다.

우포늪은 그런 소들을 방목하기에 모자람이 없는 땅이다. 자연스럽게 물이 드나드는 범람원은 소들이 아주 좋아하는 꼴이 되는 식물종, '물억새'와 '갈풀'(162쪽 참조)이 사는 서식처이다. 청동기시대, 흐드러지게 펼쳐져 있는 우포의 초원, 풀을 뜯고 있는 소들의 모습이 선명하게 떠오른다. 우포는 청동기 사람들에게 소를 방목하고, 소 먹이, 꼴을 얻는 최고의 생태공간이었다. 소(牛)들이 뛰어 놀던 벌(펄, 들)인 것으로부터 유래하는 자연어(自然語), 그것이 소벌의 유래이다. '우포'라는 명칭은 '소벌'을 한자로 번역한 것이 분명해진다.

우포늪을 포함한 창녕군은 '가락국(伽洛國)의 일부로 일찍이 신라에 병합하여 비자화군(比自化郡) 일명 비사벌(比斯伐)'이었다(창녕군지 1984). 이러한 서술은『삼국사기』지리지 편(김부식, 1145년)에 나오는데, 이것 또한 진흥왕순수비를 바탕으로 기술한 것이고, 그것은 우리말 지명에 대한 중국 한자식의 음역(音譯)으로 보인다. 우리말 '벌판의 벌'이라는 의미와 전혀 상관없는 한자 벌(伐) 자로 지명을 기술하고 있는 것으로부터도 알 수 있다. 이처럼 우리에게 한자가 존재하지 않았던 청동기시대에도 우포 지역을 부르던 명칭은 분명히 존재했다는 것을 미루어 짐작

할 수 있는 것이다. 창녕 지역이 포함되는 비화가야(非火伽耶)의 가락국은 엄연히 존재했던 문명 국가였지만, 그런 가야 역사를 배제하고 삼국으로만 우리의 역사를 의도적으로 축소 왜곡시켜버린 『삼국사기』, 그 속의 지리지가 얼마나 정직하게 지리 역사를 기술했을지는 사뭇 의심스럽다. 그럼에도 불구하고 그 『삼국사기』 지리지 이후, 『동국여지승람』(1499년), 『택리지』(1751년), 『지방도』(1872년) 등으로 이어지고, 오늘날에도 이 땅의 자연사에 대한 깊은 고뇌 없이 한자에 대한 중화사대주의적 틀 속에서 머물러 있는 현실이 안타깝다.

자연은 문화의 독립변수이며, 인간의 문화는 자연의 종속변수이다. 지역의 자연환경은 지역의 독창적인 문화 환경에 지대한 영향을 미치고 있다. 현재 통용되고 있는 지명이 원래 이름과 다르게 부르고 있다는 사실만으로 그것이 옳다 그르다 할 수는 없지만, 어떤 지명이 지역 고유의 자연환경과 그것에 종속되어 발달해 온 문화적 의미를 포함하고 있다는 사실을 인정한다면, 그것은 하나의 이름으로서만의 가치

'마름'으로 수면(水面)이 완전히 덮혀버린 우포의 여름 경관. 사진 오른 쪽 키 큰 나무는 '이태리포푸라'인데, 우포의 고유 경관과 생태계에는 어울리지 않는 외국식물이다. (2007. 7. 26)

를 훨씬 초월하고 있다는 사실을 잊어서는 아니 된다. 모든 사물이나 사실에 대하여 근원적 본질을 배제하고서 적당히 이해하려 드는 행위는 무식과 무지의 결과이며, 문화의 천박성과 비독창성 때문에 무시당하고 만다. 여자로 태어났기 때문에 온전한 이름 석 자를 가지는 것이 불가능했던 일그러진 조선 유교 사회의 반생명적 세태는 철저하게 비판받아 마땅하듯이, 자연생태계를 구성하는 모든 요소는 나름의 의미와 우주적 가치를 가지고 있다. 따라서 그러한 가치를 담고 있는 이름을 발굴해서 사용하는 것은 지역의 정체성을 회복하고 그 독창성으로부터 존재의 가치를 드높이는 첫걸음이 될 것이다.

일제강점기 이후 오늘날에 이르기까지 인공제방이 축조되고, 수로가 조절되고, 일부는 메워짐으로써 소벌은 점점 그 원형을 잃어가고 있으며, 이제는 물이 늘 고여 있는 얕은 호수가 되고 말았다. 이것이 수리수문의 첨단 과학기술이 만들어낸 결과라고 그냥 받아들이면서 침묵하고 있는 사이, 마침내 낙동강과 토평천 그리고 우포늪 일대는 그 본래의 지명마저도 잊혀져가고 있는 것이다. 소벌은 여러 개의 늪으로 완전히 분리되게 되고, 각기 다른 이름으로 불리어졌던 소벌, 나무벌, 모래벌, 쪽지벌 모두가 통칭되어 '우포늪'이라 부르고 있다. 인간을 위해 일생을 봉사하고 육신(肉身)마저 바치는 소(牛)를 키워 낸 곳이기에 소벌은 마땅히 소벌이고, 나무벌은 오래 전부터 원주민들에게 땔감을 제공하는 얼안이었기에 나무벌이며(아래 습지생태계 관리 부분 참조), 모래벌은 모래가 많기에, 쪽지벌은 이름 그대로 동아리가 난 펄을 두고 부른 이름임에 틀림없다.

지금 우포의 자연경관은 청동기시대의 소벌 경관과 사뭇 다르다. 한가위의 가을 풍경은 더욱 그러하다. 은빛깔 '물억새'(162쪽 참조)가 출렁대고 '왕버들'(182쪽 참조) 갤러리가 펼쳐져 있는 광활한 소벌의 청동기시대의 가을 경관이 '생이가래'(150쪽 참조)나 '가시연꽃'(151쪽 참조)으로 뒤덮인 지금의 우포 경관으로 변질되고 만 것이다. 그곳에는 도리어 어울리지 않는 '이태리포푸라'(186쪽 참조)마저 우포의 본래 모습인양 착각을 일으키며 한 자리를 차지하고 있다.

소벌(牛浦)에서 '물억새'와 '갈풀' 잎줄기를 실컷 배불리 뜯어먹이고서 소잔등에는 나무벌(木浦)에서 채취한 땔감을 가득 짊어지어서 펄을 가로질러 집으로 돌아오는 청동기시대 선인(先人)들의 모습을 상상해 보자! 낙동강 포구 나룻배에서 소금을 내려 실은 소달구지가 느릿느릿 소머리산을 휘돌아서 나무벌에 들러 잠시 쉬었다가, 소목산을 넘고 소벌을 지나서 창녕 읍내로 오고가는 느림의 풍광을 상상해 보자! 그들의 숨결을 느낄 수 있는 올레 길, 둘레 길을 복원해 보자!

원시적인 우포늪이라면 그 범람원에서 널리 분포하고 있었을 '물억새군락'. 이 '물억새'는 소들이 좋아하는 먹이 풀, 대표적인 꼴이다.

Natural history by Jong-Won Kim, Kyung-Hwan Ahn, Chang-Woo Lee

한가름 자연환경 Natural environment

Summary

위치: 우포늪은 어디에 있는가? / 생성 기원: 우포늪이 만들어지기까지 / 지질과 지형: 물을 담는 질그릇, 그 재료와 문양 / 생물 기후: 우포의 계절성 / 수리 수문: 물이 드나드는 원리

두가름 서식처 Habitats

Summary

물터와 물길: 물기 있는 땅 / 산지와 구릉지: 비탈진 땅 / 평지: 고른 땅 / 교란된 서식처: 파괴된 땅

하나

모듬 하나

우포늪의 자연사

세가름 식생의 특이성 Vegetation peculiarity

Summary

오리나무가 없는 이유 / 현존식생도: 우포는 잠재범람습지 / 버드나무 다양성: 선버들 암그루가 많은 이유 / 식물사회의 다양성과 독특성

네가름 습지생태계 관리 Ecosystem managements

Summary

습지, 습지생태계의 관리 / 우포늪의 생태적 관리 / 우포늪, 원시늪인가 / 우포늪의 미래

우포늪에서 희귀하게 발견되는 수염마름 (*Trapella sinensis* Oliver)

한가름

자연 환경

Summary

Natural environment of Upo wetland

by Jong-Won Kim, Kyung-Hwan Ahn, Chang-Woo Lee

The Korean Peninsula that includes the Upo wetland is one of the oldest areas of the Eurasian continent to be explored and settled, owing to its geographical accessibility, rich of water, and topographical combination of mountains and alluvial plains. The Upo wetland lies approximately at 128° 25′ E longitude, 35′ 33′N latitude in the Youngnam Basin of southeastern Korean peninsula. Thanks to well-organized traffic system (eg. Guma Expressway), people have approached the Upo wetland through Daegu Metropolitan City since 1977, where had been influenced by Silla(新羅) culture in Kyungpook Province. Originally the regional history and culture have been oriented by the Gaya(伽倻) era apparently different from the Silla era. Thereupon the wetland administratively belongs to Changnyeong county of Kyungnam Province in the old Gaya territory.

The climate of Changnyeong county is typically continental, which is classified into the Inland-Southern Bioclimatic Division of South Korea. Its vegetation is potentially characterized as continental warm-temperate zone. One characteristic feature is the great fluctuation of precipitation, both daily and annually, between above 1600 mm and less 800 mm. Annual mean temperatures are also gradually arising in relation to global warming. Recently annual frosty days are dramatically decreasing. But frosty days in the region of the Upo wetland are recorded, with averages 45 days and maximum 101 days. Early spring frost is not common but still often, so inhibits early plant growth of warm-temperate elements and appearance of some spring annuals. The lowest temperatures are recorded in January, with minimum temperature as low as -11.2℃ and monthly averages -0.7℃.

But evergreens characterizing the warm-temperate zone have been limitedly found, due to continentality during winter and early spring. Non-growing seasons approximately from November till next year March stand out by the combination of low air humidity, very low precipitation and often frosty days. Its evidence is that major angiosperms occurring in the Upo region are mostly drought- and frost-tolerators. Seasonal wind directions are very distinctive: prevailing northward cold air movement during non-growing season and other south, east and west directions in growing-season. In fact, transition of climatic zone from cool-temperate to warm-temperate might be clearly recognizable, but exactly never to subtropical zone. Regional climate of the Upo wetland is characterized by the continental warm-temperate zone unfavorable to evergreen plant species.

The Upo wetland is composed of 4 swamps such as So-Beol(Upo, 1,278,285㎡), Namoo-Beol(Mokpo; 530,284㎡), Morae-Beol(Sajipo; 364,731㎡), and Jjokji-Beol(139,626㎡). Total area of the Upo wetland is 2,312,926㎡, the same as 324 soccer grounds wide. Chinese names of swamps such as Upo(牛浦), Mokpo(木浦), and Sapo(沙浦) have been first documented in the regional map entitled Jibang-do(地方圖) in 1872. Several lines indicating an oxcart road at that time were found in the map. So-Beol, Chinese name of 'Upo'(牛浦), is major swamp and its name means livestock oxen(So)-swamp(Beol) originated from cattle pasturing since the Bronze age. Korean So-Beol has been translated into Upo, here Chinese letter 'U'(牛) means an ox, i.e. 'So' in Korean.

The Upo wetland is one of the largest backswamps in Korea. It is originated from interrelationship between the Nakdong-gang River and the Topyeong-chon Stream. The location of the wetland is just on the lower Nakdong river, which is placed at four fifth of whole distance(521.5km) of the river. Namoo-Beol has been thoroughly separated from the So-Beol by some artificial embankments since Japanese occupation in the early 20th century. Korean Namoo means just trees, and the name is originated from what local people traditionally collect fuelwoods. The major woods are *Salix chaenomeloidcs* Kimura and *Salix subfragilis* Andersson. Morae-Beol and Jjokji-Beol are situated up and down the Topyeong stream, respectively.

The oldest rocks at Korean Peninsula are the complex group of igneous and metamorphic rocks. These rocks of 540 million years ago form the very basement on the Upo wetland. Such basement rocks have been buried beneath younger sedimentary layers throughout much of lowlands in Korea since 140 million years ago (early Cretaceous period of the Mesozoic Era). The Upo wetland is located in the Kyungsang Basin formed from such sedimentary activity. Basement rock of the Upo wetland as a water bowl is a sedimentary shale. It is well exposed at the wetland's rims where glaciers has facilitated the erosion of overlaying younger and softer sedimentary rocks. Present features of the Upo wetland have formed after the last glacial maximum(late Pleistocene) about 15,000 years ago. The wetland itself was untouched by glaciers, but the riparian systems have been impacted by glacial and interglacial events. During the warmer post-glacial climate of the Holocene, floodplain between Nakdong-gang and Topyeong-chon has been spreaded out accompanying with several times of depositional environment.

The Upo swamp area in which we now find sediment materials has been deposited over a period of about six thousand years. The Nakdong-gang river and Topyeong-chon stream are responsible for the flooding extent of the Upo wetland. These river's system is the primary agent of transport for all of the sediment and debris in the swamp. Usually the coarse materials which accumulates at the mouse of tributary

Upo swamp are ultimately carried by even larger floods along the Topyeong-chon stream itself. Contrastively the fine materials such as clay and silt deposited at the swamp are carried by flowing backward of the Nakdong-river. At the junction of Nakdong-gang River and Topyeong-chon the natural levee(14~17.5 m a.s.l.) is about 5 m higher than the Upo wetland(ca. 10 m a.s.l.). The larger floods of Nakdong-gang inundate the Upo wetland and the lower Topyeong-chon stream. Due to the controlled flows by artificial embankment, the Upo wetland may eventually become a shallow lake transformed from swamp or mire.

The fluctuation of water volume and water depth mostly depends on influx of surface water from the rivers. When the water level of the Nakdong-gang river at the Jeokpo-gyo bridge of Hapcheon-gun county rises above 5m high, a back flow simultaneously occurs and Upo's water level noticeably rises. An immersion period by high water level in the Upo area is more or less 5 days, and it happens average 4~5 times a year. The Upo wetland plays an significant role in flood control, which is the greatest potential floodplain in the Korea. Reservior capacity of the Upo wetland is about 314,220,000㎥ (145,000 ℓ/㎡) in maximum, about 8,844,000㎥ (4,000 ℓ/㎡) in minimum. This total storage capacity covers as much as probable maximum precipitation of 100mm per a hour during 8 days.

The Upo swamp(So-Beol) shapes a large and flat washbowl with low-lying extended rim. Except for heavily rainy season and typhoon, the usual water depth is estimated ca. 52cm±18cm. By the way, the swamp bed is surprisingly very uneven, and practically it is not easy to walk in the swamp. The difference of its unevenness ranges from low as 12 cm to high as 47 cm. Such a spectacularly deteriorated bottom shape is owing to trampling effect in accompany with controlled hydrological system. Hardness and micro-slope of the bottom show extremely unnatural and irregular status, conclusively unfavorable to the aquatic ecosystem process.

위치: 우포늪은 어디에 있는가?

우포늪(동경 128° 25′, 북위 35° 33′ 일대)은 소백산맥과 낙동정맥에 포위되어 있는 경상분지의 일원에 위치한다. 즉 소백산맥 동남 방향으로 위치하는 영남 지역 속에서 다시 동남쪽의 내륙에 위치하고 있는 셈이다. 행정적으로는 경상남도 창녕군 유어면, 이방면 및 대합면에 걸쳐 있고, 경남권 또는 부산권에 속해 있다. 현대적 교통수단과 도로가 발달하기 전, 20세기 중반까지 사실상 우포늪이 포함되는 창녕 지역은 부산-경남의 가야문화권에 귀속되고, 다른 문화권과는 뚜렷이 구분되는 하나의 독립 문화권임에 틀림없었다. 그것은 남해와 낙동강으로 이어지는 우포늪의 자연지리에서 비롯된다.

우포늪이 위치하는 창녕 일대는 비화가야(非火伽倻)라는 가야문화권에 속하며, 신라 진흥왕 이전까지 신라의 경주 문화와는 크게 다른 독창적인 문화가 창출된 지역이다. 이것은 우포늪과 경주와의 지리적 격리라 할 수 있을 정도로 그 연결 접근성에 지리적 장벽이 존재했기 때문이다. 창녕지역은 남해로부터 북쪽 방향으로 깊숙이 들어온 내륙에 위치하고 있는, 낙동강 하류와 직접 연결되어 있는 남해 해상과 문물 교역이 가능한 가야 문화권의 최북단의 거점이다. 하지만 경주는 백두대간의 지맥으로서 낙동정맥의 토함산과 동해로 이어지는 형산강을 끼고 발달하는 지역이기 때문에 오히려 대륙의 문화권의 최남단이라 할 수 있는 위치에 자리하고 있다. 20세기 후반부터 발달한 도로 교통망은 우포늪에 대한 접근성을 크게 변화시켰다.

대구광역시 달성군 현풍을 지나면 우포늪 지역에 금방 다다르게 되는데, 경부고속, 중앙고속, 구마고속이 만나는 서대구IC에서 승용차로 30분 거리에 위치한다. 중부내륙고속의 현풍IC에서는 10분 거리이다. 전국적으로 우포늪에 찾아드는 탐방객은 실제로 대구권역을 통해서 접근하고 있는 실정이다.

우포늪은 낙동강과의 상호관계에서 존재한다. 낙동강 전체 구간(521.5km) 가운데 5분의 4 위치에 해당하는 약 413.5km 하류(하구에서 약 108km 상류)의 좌안(左岸; 강이 흐르는 방향으로 서서 왼쪽편) 지역에 위치한다. 이곳은 북동쪽 열왕산(662.5m)에

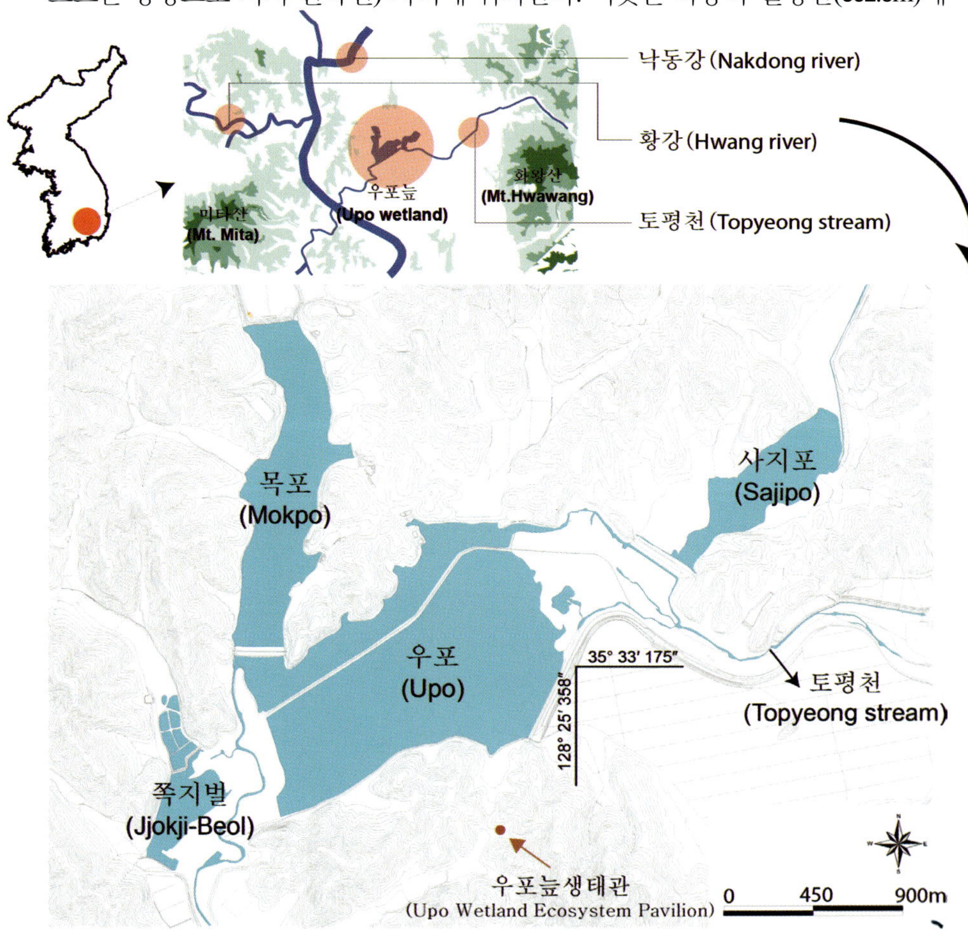

우포늪의 위치와 구성 Locality of Upo wetland interlinked by four individual swamps.

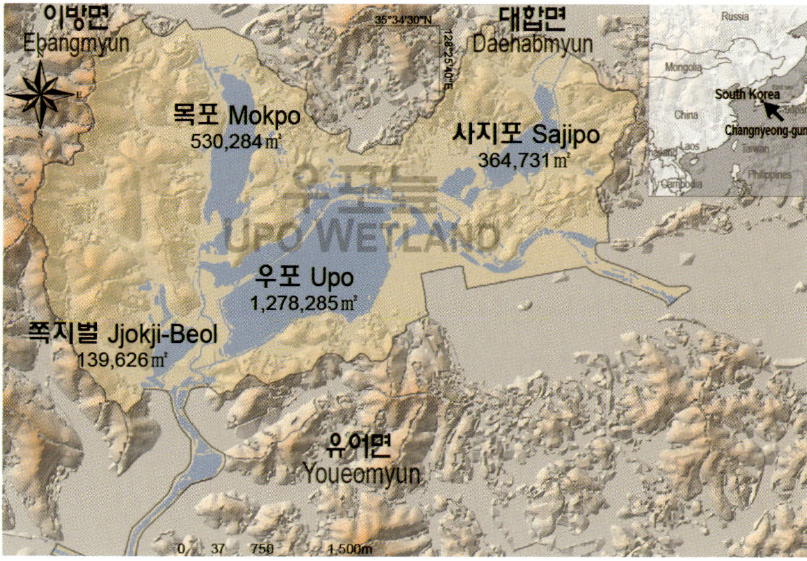

우포(소벌), 목포(나무벌), 사지포(모래벌), 쪽지벌 등의 4 개 늪으로 구성되는 우포늪의 크기
Sizes of 4 each swamps such as Upo (So-Beol), Mokpo (Namoo-Beol), Sajipo (Morae-Beol), and Jjokji-Beol in the Upo wetland.

우포늪 찾아가기
Drive information: Several roads lead to Upo wetland, express way 45, national road 5 and local road 20. Access to the wetland is easily via Changnyeong IC.

서 발원한 토평천(유역면적 120.2㎢, 유로연장 29.5km)과 동쪽의 화왕산(756m)에 발원하는 작은 지류들이 합류하는 곳이다. 특히 우포늪은 토평천을 통해서 낙동강과 연결되어 있기 때문에 낙동강의 강생태계와 깊은 상호관계를 맺고 있다. 현재 우포늪의 총면적은 약 2,312,926㎡(700,887평; 약 축구장의 324개 크기)로 국내 최대 규모의 호소형(湖沼型) 배후습지이다.[1] 본래 우포늪 일대에는 높고 낮은 자연제방에 의하여 크고 작은 늪들이 서로 연결되어 산재하고 있었지만, 일제 강점기 이후부터 수리조절에 의한 늪의 변질이 본격적으로 이루어졌다. 특히 1970년대에 농경지 개발을 위하여 이방면 토평리와 윗토평리, 대합면 주매리와 이방면 대대리 사이에 견고한 제방이 구축됨으로써 4 개의 늪(소벌, 나무벌, 모래벌, 쪽지벌)으로 뚜렷하게 나눠지게 되었다.[2] 소벌을 중심으로 토평천 상류쪽으로 모래벌이 위치하고, 토평천 하류 쪽으로 쪽지벌이 위치한다. 나무벌은 본래부터 소벌과 한 덩어리였으나 인공 제방이 축조되면서부터 완전히 분리되었다. 이 가운데 소벌(우포; 1,278,285㎡)이 가장 넓으며, 그 다음으로 나무벌(목포; 530,284㎡), 모래벌(사지포; 364,731㎡) 및 쪽지벌(139,626㎡) 순이다. 소벌은 나무벌의 약 2.4배, 모래벌의 약 3.5배, 쪽지벌의 약 9.2배이다(29쪽 참조).

생성기원: 우포늪이 만들어지기까지

우포늪의 생성 기원을 이해하려면, 먼저 지구적 수준에서 한반도의 지사적 생성 과정을 살펴보아야 한다. 본 장에서는 우포늪을 포함한 창녕 일대의 형성 기원을 따져보는 것이 아니라, 엄밀하게 현재와 같이 '늪'으로서의 우포늪 지역의 생성기원을 살펴보기로 한다. 그것은 '물이 고일 수 있는 늪의 지형이 존재' 함으로써 지금의 우포늪이 존재 발달할 수 있었기 때문이다. 일반적으로 1억 5천만 년의 지사(地史)로 설명되는 우포늪의 기원은 지구적 수준에서 그리고 유라시아 대륙의 동단(東端) 수준에서 경상분지의 형성기원을 말하는 것으로 진정한 늪의 형성시기는 아니다. 현재의 오대양 육대주의 지구 형상은 지금으로부터 약 3천2백만년 전의 일이라는 사실을 고려할 때, 더욱 그러하다. 우포늪은 약 1만년 전부터 시작된 후빙기(後氷期) 동안에 발달된 현재의 지형으로부터, 약 6천 년 전부터 본격적으로 시작되는 퇴적 층서로부터 그 기원을 이해하는 것이 옳다. 그것은 지금의 우포늪 밑바닥이 아주 넓고 '전이 낮은 물그릇' 형상으로부터 정확히 설명될 수 있다(아래 본문 참조).

29억 살의 땅, 한반도 : 한반도는 유라시아대륙 동단의 반도로서 하나의 땅이 아니라 여러 개의 지각 덩어리가 충돌하고 합체하는 과정을 반복한 후에 형성된 땅덩어리이다. 약 29억 년 전인 신시생대에 들어서면서 한반도는 기반이 되는 암반 덩어리들(영남육괴, 경기육괴, 낭림육괴)이 형성되기 시작하였는데 이 시점의 유라시아대륙은 여러 개의 지각 덩어리로 나뉘어져 있었다(각각의 덩어리들, 즉 3개의 육괴(陸塊)는 전혀 다른 환경에서 형성). 약 2억 6000만 년 전 고생대 오르도비스기에는 낭림육괴와 영남육괴가 중한지괴(中韓地塊)의 일부로 적도 부근에 위치하였으며, 경기육괴는 양쯔지괴에 포함되어 남반구 중위도 지역에 놓여 있었다. 이 후 두 지괴의 이동과 충돌로 인해 낭림육괴와 영남육괴는 분리되고, 그 사이로 경기육괴가 끼어들게 된다. 이 과정 중에 해저에 잠겨 있던 평남분지와 태백산분지가 융기되고 임진강대와 옥천대 등의 습곡대가 형성되어 한반도의 모습을 갖추게 된다. 이 후, 약 4천만 년 전 에오세 후반에 남극대륙에서 떨어져 나온 인도와 아시아 두 대륙의 충돌이 시작된다. 두 대륙의 충돌로 발생한 장력은 서서히 해저 확장을 유발하게 되고 멀리 떨어져 있는 동해 지역에 영향을 미치게 된다. 이른바 동해 생성의 서막이 열리고, 일본열도가 떨어져 나가기 시작한 것이다. 이후 약 120만 년 전인 마이오세에 이르러서는 동해와 일본열도가 완전히 분리되고 한반도는 지금의 모습을 갖추게 된다.[3]

이렇게 한반도가 현재의 모습을 갖추어 가는 과정에서 백두산과 제주도의 최초 화산활동이 시작되었으며, 독도와 울릉도도 여러 차례의 화산활동을 통해서 현재의 모습을 갖추게 되었다. 또한 중생대 이후 세 번의 조산운동(송림조산운동, 대보조산운동, 불국사조산운동)을 거치면서 여러 번에 걸친 융기와 삭박, 침식과 퇴적 등의 지반운동과 지형발달과정을 거쳐 한반도는 지금의 산맥과 계곡 및 평야를 형성하게 된다.

1억 5,000만 살의 경상분지 : 우포늪은 경상분지 속에 위치하고 있다. 경상분지는 분지형성 구조운동과 분지변형 구조운동으로 중생대 쥐라기에서 백악기에 이르는 동안 영남육괴의 중앙부에서 소규모 분지로 발달하기 시작하였으며, 신생대 팔레오세에 이르기까지 대규모로 확장 형성하게 된 것이다. 5억4천만년(영남육괴) 전의 시원생대 변성암을 기반암으로 하여 그 위에 약 1억 5,000만 년 전 (중생대 백악기 초기)부터 퇴적활동이 시작되어 발달한 것이 경상분지이다.[4] 이러한 경상분지 내의 퇴적층을 쥐라기 후반과 백악기에 걸쳐 일어난 화산활동 및 심성활동에 따라 크게 세 가지로 구분한다: 신동층군(낙동층, 하산동층, 진주층), 하양층군(칠곡층, 신라역암층, 함안층, 진동층), 유천층군(화산암, 화산쇄설성 퇴적암). 이들 각 지층별로 암석을 묶어 경상누층군이라 하며, 이들을 관입한 모든 화강암을 불국사화강암으로 통칭하고 있다.

창녕군에 분포하는 진동층(도천리 부근)에서는 잡식성의 네 다리로 걷는 잡식성 공룡(용각류)의 보행렬 발자국이 보고된 바 있으며, 우포늪 인근 진동층에서도 다량의 용각류의 보행렬 자국과 조각류, 수각류의 화석이 보고되고 있다. 화왕산은 경상분지 속에서 백악기 후기에 발생한 활발한 화산활동과 심성활동으로부터 형성된 화강암질 기반의 산지이다. 우포늪과 인접한 중부내륙고속도로를 기준으로 서편에는 우포늪의 퇴적층이 위치하고 동편에는 화왕산의 화강암질 토양의 완전히 상반된 지질 환경을 관찰할 수 있다. 따라서 창녕읍내의 화왕산 쪽은 급경사의 산지 지형을 가지고 있으며, 우포늪 쪽으로는 완만한 구릉지와 충적지가 발달하고 있다.

최후 빙기와 6,000살의 우포늪 생성 시나리오: 한반도에는 신생대 제 3 기에 들어서 비대칭적인 요곡운동(撓曲運動)에 의해서 동해 쪽의 지형이 급하게 솟아오른 태백산맥과 같은 융기산맥이 만들어지게 된다. 이후 신생대 제 4 기는 현재의 한반도 지표면 형성에 결정적인 영향을 미친 시기이다. 전세계적으로 빙기와 간빙기의 반복으로 기후(특히 기온)와 해수면(海水面) 높이의 변화가 매우 컸으며, 이로 인하여 동식물의 분포변화 뿐만 아니라, 풍화와 침식 양상에서도 심대한 변화가 발생하였다. 최후빙기에 해당하는 1~7만 년 전 사이에는 황해와 남해 및 일부 동해까지 육화되어, 한반도, 중국, 일본이 하나의 육지로 연결되어 있었으며, 동해의 해수면은 현재 수준보다 약 100m 이상 낮은 저해수면 시기였다(지구상에 액체 상태의 물의 양이 줄어들었기 때문이다). 하천의 침식기준면도 상대적으로 크게 낮아지게 되고, 낙동강과 낙동강의 지류들은 깊은 침식곡(浸蝕谷)을 만들게 된다. 우포늪이 위치한 지역도 이 시기에는 침식곡의 한 형태였다.[5)]

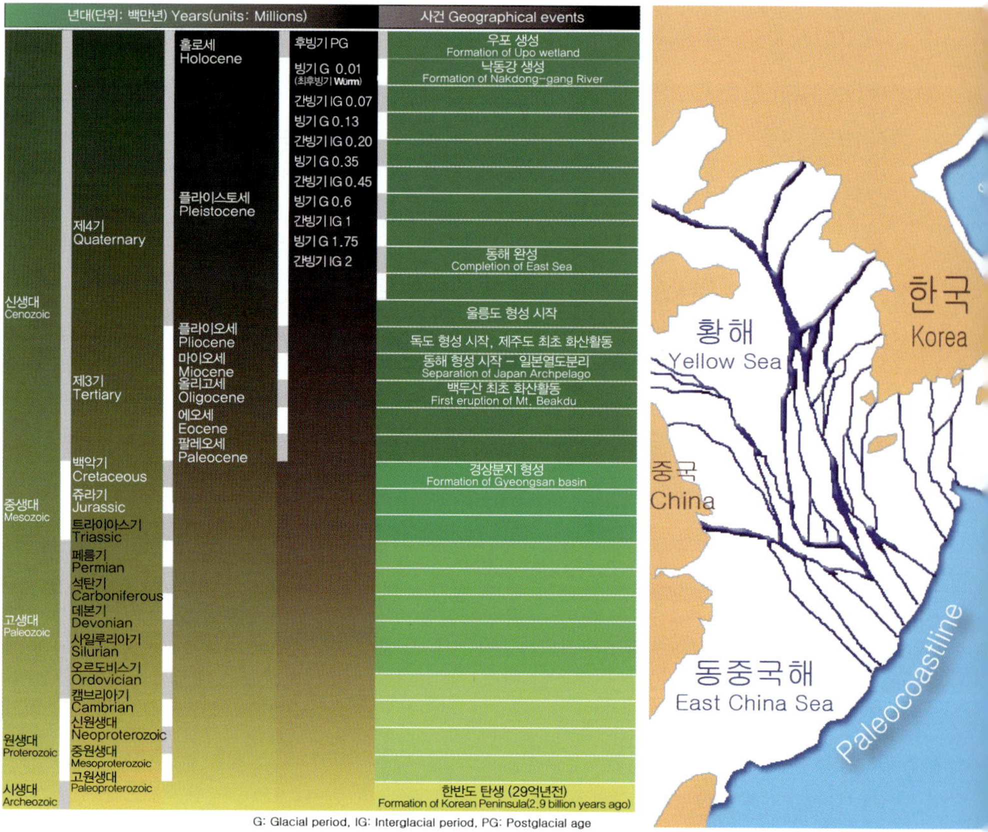

우포생성 시기인 후빙기 전기의 동북아 지도(양재혁 2007). 옅은 황색 지역은 현재의 육지이며, 황해를 남북으로 흐르는 청색 줄은 강줄기이다.
Map of Northeast Asia showing the distribution of land(white-colored) and river system(blue-colored) in the early postglacial period, and the present-day distribution of terrestrial land(orange-colored)(Yang, 2007).

최후빙기 이후, 홀로세 초기의 지구 온도는 크게 상승하고, 지구상에 액체 상태의 물의 양이 증가하게 된다. 이 때문에 해수면은 급속히 상승하였다. 해수면의 빠른 상승으로 인하여 육지 면적은 줄어들고 바다 면적이 넓어지는 해진(海進)이 발생하였는데, 이것은 퇴적 속도를 능가하여 침식곡(浸蝕谷)의 하천과 골짜기를 침수시켰고, 곡벽(谷壁)의 침식을 가속시켰다. 동시에 높은 기온과 습도로 인하여 생물활동이 크게 증가하였고, 화학적 풍화작용도 활발하게 일어남으로써 새로운 토양이 활발하게 형성되었다. 이렇게 해서 최후 빙기 동안 형성된 침식곡을 매몰하는 과정으로부터 약 **6,000**여 년 전에 우포늪의 바탕이 되는 기반 퇴적층이 만들어진 것이다. 이

무렵에 해수면이 현재의 수준에 도달하면서 낙동강의 수위는 낮아지기 시작하고, 토평천은 본류와 격리되어 호소화(湖沼化) 되었다. 즉 우포늪의 생성이 시작된 것이다.[6]

낙동강의 범람시 발생되는 퇴적작용은 물길의 주변에 자연제방(해발 고도 **14~17.5m**)을 형성 시키는데, 주로 활주사면(물이 휘감아 도는 사면, 반대편은 공격사면: 물이 흐르는 방향에서 물 흐름이 느린 강가에 퇴적이 일어나고, 그 반대편은 유속이 빨라서 침식이 일어남)에서 발달한다. 낙동강에서 기원하는 많은 양의 퇴적물과 유량(流量)이 상대적으로 적은 양의 토평천 퇴적물을 막는 형국이 됨으로써 토평천의 하류부는 침수 상태를 유지하는 커다란 호소로 발달하게 된다. 그것은 낙동강 제방 지역과 토평천 하류부의 현재 우포늪의 해발 고도(약 **10m**)에서 그 증거를 찾을 수 있는데, 우포늪은 낙동강 쪽 보다 오히려 약 **5m** 정도 낮다.[7][8] 물이 잘 빠지지 않을 수 밖에 없다. 그래서 우포늪 습지역(濕地域)은 운반되어 들어온 퇴적물에 의한 매적(퇴적)과 부유 하중(부유물)의 증가로부터 호소의 기저(基底, 바닥)가 높아지고, 홍수 시에는 낙동강의 역류 현상으로 인하여 정체수역(停滯水域) 공유수면의 면적 축소 그리고 호소의 파편화로부터 형성된 것으로 설명될 수 있다.

결론적으로 우포늪은 생성 초기에는 나무벌(목포)을 비롯한 주변 호소들과 연결된 하나의 큰 호소였으나, 낙동강과 토평천 양쪽에서 지속적으로 운반되어 들어오는 퇴적물들로 인해 현재와 같은 모습을 갖추게 되었다.[9,10] 이러한 현상은 인공 제방의 축조로 말미암아 더욱 촉진되는데, 마침내 우포늪은 크게 **4** 개로 분명하게 나뉘게 되었고, 급기야 소벌의 경우는 연중 물이 고여 있는 완전한 얕은 호수가 되고 만 것이다.

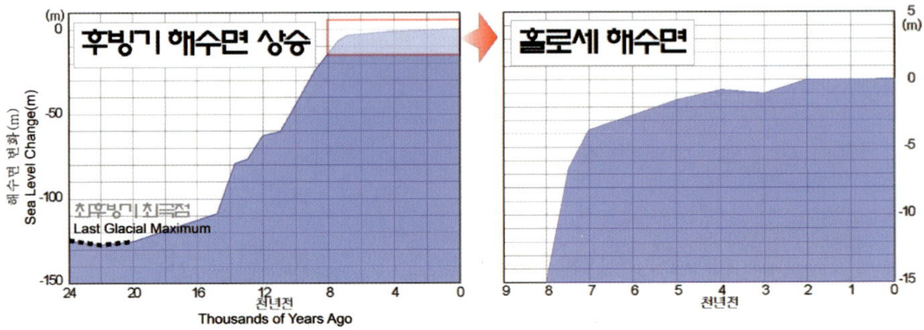

후빙기의 지구 해수면 변화(Welcome to global warming art 2005, 2007 변형)
A dramatical change of sea-level during the postglacial period.

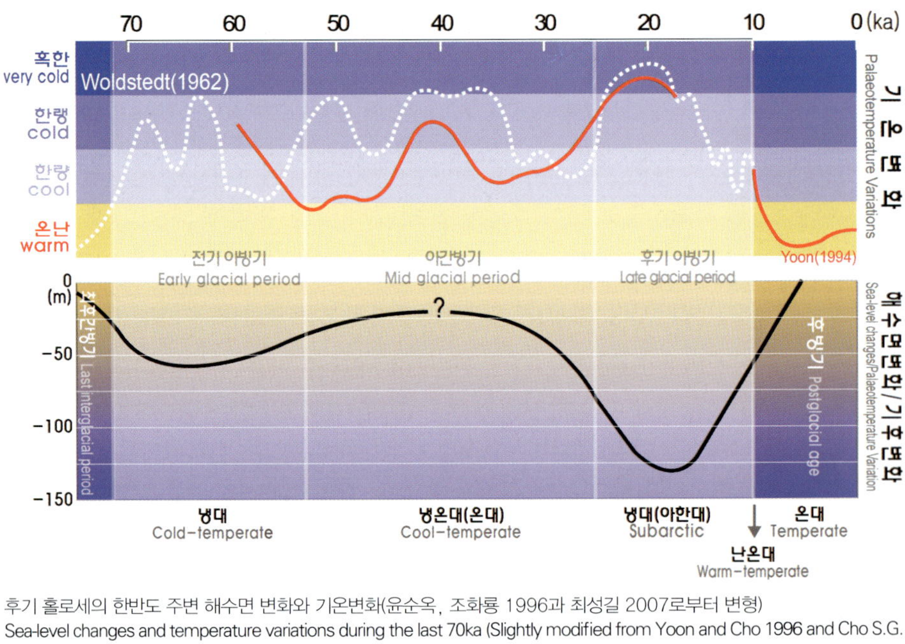

후기 홀로세의 한반도 주변 해수면 변화와 기온변화(윤순옥, 조화룡 1996과 최성길 2007로부터 변형)
Sea-level changes and temperature variations during the last 70ka (Slightly modified from Yoon and Cho 1996 and Cho S.G. 2007)

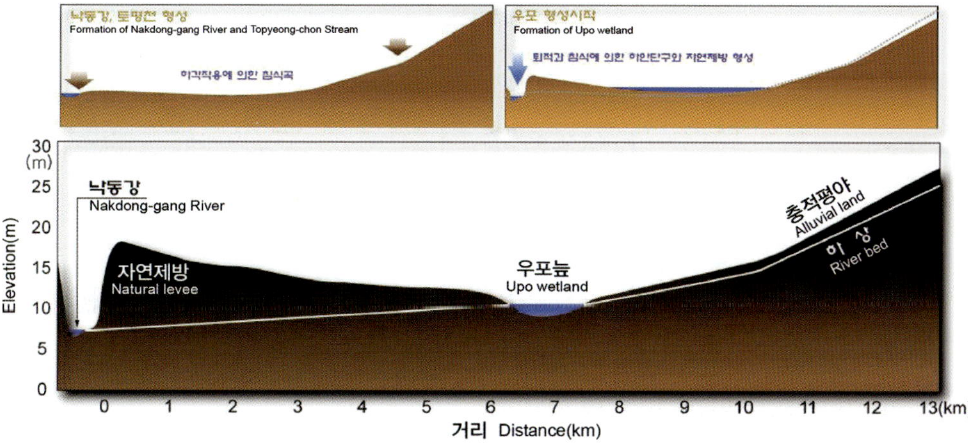

우포늪의 발달과정과 낙동강 (신윤호 1983 자료로부터)
Geographical History of Upo wetland in relation to the Nakdong-gang River (source from Y.H. Shin 1983).

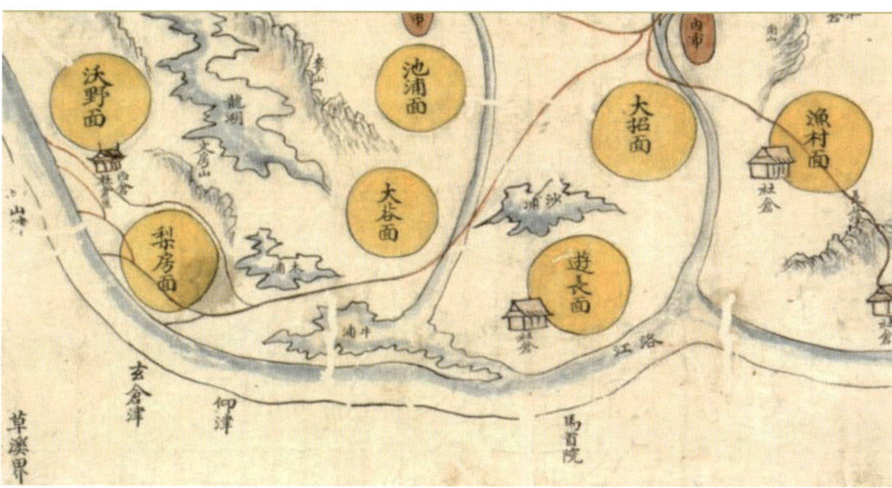

1872년에 제작된 지방도(地方圖) 속에 나타나는 우포늪 일대의 지리. 우포, 목포, 사포 등의 지명을 최초로 표기한 지도이며, 북동쪽의 창녕 읍내로부터 낙동강(지도 속에는 落江으로 표기했으며, 그 이전에는 본래 黃山江 (또는 落水로 불렀음)으로 통하는 모래벌(沙浦)을 지나 소벌(牛浦)과 나무벌(木浦) 사이에 오늘날 소목산(牛項山; 지도상에는 표기 없음)이라는 부르는 곳을 관통하는 실선은 그 당시의 주요 교통로를 의미한다.
Historic road map of the Upo area in 1872. Chinese names of wetlands such as Upo(牛浦), Mokpo(木浦), and Sapo(沙浦) have been first documented in this map. Brown-colored lines present major roads for an oxcart at that time. Chinese name of 'Upo'(牛浦) is 'So-Beol' in Korean. Here Chinese letter 'U'(牛) means an ox, which is 'So' in Korean.

지질과 지형: 물을 담는 질그릇, 그 재료와 문양

앞에서 설명한 것처럼 우포늪은 중생대 백악기의 경상누층군(함안층, 진동층, 신라역암층)을 기반으로 그 위에 부정합 퇴적 충적층에 자리잡고 있다. 경상누층군은 시원생대 영남육괴의 변성암을 기반암으로 한반도 동남부 지역의 중생대 백악기 육성퇴적분지로써 경상남북도 일대에 형성되어 있는 퇴적누층군이다. 경상누층군 함안층은 우포늪에 가장 넓게 분포하는 지층이며, 진동층이 사지포의 북동쪽 일부와 고암면에 걸쳐 분포하고 있다. 우포늪의 최상층 암석권은 역암, 사암, 이질암 및 응회암의 쇄설성 퇴적암 등의 백악기 퇴적층이며, 그 위에 제 4 기 홀로세 이후 형성된 점토가 퇴적되어 있다.[11] 즉 현재 우포늪의 기저(基底, 바닥)는 주로 점토(진흙)로 이루어져 있음을 알 수 있다. 우포늪을 감싸고 있는 외륜(外輪) 산지는 세립질(가는 입자)의 셰일층으로 되어 있다. 질그릇과 같이 내부는 비교적 균질한 평탄 지형을 보여준다.

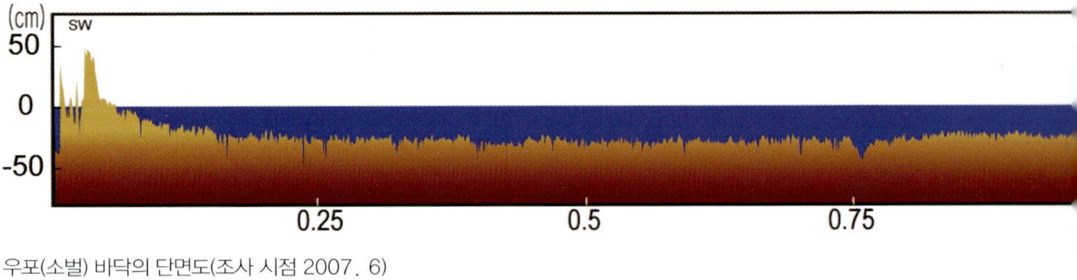

우포(소벌) 바닥의 단면도(조사 시점 2007. 6)
Profile diagram of bottom shape of the Upo swamp (So-Beol) in June 2007.

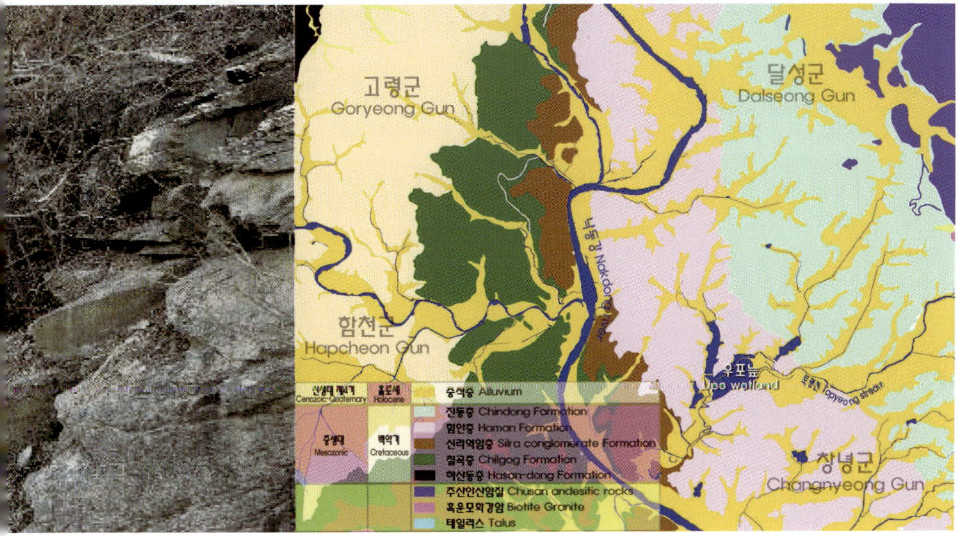

우포늪를 포위하고 있는 주변 산지의 셰일층(좌)과 지질도(우)
Geological map of Upo area (right) and shales at the swamp rim (left). The Cretaceous shales of the Late Mesozoic era are commonly seen in the swamp rim throughout the Upo wetland.

소벌은 나지막한 전을 가진 아주 넓은 물그릇, 대야의 형상이다. 여름 장마 직전, 비가 많이 오기 전의 물깊이는 52cm(±18cm) 정도로 무릎 높이의 물깊이를 가지고 있는 얕은 호소이다. 그래서 사람이 바닥을 밟고서 늪을 횡단할 수도 있을 정도이다. 전반적으로 전체 지형은 평평하다고 할 수 있으나, 바닥은 의외로 아주 울퉁불퉁한 편이다. 그 높낮이 차이가 적게는 12cm에서 크게는 47cm까지 난다.[12] 실제로 걷기가 매우 어려운 상황이라는 것을 알 수 있다. 거기다가 바닥에는 아주 가는 입자의 진흙이나 미사(微砂, 실트) 토양이 차곡차곡 퇴적되어 있기 때문에 발목까지 쉽게 빠지는 것을 경험할 수 있다. 그러나 사람들이 자주 밟아서 다져진 곳도 아주 넓게 분포하고 있다. 이와 같이 우포 바닥의 미지형 형상은 고르지 못하고, 바닥의 딱딱한 정도(硬度)나 기울기가 매우 불규칙적이라는 것을 의미한다. 이것은 우포 수중 생태

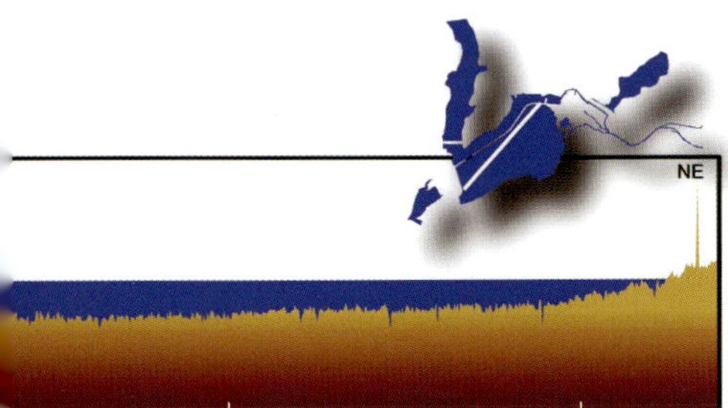

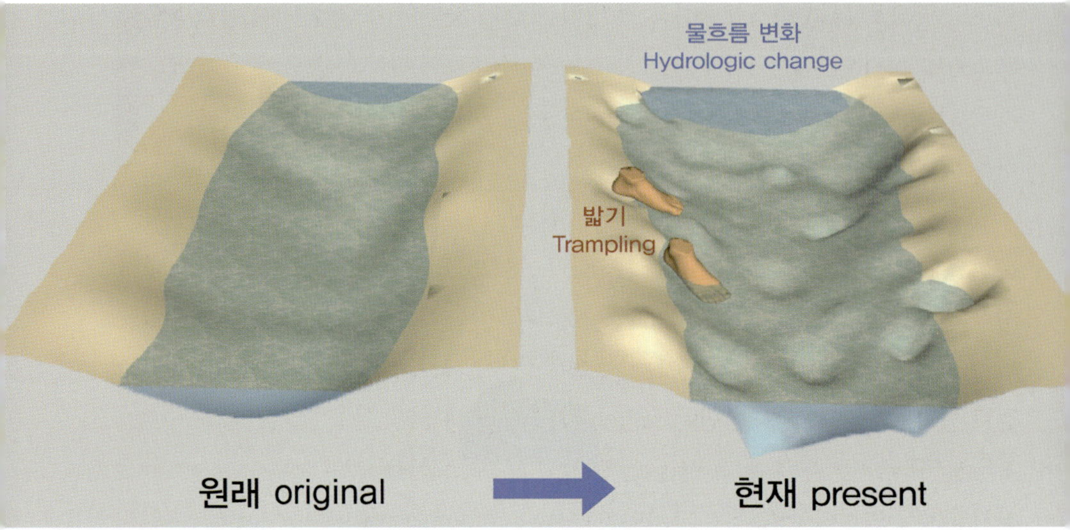

우포(소벌) 바닥의 원래 모양은 매우 고르지만(그림 좌), 지금은 매우 요철이 심하다(그림 우). 그것은 일차적으로 바닥을 직접 밟는 답압과 이차적으로 수리시설물에 의한 물흐름 변화와 같은 원인들이 복합적으로 작용하여 생겨난 현상이다.
Schematic diagram showing a spectacularly changed bottom shape of Upo swamp (So-Beol) owing to trampling effect and controlled hydrologic system.

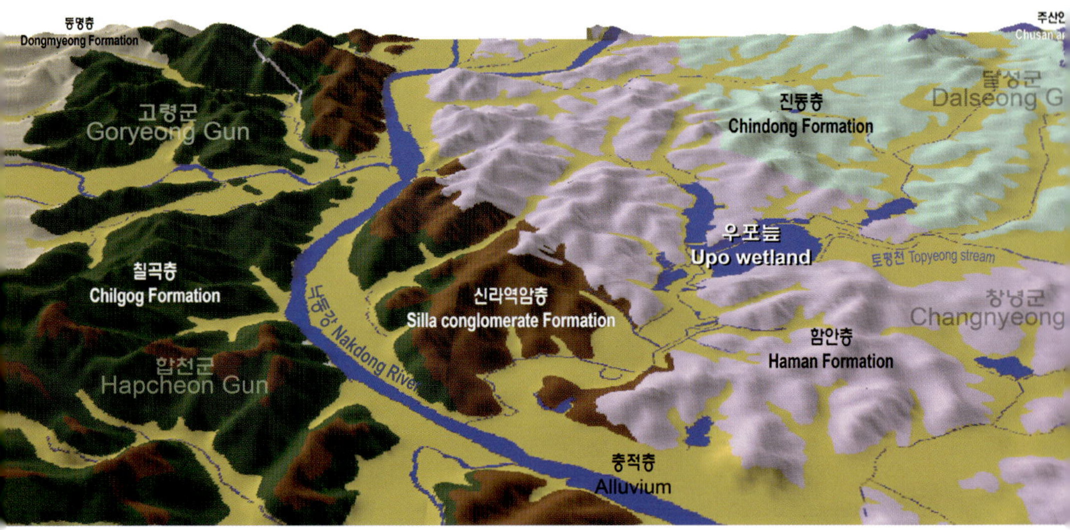

낙동강과 토평천 유역을 포함한 우포늪 일대의 지형과 지질의 공간 배분
Topography of the Upo wetland in connection with Nakdong river and Topyeong stream

계를 기반으로 하는 수계식물종의 생태적 과정에 중대한 영향을 미치는 결정적인 요소인데(토지 이용과 관리 편 참조), 우포 물 공간 내부에서 각종 어패류를 채취하는 인간간섭과 수리수문 체계(유속, 유량 등)의 부자연스런 물흐름이 복합적으로 작용한 결과로부터 기인한다.

우포늪은 낙동강과 토평천에 의하여 물길이 이어져 소통하고 있다. 토평천은 기본적으로 우포늪과 마찬가지로 백악기 중후반에 퇴적된 셰일, 사암, 역암 등의 쇄설성 퇴적암층(진동층, 함안층, 신라역암층)을 바닥(基底)으로 하고 있으며, 그 유로(流路)는 제 4 기 최후빙기 이후에 이들 지층에 부정합으로 퇴적된 충적층(모래, 자갈, 점토 등) 위에 놓여 있다. 반면에 토평천 발원지 및 상류의 산지인 열왕산(662.5m)과 화왕산(756m) 일대는 6천8백 만 년전 백악기 후반 화산활동이 활발하던 시기의 화강암류(주산안산암질암, 흑운모화학암) 지층과 소규모의 퇴적암층(팔용산응회암:유천층군)이 분포하고 있다. 이러한 지형적 특성에 의해 창녕군의 서쪽은 해발이 낮은 구릉지로서 주로 경작지와 주거지로 활용되고 있으며, 토평천 발원지 및 상류의 산지인 열왕산과 화왕산 등의 산지가 위치한 동쪽은 해발이 높은 산지지형으로 형성되어 있다. 그 경계 지점 가까이에서 중부내륙고속도로(구마고속도로)가 남북으로 달리고 있는 것이다.

생물 기후: 우포늪의 계절성

우포늪은 '대륙성 기후'의 '내륙기후형' 가운데 '남부내륙형' 생물기후 특성을 가지고 있다.[13] 특히 비가 내리는 방식에서 계절적으로 뚜렷한 차이가 있다는 것이 특징적이다. 주로 여름에 집중하면서도 비가 올 때와 오지 않을 때의 건습(乾濕) 환경이 뚜렷하여 식물들에게는 쉽게 가뭄의 피해가 발생할 수 있는 불리한 환경이다.

한편 우포늪을 포함하는 창녕군 일대의 동절기 기온(평균기온 및 최저기온)은 수치상으로는 겨울 추위를 잘 견디는 내동성(耐冬性)이 큰 상록 식물종(예: 차나무, 동백나무 등)이 서식할 수 있을 만큼 온난한 편이다. 실제로 많은 상록 식물종의 분포 한계를 결정짓는 1월의 최저 기온이 -15℃ 이하인데, 그런 최저기온 이하로 내려가는 경우(1991년 - 15.6℃)는 매우 드물다. 하지만, 겨울 동안의 수분환경이 불리한 계절성 때문에 이들 상록식물종은 서식하기에 매우 불리하다. 상록수종은 사시사철 동안 수분환경의 혜택에서 생존 분포할 수 있기 때문이다.

그러나 우포늪 지역에서는 종종 1월에 영하의 기온으로 떨어지게 됨으로써 일시적인 한파(寒波) 영향을 받게 되는데, 이런 해에는 이들 상록수종은 큰 피해를 입을 수 밖에 없다. 지난 30년간(1977-2006) 평균 서리일수는 약 48일로써 약 한 달 반이나 되고, 최대 101일간 서리 현상이 있었던 해(1995년)도 관측된 바가 있다. 식물의 비생육기(非生育期)라 할 수 있는 11월, 12월, 1월, 2월, 3월의 평균기온은 1.2℃이며, 가장 추운달인 1월의 최저 기온이 -15.6℃(1991년)까지 기록된 바가 있다. 이러한 기후환경을 종합하면, 우포지역은 냉온대(冷溫帶)와 난온대(暖溫帶)가 이행해가는 중간 지역임을 의미하면서, 해발이 낮은 우포늪 지역은 상록활엽수림을 구성하는 사계절 늘푸른 식물종들이 생육 가능하다는 의미이다. 동시에 냉해 피해도 발생할 수 있는 대륙성 기후 환경을 경험하게 됨을 함께 의미하고 있다. 이러한 우포늪의 기후적 특성은 현재 우포늪 일대에서 생육하고 있는 상록 양치식물종 모두가 내한성(耐寒性)과 내건성(耐乾性)이 탁월한 종들이라는 사실에서 증명되고 있다(『한국 식물사회 생태도감』 제 2 권 참조).

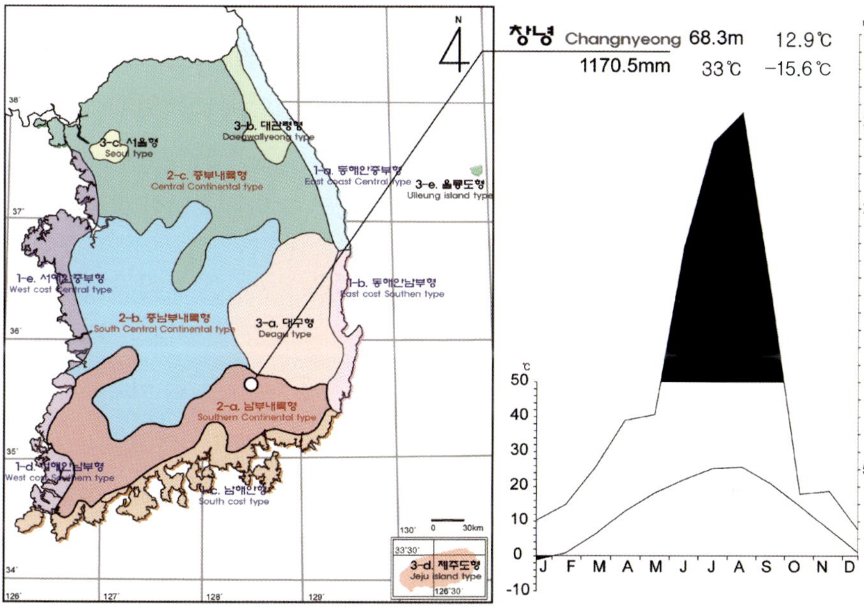

우포늪은 내륙생물기후구 속의 남부내륙형(김종원 2006)에 속하며, 지난 30년간(1977~2006년) 평균기온은 12.9℃, 연강수량 1170.5mm, 일최저기온 -15.6℃, 일최고기온 33℃이다. 수직적으로 낮은 해발고도에 위치하는 우포늪 지역은 난온대에 속하지만, 겨울 동안 건조와 일시적 한파와 같은 대륙적 기후 특성에 의하여 상록식물종 생육과 그 분포가 제한되어 야생상태로 살고 있는 상록성식물종들은 거의 관찰되지 않는다.
The Upo wetland is located at the Inland-Southern bioclimatic division(Kim, 2006) of South Korea. Particularly its climate and vegetation are potentially characterized as continental warm-temperate zone due to great fluctuation of temperature and precipitation, both daily and annually.

최근 우포늪을 포함하는 창녕지역에서도 지구온난화의 영향이 극명하게 나타나고 있다. 연도별 강수량의 변동 폭이 매우 심각할 정도로 크며, 동절기 최저기온도 급격하게 상승하고 있다. 더욱이 식물의 생육과 분포에 결정적인 환경요소로 작용

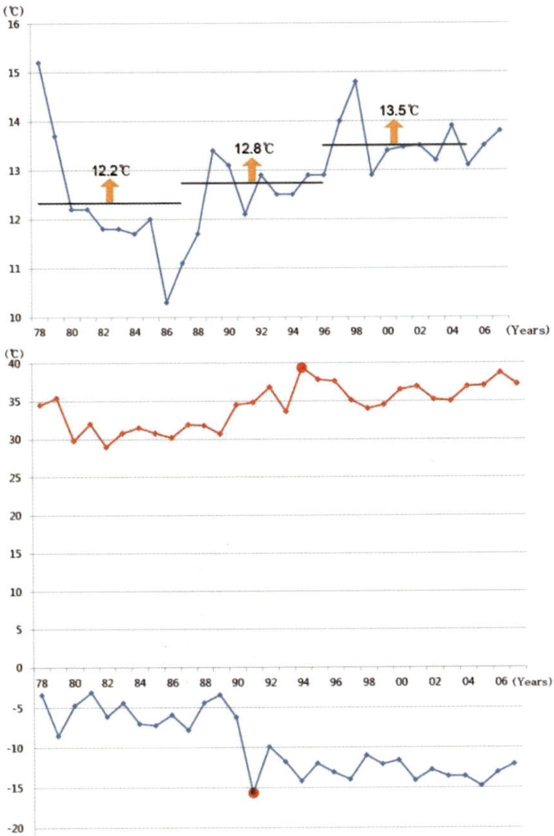

우포늪 지역 인근의 합천지역 연평균기온(합천기상대, 1978~2007) (상), 창녕지역의 최고기온과 최저기온 연변화(하). 지구온난화의 영향으로 연평균기온이 상승하고 있다. 그러나 최저기온과 최고기온의 차이는 더욱 심해지고 있는데, 이것은 우포늪 지역의 생태계에 지대한 변화를 초래하게 될 것이다. (*2000년대 창녕 지역의 측정데이터 누락으로 연평균기온은 합천기상대 데이터를 사용하였음)

Average annual temperature (1978-2007; Hapcheon weather station) (above), and the highest and the lowest average annual mean temperature (below). Annual mean temperature and the lowest temperature are also gradually arising in relation to global warming.

하는 서리일수의 경우는 급격히 감소하고 있다. 그렇다고 해서 이것은 아열대(subtropical) 기후로의 변화를 의미하는 것은 아니고, 냉온대(cool-temperate) 남부·저산지대 기후특성으로부터 전형적인 난온대(warm-temperate) 기후로 변화하고 있음을 의미한다. 그것은 영하 일수와 서리 일수가 줄어들고는 있지만, 영하의 날씨와 서리의 피해가 겨울동안에 종종 발생할 수 있기 때문이다. 그것도 해양성(oceanic) 난온대가 아니라 대륙성(continental) 난온대로서, 아열대와는 완전히 다른 기후 양상을 보여주고 있는 것이다.[14)]

이러한 기후적 특성은 남북으로 배치하고 있는 한반도의 형상과 그로 인한 '편서풍의 우세', 나아가 지구 온대 지역 가운데 비교적 '낮은 위도'에 자리잡고 있는 지구적 수준에서의 한반도 위치, 그리고 한반도 동쪽에 위치하는 거대한 물덩이 '동해의 존재' 등으로부터 기인한다. 따라서 한반도의 기후적 변동 양상은 지구상의 다른 온대 지역과 다르다는 것을 의미한다. 실제로 기온과 강우패턴의 변동에도 불구하고, 연간 풍향은 지구적 그리고 계절적 편서풍 경향성을 뚜렷하게 보여주고 있다. 우포늪의 경우에는 동쪽 지역에 위치하고 있는 화왕산 산괴의 영향이 더해지면서 연중 동풍(북동풍, 남동풍 포함)은 관찰되지 않으며, 식물 비생육기 동안(10월에서 다음해 2월까지)에는 북풍이 크게 우세하고, 생육기 동안(3월~9월)은 북서풍, 남서풍, 서풍, 남풍 등이 혼재하여 나타난다. 이와 같은 우포늪 일대 기후 특징, 즉 '대륙성 난온대'로 변해가는 징후와 그러면서도 겨울 기간의 기온과 바람의 영향에 의하여 결정되는 것으로부터 발달하는 식생(『한국 식물사회 생태도감』 제 2 권 참조) 특성을 관찰할 수 있다.

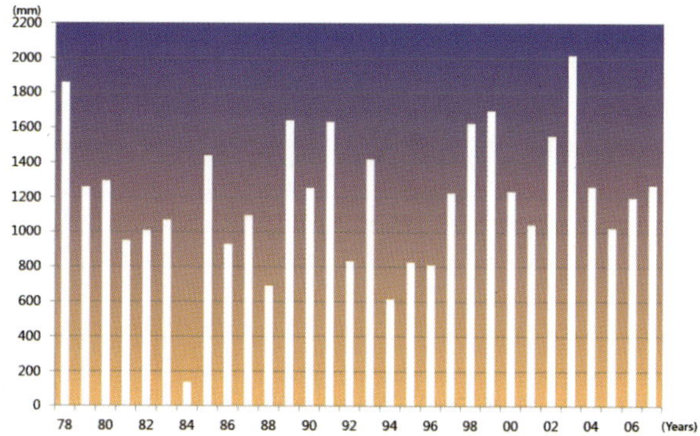

우포늪 지역을 포함하는 창녕군의 연평균강수량의 연변화. 연도별 강수량의 차이(진동폭)가 매우 큰 것이 특징이다.
Annual mean precipitation in the region of Upo wetland(1978~2007). There is great variation of annual precipitation from one year to another.

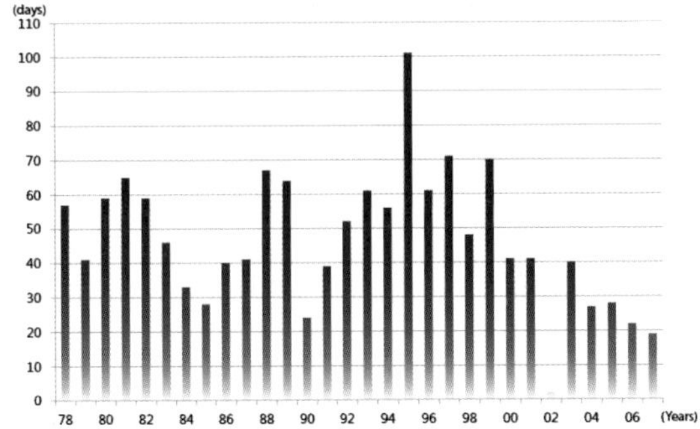

20년간(1988~2007) 창녕군(기상대 위치: 해발 68.3m) 일대의 서리일수. 뚜렷한 서리일수의 감소 경향이 보이며, 그것은 난온대 기후로 변화하고 있는 증거이다.

Annual frosty days in the region of the Upo wetland. The diagram shows a dramatical fluctuation of frosty day number, particularly its decrease. Early spring frost is not common but still often, so it inhibits early plant growth of warm-temperate elements and the appearance of some spring annuals.

1월 최저기온의 연도별 변화. 최근 기후변화에 의하여 겨울철의 평균온도는 상승하는 것으로 확인되었으나, 최저기온은 여전히 낮은 온도를 보이는 것으로 확인되었다. 이러한 사실은 창녕군의 생물지리적 분포를 제한하는 중요한 환경요인으로 작용한다.

The lowest temperatures are recorded in January, with monthly averages under -0.39℃ and minimum temperatures as low as -15.6℃. Maintenance of the lowest temperature is recognizable.

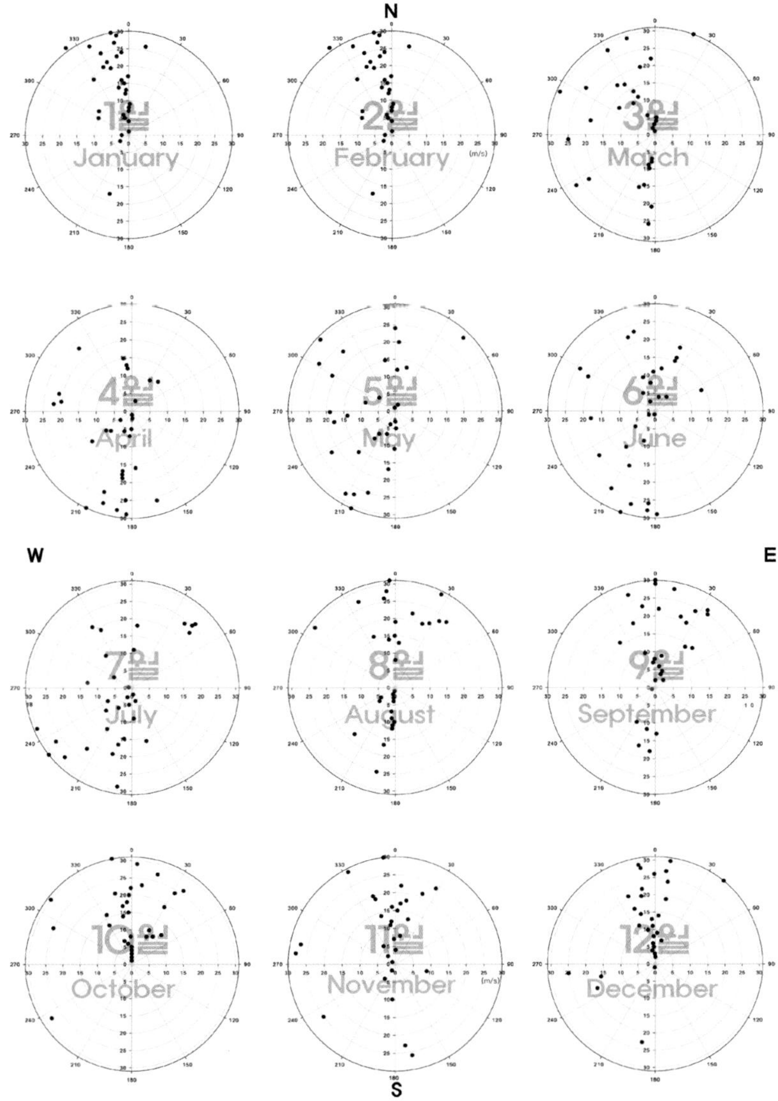

월별 풍향 (창녕군 통계연보 2005로부터 재구성). 바람의 방향에 계절적 특성이 명백하게 나타나고 있다.
Monthly wind direction in the region of the Upo wetland. Southward and westward winds are prevailed throughout plant growing season. Northward winds accompanying very dry air mass are dominant during winter and autumn season.

수리 수문: 물이 드나드는 원리

우포늪에 채워지는 물은 지표수와 지하수로부터 유래하는데, 이 가운데 우포늪의 수량 변동과 수심 변동에는 지표수의 유출입이 결정적이다. 우포늪은 하부 지역에서 대형하천 낙동강과 토평천 하류 구간에 의하여 연결되어 있으며, 상부 지역의 토평천 상류와 초곡천 등의 크고 작은 지류에 의하여 연결되어 있다. 우포늪과 낙동강을 잇는 토평천 구간에서 하상의 퇴적물 입자는 낙동강에서 우포늪에 가까워질수록 조립질(크고 거친 입자; 모래, 자갈)에서 세립질(가늘고 고운 입자; 미사와 점토)로 분포한다.[15] 이것은 하천 상류에서 하류 방향으로 나타나는 일반적인 하천의 경우에 대비해 본다면, 우포늪을 중심으로 낙동강 쪽이 상류가 되고 우포늪 쪽이 하류가 되는 셈이다. 즉 물이 역류하면 우포늪 주변에서는 유속이 점점 느려지고 있음을 나타내고 있다. 따라서 이러한 사실은 우포늪이 이들 하천 수계와 연결되어 수리 수문적 상호관계를 서로서로 맺고 있는 호소성 배후습지라는 것을 의미한다.

우포늪 상부, 낙동강으로부터 우포늪 동쪽으로 깊숙이 들어온 위치의 토평천과 우포늪이 만나는 곳(2007. 6. 22)
Floodplain landscape of easternmost part of the Upo swamp(So-Beol) connected into Topyeong-Chon stream. (June 22, 2007)

우포늪은 평수(平水) 시에는 우포늪 상부의 하천으로부터 유입되는 수량에 의해 유지되지만, 장마기간이나 홍수 시에는 낙동강으로부터 역류하여 유입되는 수량으로 수심이 크게 증가한다. 이러한 수문학적 특징은 낙동강과 우포늪 간에 유사한 해발고도(약 10m 차이) 높이에 의한 것으로 갈수기에는 평균수심 0.5m 내외를 유지하지만, 적포교(경상남도 합천군 청덕면)의 낙동강 수위가 5m 이상을 기록하게 되면 낙동강으로부터 역류하게 되어 우포늪의 수위는 현저하게 상승하게 된다.

태풍 아그네스호 당시에 기록된 창녕 지역의 일일 강수량은 148.6mm(1981년 9월 2일)로 낙동강 수위는 최고 약 10m 상승하였으며,[16)] 이로 인한 역류현상으로 우포늪과 주변의 경작지를 비롯한 충적지가 침수되었다. 또한 2000년에서 2005년 사이에 적포교 수위가 5m를 초과한 횟수는 총 19회이며, 이 때 우포늪의 수위가 뚜렷하게 상승한 것으로 기록된 횟수는 10회였다. 수위가 상승했을 때에 평균 침수기간은 4일에서 5일 정도이다.[17)]

우포늪의 저수용량은 소벌, 나무벌, 모래벌 등 잠재적 침수영역을 통합하여 8,844,000m^3에서 최대 314,220,000m^3로써 단위면적당(1m^2) 약 4,000 ℓ 에서 145,000 ℓ

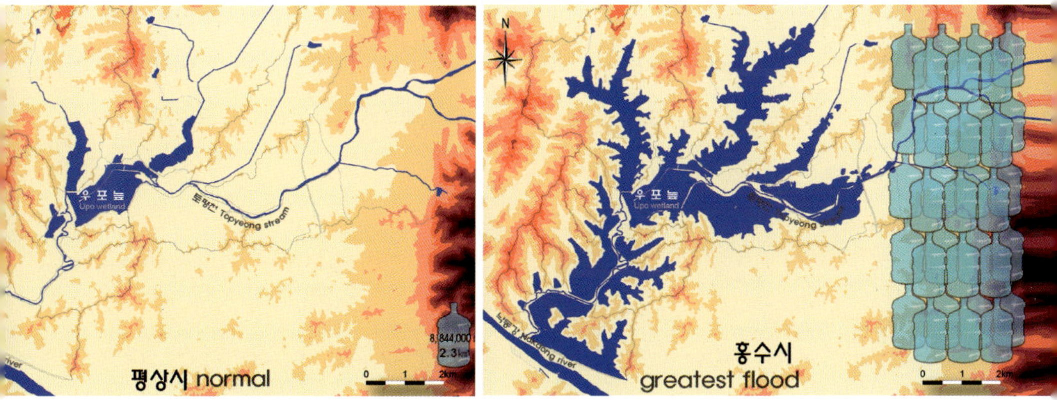

우포늪 일대의 평상시와 1981년 홍수시 추정 침수 범위(신윤호 1983, 건설교통부 · 부산지방국토관리청 2004로부터 변형). 평상시보다 홍수시에는 침수 면적이 약 7배 넓어지고, 저수량이 약 35배 증가하기 때문에 우포늪 일대는 우리나라 최대 자연적 구조를 가지고 있는 잠재범람습지(潛在氾濫濕地, potential floodplain)이다.
Changes of flooding area in the Upo wetland between the normal time(left) and the greatest flooding time(right). The Upo wetland is the greatest potential floodplain in the Korea.

가량의 물을 담는다. 즉 우포늪은 대형 물그릇(댐)의 역할을 충분히 감당하고 있으며, 이것은 인공호수인 안동댐 저수 기능의 4분의 1 수준에 해당한다. 하지만, 서식처 다양성과 종다양성 그리고 생산성 등과 같은 실질적인 생태계서비스(ecosystem service) 가치의 생태적 기능을 고려한다면, 우포늪의 가치는 금전적으로 비교할 수 없는 무한한 가치를 가지고 있다.

---

1) 우포늪생태관. 2010. 우포늪 개관. http://www.upo.or.kr (2010년 10월 1일 검색).
2) 권혁재. 2005. 남기고 싶은 지리 이야기: 우리 자연 우리의 삶. 파주: 법문사.
3) 최범영, 박기화, 박관순, 황재하, 권석기. 2007. 한반도 남동부의 제4시 지구조운동 특성: 한반도 남동부의 제4기 지구구조운동. 한국의 지질 논문집 3:91-104.
4) 한국자원연구소. 1999. 한반도 지각변형 연구. 대전: 운진문화사.
5) 손명원, 전영권. 2003. 낙동강 하류 연안 자연습지의 자연지리적 특성. 학국지역지리학회지 9(1):66~76.
6) 신윤호. 1983. 토평천 연안 충적평야의 지형발달. 석사학위논문. 경북대학교.
7) 권혁재. 1976. 낙동강 하류지방의 배후습지성 호소. 지리학회지 14:1~8.
8) 신윤호. 1983. 위의 논문.
9) 신윤호. 1983. 위의 논문.
10) 권혁재. 2005. 위의 책.
11) 김중욱. 1983. 화왕산 및 영취산일대 화강암류의 암석학적 연구. 석사학위논문. 경북대학교.
12) 안경환, 김종원, 이창우. 2009. 우포늪의 기저지형(基底地形). 한국생물과학협회 정기학술대회: B-4101.
13) 김종원. 2006. 녹지생태학. 제 2 판. 서울: 월드사이언스출판사.
14) 김종원. 2006. 위의 책.
15) 신윤호. 1983. 위의 논문.
16) 신윤호. 1983.위의 논문.
17) 건설교통부·부산지방국토관리청. 2004. 토평천(지방2급) 하천정비 기본계획.

두가름
서식처

Summary

Habitats

By Jong-Won Kim, Kyung-Hwan Ahn, Chang-Woo Lee

The most significant approach to protect biological diversity is to preserve a habitat. Thus the habitat is one of the key concepts in ecology and the first step for fundamental understanding about living organisms. In the Upo wetland four habitat types are recognized: (1) aquatic habitat including standing and running water sites, (2) a slope habitat of mountains and hills, (3) a flat habitat of plains, (4) disturbed sites.

Aquatic habitats. The hydric soil habitat is a keystone habitat in the Upo area and about 2.80km^2 wide. According to moisture gradient of site, habitats are classified into four subtypes: limnetic, littoral, ephemeral, and inundated habitat. In the limnetic habitat there are many submerged and floating leafed plants such as *Nymphoides peltata*, *Trapa bispinosa* var. *inumai*, *Salvinia natans*, *Hydrocharis dubia*, and *Euryale ferox*. Littoral habitats are dominated by tall-grass herbs such as *Acorus calamus* var. *angustatus*, *Scirpus fluviatilis*, and *Zizania latifolia* etc. The strip form of these littoral vegetations is found at the rim of limnetic habitat. But many parts of the rim linking a littoral habitat shows a perpendicular microtopography due to by sediment erosion by radical fluctuation of water volume from the flood control. Consequentially ephemeral habitats are very rare in the Upo wetland. Inherently its vegetation structure is highly minute in plant size and composition, because the habitat condition is unstable as a result of physical disturbances by ripple and billow at the shore of open water. *Limosella aquatica* and *Callitriche palustris* are only representative.

Among aquatic zones in the Upo wetland the inundated habitat is virtually the broadest as much as 4~5 times wider than limnetic habitat. That habitat is just a part fit for a potential flood area important to flood mitigation during overflowing season. Vegetations in these habitats are different dependent upon flood extent and immersion period. Several willow trees occur mainly at these habitats. *Salix chaenomeloides*, and *Salix subfragilis* are representative. Tall grasses such as *Miscanthus sacchariflorus* and *Phalaris arundinacea* are indicative of inundated sites. Until 1990s their many areas have been exploited as arable land for rice or some dry-field farming. Now they have been incorporated into a national-owned land and no longer cultivated.

Slope habitats of mountains and hills. These habitats are characterized by the surface inclining above 5 degree, and located at terrestrial zone of the outskirts of an aquatic area. Dominant vegetations are secondary forests, mostly evergreen needle-leaved woods afforested with *Pinus densiflora* and *P. rigida*. A certain unique habitat is found at the rocky outcrops. Key ecological factors to these habitats are an extremely dry condition owing to steep slope itself and fine particles of sedimentary rock weathering by a seasonal wind of continental warm-temperate. Species composition of plant community is very poor, and only a few water stress-tolerators such as *Asplenium incisum* and *Pteris multifida* are found. (Refer the chapter of ecological flora).

Plains. Topographically the plains in the Upo area are defined as a habitat with less 5 degree slope which covers 36.2%(4.8km^2) of total area of the Upo wetland. They are located at mostly alluvial upland in the valley bottom and fan surrounding a core zone of the Upo wetland. These plains are very productive and have been developed as arable land as well. According to the concept of buffer zone in the zoning, the government has acquired the nearmost areas of swamps. Some abandoned fields are dominated by early successional species such as *Bromus japonicus*, *Carex dimorpholepis*. There is a double-cropping at a paddy field, in which has accomplished rice farming during summer monsoon period and dry-field farming with garlic and onion in spring or autumn. As a well known fact, the Upo wetland is one of the most important wintering sites for waterfowls with the multiple return tickets in relation to life cycle. In terms of avian feeding condition, such an onion and garlic farming is at a disadvantage particularly to waterbirds. A large plain as a buffer zone near the core swamp is necessary for population of waterbirds.

Disturbed habitats. There are various factors to disturb and threaten habitat stability in the Upo wetland. Particularly artificial levee and trampling effect in the water area are especially noteworthy. Periodic mowing is major effects to assist species composition at the levees. These communities consists of stoloniferous and rosette plants (*Imperata cylindrica* var. *koenigii*, *Oenothera biennis* and *Taraxacum officinale*). Local people have traditionally picked mollusca and fished by using trap and net in the open water. By the way in the open water area a single species tends uncannily to form a great population overspreading densely on the surface every other year. Example species is annual floating leafed annuals such as *Euryale ferox*. Trampling effects on soft bottom of the shallow lake-like-swamp are conspicuous and have to be monitored. On the other hand, trails and reclamations are offering ruderal and alien species to widespread in the protected area. Many ruderal species such as *Humulus scandens*, *Setaria viridis*, *Artemisia princeps* and *Tagetes minuta* occur commonly at disturbed habitats in the terrestrial zone. Problematic perennial such as *Paspalum distichum* var. *indutum* embarks just upon invasion into disturbed aquatic habitats through an irrigation canal.

서 론

서식처는 생명체 이해를 위한 최초 과정이면서 가장 중요한 우주적 개념 가운데 하나이다. 서식처는 어머니 품과 같이 안온한 삶의 기반이기 때문이다. 서식처(habitat, 헤비테트)란 '생물이 사는 터전'으로 정의한다. '사람의 주소'에 해당하는 것으로 야생하는 생물들이 실제로 사는 집, 가옥, 터전 등을 지칭한다. 우포늪 지역(현존식생도의 대상 영역; 세 가름 현존식생도 75쪽 참조)에서는 크게 네 가지 종류의 서식처가 있다: (1) 물터와 물길, (2) 산지와 구릉지, (3) 평지, (4) 교란된 서식처. 여기에서 물터와 물길은 수심이 발달하거나 물 흐름을 항상 관찰할 수 있는 개방수역(開放水域, open water)을 의미하는데, 지표면에서 늘 물이 비치는 곳을 말한다. 우포늪 지역에서 그 면적은 약 3.0㎢(개방수역, 진연안대)이며, 그 나머지의 산지와 구릉지, 평지, 교란된 서식처 등 총합은 10.2㎢를 차지하고 있다. (면적은 현존식생도를 제작하는 데에 이용되는 수치지형도(국립지리정보원, 2005년 제작)에서 경사도 분석(55쪽)으로부터 산출함). 교란된 서식처는 그 규모와 형상이 매우 복잡하고 다양하며, 평지와 구릉지에 집중 분포하고 있다. 그 만큼 인간의 접근성이 용이하고, 적극적인 토지이용과 그 이용 역사가 긴 덕택이다. 우포늪 생태계는 늪의 물터 그 자체뿐만 아니라, 주변의 교란된 서식처의 다양한 인간간섭 강도와 빈도에 따라 크게 영향을 받는다. 가시연꽃의 경우, 적절한 수위조절과 수질에 의해서 지속할 수 있기 때문에, 결국 가시연꽃은 인간 농경활동과 밀접한 상호관계를 가지고 있음을 알 수 있다.

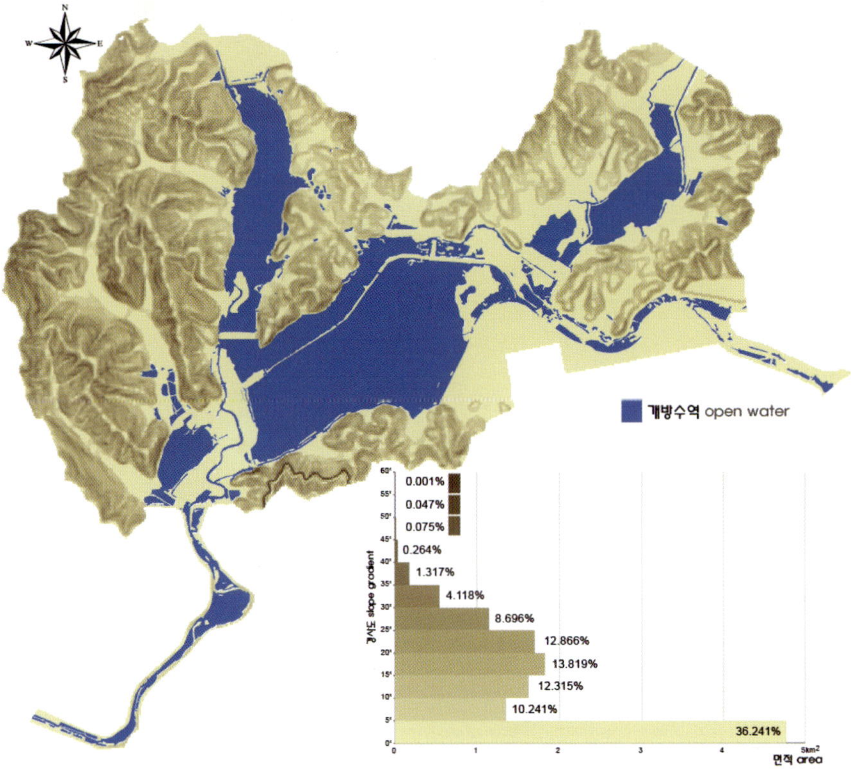

우포늪 일대의 경사도 분석도. 물 환경에 직접 영향을 받고 있는 습지 영역은 나지막한 산지로 에워싸여 있는 것을 알 수 있다.
Slope gradient in the Upo wetland.

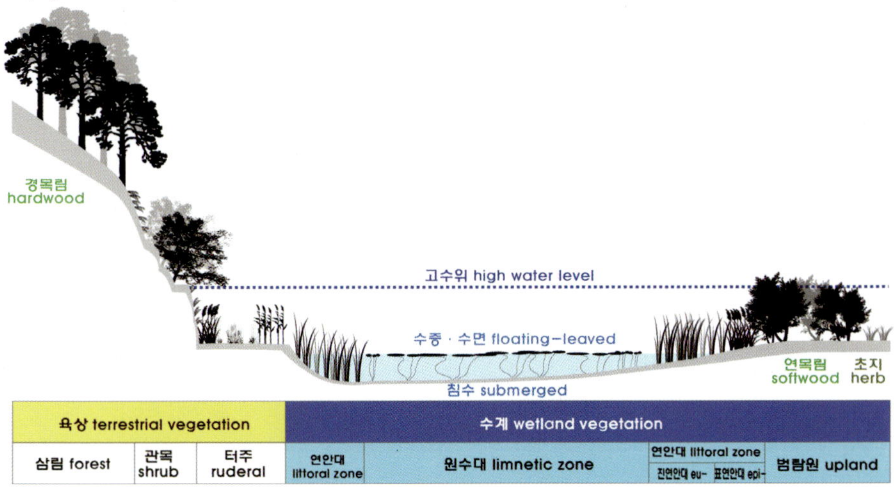

우포늪 지역에서 관찰되는 서식처의 다양성. 우포늪의 핵심서식처인 물터와 물길 서식처는 주로 높은 수위(高水位, high water level)에 영향을 받는 범위 내에서 위치한다.
Schematic hydroseries of different habitats in the Upo wetland.

물터와 물길: 물기 있는 땅

우포늪에서 물터와 물길은 핵심서식처(key habitat; 지역의 생태계 또는 경관 속에서 그 기능과 구조를 유지하는 데에 가장 중요한 역할을 하는 바탕이 되는 서식처를 의미함)이다. 물터는 물흐름(流速)이 거의 없는 정체된 서식처(standing water)를 의미하며, 물길은 물이 늘 흐르고 있는 서식처(running water)이다. 이와 같이 습지 영역 속에서 물터와 물길은 뭍으로부터 횡단면적 수분 경향성(句配), 즉 물기 정도가 많은 곳(過濕, very wet)에서 적은 곳(適濕, moderate)까지 4 군데로 구분된다: (1) 수중(水中) 서식처, (2) 수변(水邊) 서식처, (3) 순간(瞬間) 서식처, (4) 침수(沈水) 서식처.

(1) **수중서식처(Limnetic habitat)**: 물 속 서식처를 의미하며, 식물체 전체가 항상 물에 잠겨있거나 물 위에 떠 있는 식물종들(노랑어리연꽃, 마름, 개구리밥 등)이 서식한다. 우포늪의 물길과 물터 속에서는 수중서식처가 가장 넓게 발달하고 있다. 이것은 인공 제방에 의하여 수량이 조절되고 있기 때문이며, 항상 일정한 수심을 유지하고 있는 얕은 호수 경관을 보이고 있다. 한 여름에 우포늪 수면을 가득 메운 '마름', 늦여름의 '생이가래', '자라풀' 등은 그러한 서식처 환경을 증명하고 있는 것이다. 드물게 '마름' 뒤를 이어 '가시연꽃'이 수면을 가득 채우는 해(2008년 경우)도 있다.

(2) **수변서식처(Littoral habitat)**: 물터나 물길 가장자리에서 비교적 안정되고 얕은 수심이 유지되고 있는 서식처로서 키가 큰 식물종들(창포, 매

자기, 줄 등)이 서식하며, 침수서식처에 출현하는 식물종들이 함께 서식하기도 한다. 우포늪에서는 수중서식처의 가장자리를 따라 띠 형태로 수변서식처가 잘 발달되어 있다. 그러나 수중서식처로부터 수변서식처로의 이행대(移行帶)에 해당하는 물 가장자리에서 수직에 가까울 정도의 미지형(microtopography)을 나타내고 있는 입지가 여기저기에서 흔하게 관찰된다. 이것은 인위적으로 물길(水路)을 조작함으로써 수량변동이 급격하게 일어나는 데에서 기인한다. 수변서식처와 수중서식처의 수분구배 연속성을 불량하게 하는 원인이 되고 있다. 즉 토양 속에 물기 환경이 급격하게 차이가 나는 두 서식처가 이어져 있음을 의미한다.

(3) **순간서식처(Ephemeral habitat):** 수변서식처의 맨 가장자리에서 파랑이나 유속에 의한 물리적 교란 영향을 계속 받게 되는 매우 불안정한 서식처이며, 일이년생 식물종과 키가 작거나 왜소한 식물체의 종들(등포풀, 물별이끼 등)이 서식한다. 현재 우포늪에서는 순간서식처가 희귀하다. 그 이유는 수변서식처와 수중서식처 사이의 수분구배의 단절에서 기인한다. 물터 가장자리에서 찰랑대고 있는 파랑에 의한 부드러운 물리적 교란 현상이 바로 순간서식처의 주요 환경조건이다.

(4) **침수서식처(Inundated habitat):** 비가 많이 내려, 물이 불었을 때(增水時)에 일시적으로 물에 잠기지만, 평상시에는 물이 빠져 있는 곳으로서 위 세 개의 서식처보다 지하수위가 상대적으로 낮은(보다 건조한) 서식처이다. 침수 정도와 기간(시간 길이)에 대응하여 각기 다른 식물종들(물억새, 갈풀, 왕버들, 선버들 등)이 다양하게 서식하고 있다. 우포늪에서 침수서식처에 해당하는 공간은 과거(1990년대까지)에 경작지로 이용되었다가 자연생태계보존지역으로 국유지가 되어 방치함으로써 활발한 식생 천이가 진행되고 있다. 향후 우포늪에는 수중서식처 다음으로 침수서식처의 면적이 크게 증가할 것으로 예상된다. 특히 우포늪의 물터 영역에서 수심에 대한 해상력 높은

생태학적 관리가 이루어진다면, 우포늪은 보다 온전한 늪 생태계로의 보전이 가능할 것이다. 강우 계절 이외 기간 동안에 광활하고 질펵질펵한 늪의 땅과 수심을 형성하고 있는 물이 고인 물터가 모자이크 형상으로 분포하는 것이 이상적인 우포늪의 자연경관이다.

물터 서식처와 물길 서식처의 다양성
Habitat diversity in the running water zone and the standing water zone

①	②
③	④

① 수중서식처 Limnetic habitat ② 순간서식처 Ephemeral habitat
③ 수변서식처 Littoral habitat ④ 침수서식처 Inundated habitat

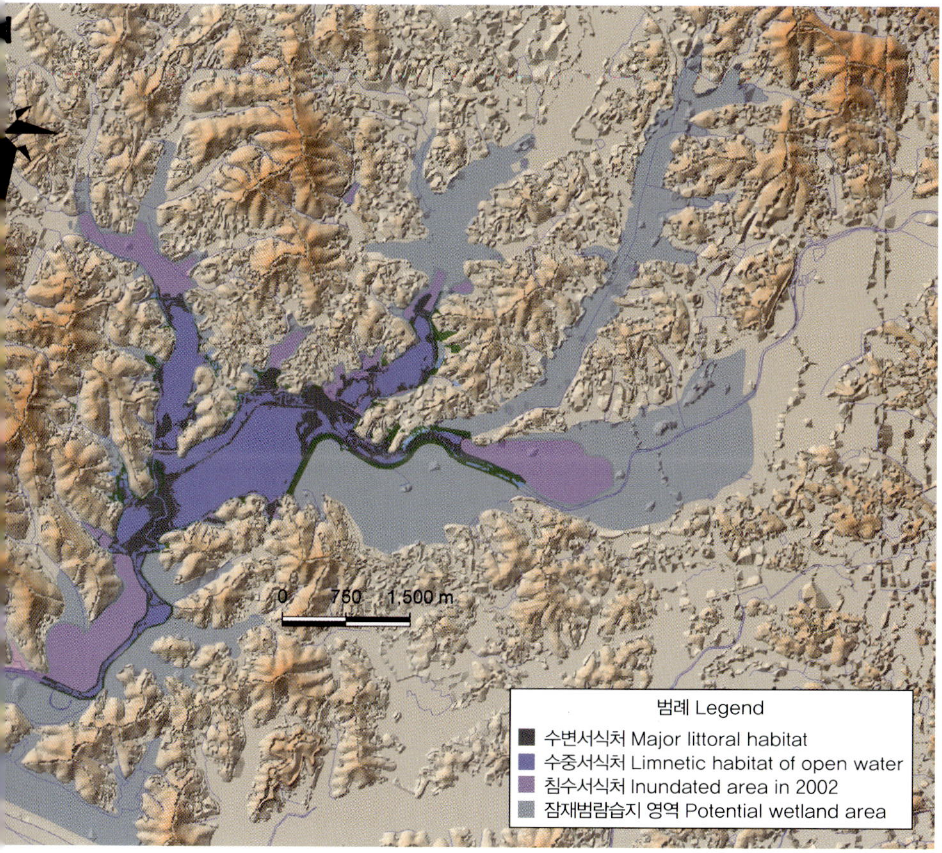

우포늪 일대의 잠재범람습지 영역과 서식처 공간분포. 잠재적 침수서식처의 면적은 수중서식처보다 약 5배 넓으며, 잠재범람습지로서의 기능을 크게 증대하는 역할을 가지고 있다.
Habitat map of Upo wetland. Potentially an inundated habitat(potential wetland area) is ca. 5 times wider than limnetic habitat of open water.

산지와 구릉지: 비탈진 땅

우포늪을 둘러싸고 있는 외곽지역에는 비탈(땅 기울기)이 발달한 산지 지형의 서식처이다. 특히 수심(水深)이 발달한 늪의 공간을 직접 접촉하고 있는 산지 가장자리는 경사가 아주 급하다. 이것은 앞서 설명한 바와 같이 후빙기(後氷期) 지구 기후환경(한가름 자연환경 참조, 33쪽)으로부터 기인한다. 우포늪 지역의 산지나 구릉지는 매우 건조한 토양 환경이 특징이다. 그 기반 암석이 입자가 가는 세립질(細粒質)의 셰일(혈암)이기 때문에 그 풍화토는 매우 가는 입자의 진흙으로 이루어져 있다. 그래서 가뭄에 의한 한발피해나 수분(水分) 수지(收支)의 불균형에 의하여 수분스트레스가 발생할 수 있는 생태적 환경이다. 토양 입자가 굵은 모래의 경우는 물이 잘 이동하지만, 진흙과 같은 가는 입자의 토양은 토양알갱이 사이 공극의 크기가 극도로 미세하기 때문에 공극을 통해서 물분자 이동이 매우 불리한 조건을 가지고 있다. 현재 우포늪 외곽의 산지와 구릉지의 식생은 인간간섭(육림, 산불, 벌채, 경작 등) 이후에 발달해온 이차식생이 대부분이며 그 발달이 매우 더디게 일어나고 있다. 산불 이후에 조림된 입지에서도 매우 왜소한 소림(疏林) 형태의 식생 구조를 보여주고 있는 곳도 바로 그런 이유 때문이다.

우포늪의 광활한 개방 수면(open water)을 면하고 있는 산지나 구릉지의 비탈면에서 급경사, 돌출 지형, 암각지(岩殼地) 등의 특이 입지가 흔하게 관찰되는 것은 앞서 설명한 후빙기에 있었던 해수면 변동을 야기한 기후적 요인 이외에도 우포늪의 계절풍(한가름 자연환경 편의 생물기후 참조; 47쪽)에 의한 풍화(風化) 특성으로 설명할 수 있다. 즉 그러한 입지는 동절기의 북풍과 하절기의 남풍 영향으로 남쪽 비탈면과 북쪽 비탈면에 주로 분포하고 있다. 국지적으로 바람이 부딪히는 풍충지(風衝地)나 돌출 능선 입지는 비탈면 가운데에서에도 가장 건조한 환경조건에 노출되기 때문에 매우 특이한 식생(water stress-tolerator vegetation)이 발달한다. 우포늪 일대에 분포하는 양치식물(모둠 둘 생태물상 속의 양치식물 참조)은 매우 제한된 식물종만 출현하고 있는데, 그 종조성도 매우 빈약하다. 이들은 건조한 입지에서 서식 가능한 그룹으로서 그러한 특이 입지에서만 작은 개체군(개체수가 적음)으로 관찰되고 있다.

우포늪 습지 방향으로 노출되어 있는 산지 비탈면의 암석 노출지(창녕군 대합면, 2009. 7. 20). 극단적인 건조를 경험하는 서식처로서 대륙성의 난온대 기후에 의한 풍화로부터 퇴적암 암석 파편이 끊임없이 생성되고 있다. 사진 속의 우점종은 솔새이다.

Rock outcrops in th rim of the Upo wetland. Key ecological factors to the habitats are an extremely dry condition owing to fine particles of sedimentary rock by continental warm-temperate. Only a few water stress-tolerators are found(Refer ecological flora). Dominant species in this photo is *Themeda triandra* var. *japonica* (Willd.) Makino.

평지 : 고른 땅

우포늪 일대에서 땅의 기울기가 5도 이하를 평지로 고려할 때, 수심이 발달하고 있는 개방 수면을 제외하더라도 매우 넓은 면적을 차지하고 있다. 그 면적은 전체 우포늪 일대에서 36.24%를 차지하고 있다. 주로 산간 또는 구릉지 사이의 계곡이 충적토로 메워진 평탄형 곡저(谷底)와 계곡을 빠져나와 넓게 펼쳐지는 선상지(扇狀地) 입지로서 충적대지(충적지; alluvial land)가 대표적이다. 주변 산지와 구릉지로부터 풍부한 수분과 영양물질을 공급받을 수 있는 그런 지형적 특성 덕택에 경작지로 이용된 역사가 길다. 현재에도 경작지로의 토지이용이 가장 지속적으로 그리고 집약

우포늪 일대의 평지 경관(창녕군 대지면 사지포 일대, 2007. 8. 1). 휴경작지로 방치되고 있는 이곳은 국가에서 매입하여 핵심보호구역의 완충대로서 그리고 잠재적 범람습지로서 기능을 하고있다.

적으로 이루어지고 있는 공간인데, 홍수시의 우포늪으로부터의 침수를 방지하기 위한 물길 조성과 같은 인간 간섭을 포함하고 있다. 현재 우포늪 자연생태계 보호 대상 영역 속에 위치하는 일부 농경지는 핵심습지 영역에 대한 완충지대로 고려됨으로써 국가에서 매입하였으며, 휴경작지로 방치되고 있는 야생지역이 늘어나고 있다.

평지 가운데 산지나 구릉지의 비탈면에 접하면서 약간 비탈이 형성되어 있는 곳에서는 밭으로 이용되었으며, 물터나 물길에 접하는 장소에서 경사가 '0'(제로)에 가까운 곳은 주로 논으로 이용되어 왔다. 즉 미묘한 차이가 있는 각각의 입지 수분 환경 조건에 부응하는 토지 이용이 이루어져 왔다는 것을 알 수 있다. 그런데 최근에는 논으로서 적합한 평탄 입지에서도 밭 경작이 병행되기도 하여, 이모작(二毛作, two crops a year)을 하고 있다. 이러한 이모작은 우포늪 지역이 전형적인 난온대 지역이라는 사실을 반증하고 있다. 벼 농사를 짓는 기간 이외의 기간에는 다양한 밭 경작물(마늘, 양파 등)이 재배되고 있다.

Upland plains surrounding a core zone of the Upo wetland(near Morae-Beol, August. 2007). Most plains have been developed as arable land for rice or some dry-field farming. According to the concept of buffer zone in the zoning, the government has acquired the nearmost areas of core swamps. In early successional stage abandoned fields are dominated by *Bidens bipinnata, Erigeron canadensis*, and *Artemisia princeps*.

그런데 우포늪 자연생태계가 습지생태계로서 그리고 물새(鳥類)들이 서식하는 생태적 특성으로부터 이러한 평지는 특히 전이대(완충지대)로서의 생태적 기능과 그에 적합한 구조로 이용되는 것이 필요하다. 평지에서의 논밭 경작지는 우포늪 습지생태계에 의존하여 서식하는 물새들에게 유리한 경작물에 의한 농경이 필요할 것이다(네가름 습지생태계 관리 부분 참조, 99쪽).

벼농사를짓는논은여름철새와겨울철새들에게중요한먹이자원공급처이다.
Rice farming field as a buffer zone near the core swamp is at a advantage to summer and winter migratory birds

교란된 서식처: 파괴된 땅

우포늪 일대에는 다양한 인간간섭이 이루어지고 있다. 대표적인 사례로는 인공적으로 축조된 제방, 매립, 무덤, 길, 외래종 도입 등을 들 수 있다. 이러한 인위적인 간섭은 우포늪 습지생태계와 지형, 토양 환경 등에 변화를 초래한다. 지형이나 토양 환경의 변화는 실질적으로 습지의 구조적 질적 쇠퇴로 이어지는데, 미지형적(微地形的)으로 수분환경의 변화가 초래되면 습지생태계에 근본적이고 급진적인 변화가 일어난다.

산지와 구릉지 속에서 가장 넓은 면적을 차지하고 있는 인간간섭으로는 리기다소나무와 각종 조림 수종에 의한 단순 인공조림지를 들 수 있다. 본래 이곳의 기후와 토지에 부응하는 잠재자연식생은 졸참나무, 굴참나무, 참느릅나무, 모감주나무 등으로 이루어진 낙엽활엽수림이지만, 극히 작은 파편으로 존재하거나 개체 수준으로 잔존하고 있다. 특히 리기다소나무 단순 조림지는 야생 생물종 서식처로서 그 기능이 낙엽활엽수림에 비하여 매우 열악하여, 생물종다양성도 극히 빈약하다. 뿐만 아니라 인공조림지 내에는 여기저기 무덤이 산재하고 있는데, 주기적인 벌초에 의하여 유지되는 이차초지식생(二次草地植生)이 발달하고 있다. 산지와 구릉지에서 발생하는 각종 훼손(산불, 쓰레기 투각, 토양 유실 등)은 무덤과 그 무덤으로 이어지는 길에서 발생하고 있기 때문에 무덤은 지역 생태계의 훼손 거점이 되는 경우가 많다.

평지에서 관찰되는 교란된 서식처는 길과 매립이다. 습지생태계 주변에 산재하는 길은 습지 그 자체에 대한 직접적인 훼손(낚시, 쓰레기 투각, 소각 등)과 간접적인 원인으로 이어지는 수단이 되기도 하며, 크고 작은 규모의 매립에 의하여 미지형 변화를 초래하는 원인이 되기도 한다. 습지 생태계에서 한 쪽에서의 매립과 굴취는 범람 시기에 다른 쪽에서 침식과 세굴(洗掘)의 원인으로 이어지기 때문이다. 한편 습지 주변에 개척되어 있는 탐방로는 보다 철두철미한 생태적 배려가 요구되는데, 습지 생태계에 대한 탐방로 그 자체의 직접적인 간섭요인도 있지만, 간접적인 요인들에 의해서도 크게 영향을 받고 있기 때문이다(네가름 습지생태계 관리 부문 참조; 119쪽).

인공적으로 축조된 제방은 우포늪의 물터와 물길을 차단하는 대표적인 요소이며, 하나의 서식처이기도 하다. 일반적으로 자연제방은 여러 가지 측면에서 생태적 시스템 속에서 발달하고 있는 자연 구조물이기 때문에 개방생태계(open ecosystem)로서의 습지 주요 요소가 된다. 그러나 우포늪에는 습지의 홍수조절 기능을 크게 고려한 인공제방이 축조되어 있기 때문에 제방의 수분구배 및 인접 생태계와의 생태통로 기능이 단절되어 있다. 우포늪 내부에서 순간서식처의 발달이 극히 미비하고 희귀한 것은 인공제방에 의한 과도한 수심관리로부터 기인한다(네가름 습지생태계 관리 부문 참조; 121쪽).

우포늪의 대대 제방 (창녕군 유어면. 2008. 7. 7). 인공 제방은 주기적 관리가 동반되어 유지되는 건생 이차초지식생의 서식처이다. 우포늪에서 순간서식처가 매우 드문 것은 인공 제방에 의한 과도한 물관리의 영향이다.
A large scale artificial levee, Daedae bank, in the Upo wetland(Yueo-myun. July. 2008). Secondary weed vegetation occurs predominantly on dry sites of the levees depending on rainwater mainly. Periodic mowing and burning are major effects to assist species composition of the levee's vegetation. *Cleistogenes hackelii* and *Miscanthus sinensis* for. *purpurascens* are the dominant species, accompanied by further meadow species. In the Upo wetland the ephemeral habitats are extremely rare due to discontinuation of moisture condition by an outsized levee construction.

세가름

식생의 특이성

Summary

Vegetation peculiarity

by Jong-Won Kim, Kyung-Hwan Ahn, Chang-Woo Lee, Byoung-Ki Choi

Some remarks of the Upo wetland are signified in terms of phytosociological structure and community diversity. The first, a total of 42 vegetation units has been described in the Upo wetland area: 8 associations and 34 plant communities. Highly unique plant communities are *Phragmites communis-Salix siuzevii* community, Caricetum dimorpholepidis including typicum subassociation and eleocharictetosum equisetiformis, *Salix chaenomeloides* community including typical subunit and *Carex dispalta* subunit, Callitricho-Limoselletum aquaticae in the aquatic zone and Ulmetum parvifoliae including typicum subassociation, cleistogenetosum hackelii and euonymoretosum bungeanri, and *Zizyphus jujuba* community in the terrestrial zone. By the way, a zonal distribution which presents the primitive distribution pattern of vegetations has been limitedly found due to habitat destruction of moisture conditions from limnetic zone through littoral zone to upland. There is a remarkable association of Caricetum dimorpholepidis characterized by tussocks of *Carex dimorpholepis*, which has been persisted owing to seasonal flood events between So-Beol and Jjokji-Beol.

Secondly, in the limnetic zone three vegetation units are representative: Salvinio-Trapetum inumai (incl. typicum subassociation, hydrocharitetosum dubiae, euryaletosum feroci, and trapelletosum sinensae), *Nymphoides peltata* community, and *Vallisneria natans* community. These are all annual floating-leafed eutrophic communities which are keystone vegetations indispensable to waterfowls in the Upo protected area. Annual floating-leafed plants such as *Trapa bispinosa* var. *inumai*, *Euryale ferox*, and *Salvinia natans* show the great flourishing by eutrophication resulting from agricultural system. Particularly a vast population *E. ferox*, a endangered species and flagship species in Korea's wetland, creates a grand view peculiar to the Upo wetland areas. The third, *Salix subfragilis* and *S. chaenomeloides* are major tree species representative to the Upo wetland, although these willows are actually typical on riverane vegetation in the meandering zone(cf. *Salix gracilistyla* in the fan zone). It might be an evidence that the wetland has been directly influenced by river hydrology. Twelve species of Salicaceae are recorded from the wetland area. Among them 9 *Salix* species are native, *S. chaenomeloides*, *S. subfragilis*, *S. koreensis*, *S. pseudo-lasiogyne*, *S. gracilistyla*, *S. matsudana* for. *tortuosa*, *S. koriyanagi*, *S. caprea*, and *S. siuzevii*. The former three species are major and the others occur very rarely. *Populus nigra* var. *italica*, *P. euramericana*, and *P. tomentiglandulosa* are all introduced, but not naturalized. On the other hand, *Alnus japonica*, the most typical tree species of the wetland in the Northeast Asian temperate zone from the viewpoint of Tüxen's potential natural vegetation, never occurs in the Upo wetland. In general Japanese elm occurs preferably at perpetually cool and wet sites in the cool-temperate zone. Two decisive influences are presumed: a highly unstable habitat condition by the adversely hydrolic system and the water-stress incident in the Upo environment.

The mountainous district encircling the wetland is covered by afforestation admixing with *Pinus rigida*, *P. densiflora* and *P. thunbergii*. A few young and sparse woods of the Ulmetum parvifoliae are very rarely found on mainly south-facing slopes as the remnant of potential natural vegetation. Forests in the mountain zone of the Upo region lack the characteristic shrub *Rhododendron* species of Korean cool-temperate forest vegetation.

The 2008 Upo's actual vegetation map covering 4.3㎢ wide is precisely described as an indispensable tool of the long-term ecological monitoring. Remarkable changes of vegetation cover are of tall-grass plants in the eulittoral zone and willow woods in the upland zone of the Upo wetland. The former vegetation shows the greatest area in 1988 and the latter has widely spreaded throughout the Upo wetland since 1988. Two major reasons are summarized: (1) acutely and radically changes of Upo hydrology resulting from having built a bank dike since the 1960s and the large dam construction of Andong in the 1970s and Imha in the 1980s, and (2) awareness of local people subscribing to a total ban of firewood collection in behalf of strict protection of wetland since 1990s.

Population analysis in 2009 on the major 3 willow species in the Upo wetland presents some notable results. *Salix subfragilis* with 2,119 trees occurs the greatest area and frequency, the next *S. chaenomeloides* with 1,044 trees and *S. koreensis* with 244 trees. Average age of these willows is ca. 20±16 years old, and *S. chaenomeloides* is determined as 27±18 years old and *S. subfragilis* of 16±8.4 years old. The older trees are mostly observed from *S. chaenomeloides* and the oldest one is 173 years old. Age structure of *S. subfragilis* population is well-coincided into the lowest annual precipitation, for example average 700.8mm in 1994 till 1996. *S. subfragilis* forms a cohort of shrubbery germinating simultaneously by draining events. Natural coppice of *S. subfragilis* is well-developed at the site between So-Peol(Upo) and Morae-Peol(Sajipo). Its single tree shows the maximum 25 stalks which sprout up after periodic flooding and inundation. On the other hand, *S. chaenomeloides* which has been the foremost firewood for local people grows abundantly in the Namu-Beol(Mokpo) and Jjokji-Beol. *S. koreensis* is found at abandoned fields in between mountain valley.

Another remark upon major willow species in the Upo wetland is their distinctive sex ratio(♂:♀) examined from 1,956 individuals. *S. chaenomeloides* indicative of the most stable habitats in the lotic zone shows a nearly balanced sex ratio(1:1), but other two species occurring at relatively unstable habitats indicate a strongly biased pattern on the sex ratio 1:1.5 of *S. subfragilis* and 1.5:1 of *S. koreensis*. Naturally, these results are linked together population size. Among these three species the largest population size is found at *S. subfragilis* and the smallest one at *S. koreensis*.

오리나무가 없는 이유: 흔한 것과 희귀한 것

우포늪 일대의 현존(現存) 식생은 우리나라를 대표하는 일반적인 습지식생과 크게 다른 점이 있다. 그 가운데 가장 특기할 만한 몇 가지 사실을 나열하면 다음과 같다:

- **농경문화와 어우러진 우포늪 수질에 대응하는 독특한 습지식생**

(1) 수심이 발달한 우포늪 물터는 '마름', '가시연꽃', '생이가래' 등의 대량 번식이 특징적이며, 이것은 상당한 수준의 수질 부영양화, 역동적인 수리수문의 변동에 의존해서 나타나는 식생상관(植生相觀)이다 (네가름 습지생태계 관리 편 참조 121쪽). 이들은 모두 1년생으로 당해 연도의 수량(수심)과 수질, 그리고 그러한 수심과 수질의 타이밍에 의하여 최성기(最盛期)가 결정된다. 가시연꽃 사례를 살펴보면, 2008년 9월에 소별 면적 약 75%를 피복하는 대번성이 있었으나, 2007년에는 상대적으로 크게 희귀하였다. 2008년에는 광폭한 수심이나 수질에 변동을 야기하는 태풍과 같은 강우 양상은 일어나지 않았다. 이것은 '가시연꽃'의 발아와 대량 번식에 수량과 수질의 타이밍이 최적이었음을 의미한다. 따라서 우포늪 생태계에 대한 해상도 높은 생태적 관리를 위해서는 수량(수심)과 수질의 수준과 타이밍에 대하여 깊은 이해가 필수적인 과제이다.

(2) 우포늪은 저층습원 범주에 포함되지만, 갈대가 매우 빈약하게 출현하며, 버드나무 종류가 다양하고 풍부하게 출현한다. 지속군락으로서 우포늪에 잔존하는

버드나무류 우점 식생은 선버들림과 왕버들림이 가장 대표적이다. 이 가운데에서도 선버들림은 단연 우세하고 있는 버드나무류 식생이다. 이것은 우포늪의 수량 변동 폭에 의한 교란 강도를 의미하는 것으로, 사행대 하천에서 선구성(先驅性) 종인 선버들[1]이 그러한 우포늪에 현존하는 수리수문 환경을 대변하고 있는 것이다. 이러한 사실은 식물사회학적으로 저층습원의 극상림 또는 잠재자연식생으로 고려되는 오리나무가 전혀 분포하지 않는다는 사실과 일치하는 생태적 이벤트이다. 즉 저층습원에 있어서 최고차(最高次) 천이단계에 이르지 못하고, 버드나무류가 우점하는 식생형으로 유지하는 지속군락(perpetual plant community)이 우포늪 습지식생의 특이성이다. 그만큼 우포늪은 수량과 수질의 수준, 그리고 타이밍이 안정적이지 못하다는 의미이며, 오리나무가 우점하는 안정 습지(stable wet habitat)의 식생으로 천이가 진행될 수 없음을 의미한다. 또한 오리나무의 식생지리학적 분포 특성을 고려할 때, 수분스트레스가 발생하지 않는 서식환경 조건에서 안정적인 수리수문 환경이 보장되어야 살아가는 종이다. 수분스트레스가 발생하지 않는다는 환경은 계절(온도)적 강우패턴에서 기인하는 생리생태적 조건을 의미한다.

본서에서는 한반도에서의 오리나무 현존분포에 대한 식생학적 설명을 간단하게 기술해둔다. 동북아시아 온대 지역에서 광역적으로는 해양성 식생지역이 대륙성 식생지역보다, 그리고 국지적으로는 한랭다습한 기후환경이 온난건조한 기후환경보다 수분스트레스가 덜하다는 것을 의미한다. 현재의 한반도 기후 환경 속에서 오리나무의 생육분포는 지리적(수평적)으로는 위도(緯度)가 높아감에 따라서, 수직적으로는 해발고도가 높아감에 따라서 그 출현 빈도가 증가하고 있는 것으로부터 반증되고 있다. 오리나무는 남부지방보다는 중부지방에서, 그리고 저지대 보다는 산간 계류 지역에서 더욱 빈번하게 생육하고 있는 것이 조사되고 있다. 입체적으로 설명한다면, 남부지방에서는 해발이 높은 산지 습지에서 오리나무군락이나 개체군이 보고되고 있으며, 중부지방에서는 평지 저습지에서도 관찰되고 있는 것이다. 남부지방에서 산지 습원의 울산 무제치늪에서 발달하고 있는 오리나무 개체군이나 중부지방의 철원 민통선 지역에 재생되어 있는 오리나무군락이 대표적인 사례가 된다. 지구 기후환경 변천사를 고려한다면, 지금보다 한랭한 기후 시대라면 지역의 수분스트레스가 발생하지 않는다는 전제조건에서 오리나무는 평지와 저지대로 하강 분포했을 것이며, 보다 온난화한 기후 시대라면 상승 분포했을 것이라는 화분분석학적 고식생 연구에서도 본질적으로 동일한 내용들을 담고 있다.

• 우포늪 일대 지질 기반인 '셰일' 퇴적암으로부터 기인하는 습지 외곽을 둘러싼 외륜산의 식생 특이성

(1) 우포늪 일대에는 진달래속(*Rhododendron* spp.)에 속하는 식물종(진달래, 철쭉 등)이 분포하지 않거나, 분포하더라도 개체수가 극히 제한적으로 관찰되는 것이 특징적이다. 진달래속은 화성암과 변성암 지역에서 발달하는 온대림을 구성하는 대표적인 관목 식물종으로 한반도 냉온대림을 특징짓는 속이다.[2] 이러한 측면에서도 우포늪은 우리나라에서 하나의 독특한 생태지역(ecoregion)이다. 따라서 우포늪과 같은 자연생태계보전지역 일대에서 진달래속 식물종(각종의 영산홍)을 이용한 조경은 생태적으로도 경관적으로도 매우 이질적이라는 것을 알 수 있다. 지역의 생태성을 고려한 토지 관리가 요구되는 대목이다.

(2) 참느릅나무군집[3]은 우포늪을 둘러싸고 있는 외륜산 비탈면을 대표하는 잠재자연식생자원이며, 느티나무와 팽나무는 희귀하게 분포한다. 우포늪의 물터로 진입하는 모든 접근로는 육지식생역에 위치하고 있으며, 셰일의 암석기반을 가진 토지이다. 따라서 습지 이외 육지 영역에서 참느릅나무군집이라는 식물사회를 구성하는 식물종을 이용한 조경으로 전형적인 경관을 복원할 수 있다.

현존식생도 : 우포는 잠재범람습지

(1) 습지의 경계와 현존식생 범례

우포늪 일대의 현존식생도는 현존하는 식생이 공간적으로 어떻게 분포하고 있는지, 그 양상을 이해할 수 있으며, 우포늪 생태계를 장기적으로 모니터링 하는 데에도 가장 본질적인 기초자료가 된다. 그래서 정확한 현존식생도는 지역의 자연사를 기록하는 최초의 과정인 것이다. 특히 우포늪처럼 습지 영역에 대한 현존식생도 제작은 계절적 변화에 따른 식생형 면적이 매우 민감하게 변화하기 때문에 현존식생에 대한 현지 조사 시기, 지도 제작 시기, 그리고 제작 목적이 분명하게 제시될 필요가 있다. 본 현존식생도의 제작 기준 시점은 2008년 8월 10일로써 우포늪의 식물 최성기에 이루어졌으며, 선행연구와 비교 검토도 이루어졌다. 그러나 선행 연구에서의 현존식생도는 제작시기가 불명확하고 우포늪 경계에 통일성이 결여되어 있음으로 인해 비교하는 데에 많은 한계가 있었다.

본서에서 현존식생도 경계는 우포늪에 직접적으로 영향을 미치는 집수역(集水域)을 기준으로 하였다. 즉 우포늪 지역을 둘러싸고 있는 산지의 능선(스카이라인) 안쪽을 포함하고 있다. 토평천 상류부는 인공제방을 기준으로 경계 제한을 두었다. 전체 현존식생도 제작 대상이 되는 면적은 총 4.3㎢이다. 범례별 보정은 2008년 1월에 촬영된 항공사진(Daum지도 2008)을 참고하였다.

「우포늪 2008년도 현존식생도」는 현존하는 식생형의 다양성과 그 분포 특성에 대한 정보를 누락하지 않고 담아낼 수 있는 총 12 가지 범례로 완성되었다. 이것은 식물사회학적으로 상급단위(군단 이상)에 대응하는 중분류 수준의 범례이다. 이들 범례를 대분류하게 되면 습지식생역(濕地植生域, wetland vegetation zone; wetland ecoregion)과 육지식생역(陸地植生域, terrestrial vegetation zone; terrestrial ecoregion)의

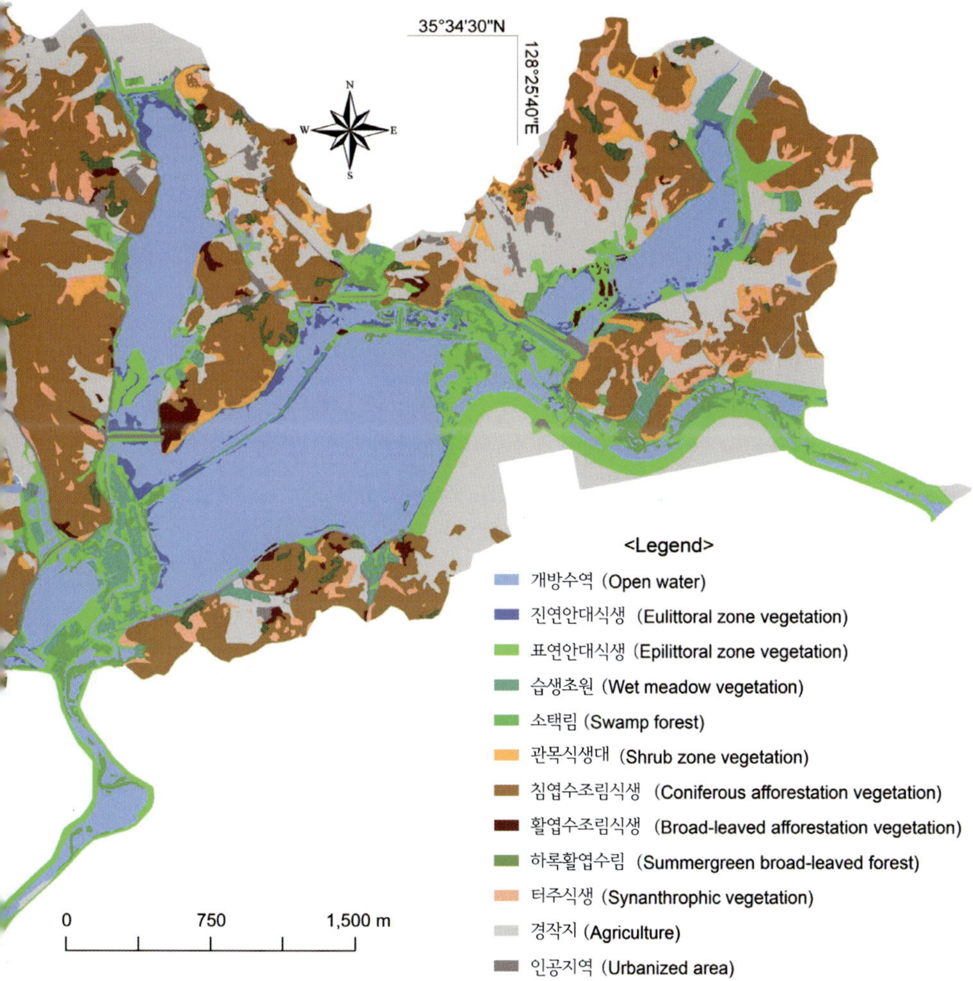

우포늪 현존식생도(현지식생조사: 2007년 6월, 제작: 2008년 8월)
Actual vegetation map of the Upo wetland (Field work: June 2007; Cartography: August 2008)

두 가지로 나누어 이해할 수 있다. 우포늪 2008년도 현존식생도에서 가장 넓은 면적은 인공적으로 심어서 가꾼 조림(造林) 식생을 포함하는 삼림식생이 차지하고 있는데, 전체 면적 가운데 35.9%를 차지한다. 그 다음으로 수면(水面)이 그대로 드러나 있는 공간인 개방수역(open water)이다. 잠재적으로 원수대(limnetic zone) 식생이 발달하는 영역으로 그 면적은 약 21.2%를 차지하고 있다. 경작지가 17.7%, 표연안대(epilittoral zone) 식생이 8.9%, 터주(ruderal) 식생 4.8%, 소택림(沼澤林, swamp forests) 3.2%, 습생초원 2.5%, 인공지역 2.3%, 관목식생대 2.1% 및 진연안대(eulittoral zone) 식생 1.4% 순으로 나타났다. 이러한 현존식생의 공간 분포에 대하여 다음과 같은 대분류의 식생역(植生域)에 따라서 살펴보기로 한다.

• **습지식생역** : 습지식생역은 개방수역, 진연안대, 표연안대, 소택림, 습생초원 등 5개 범례로 이루어져 있다. 개방수역(open water; 2.80㎢)은 침수, 부엽・부유식물 등 원수대 식생이 발달한다. 이들 식생은 관찰하는 시기에 따라 우점하고 있는 양상이 크게 변화하는데, 피복면적과 분포 경향성이 매우 역동적인 계절성을 보여준다. 따라서 원수대 식생은 별도의 현존식생 범례로 설정되지 않고, 개방수역에 포함된다. 진연안대 면적은 0.19㎢를 차지하고 있고, 줄군락, 매자기군락 등의 습생고경초본(濕生高莖草本) 상관을 형성하고 있다. 이 가운데 창포군락과 매자기군락은 수분조건에 따라 진연안대와 조간대 양쪽 모두에서 관찰되기도 한다. 표연안대(1.18㎢)에는 갈대군락, 물억새군락 등이 발달하고 있는데, 고수위 시기가 되면 관수(冠水) 영향을 받는 식생지역으로 진연안대에 비하여 지하수위가 낮은 입지이다. 소택림(0.42㎢)은 주로 연구지역 내 충적지에 해당하는 범람원의 가장자리(upland)에 분포하며, 주로 왕버들과 선버들이 우점하는 습생 추이대(推移帶, ecotone)에 대응하는 식생역이다. 습생초원(0.33㎢)은 초본 식생형으로 소택림 주변에서 연속적으로 분포하고 있다. 이삭사초군집, 뚝사초군락이 대표적이며, 소택림이 발달하는 입지에 비하여 상대적으로 입지의 안정성(stability)이 취약하기 때문에 초본형 식물군락이 유지되고 있다.

• **육지식생역** : 육지식생역에서 침엽수 인공육림(人工育林) **32.5%(4.30㎢)**, 활엽수 인공조림(人工造林) **1.2%(0.16㎢)** 및 하록활엽수림(夏綠闊葉樹林) **2.2%(0.29㎢)**의 이차림 삼림식생대가 넓은 면적(**4.75㎢**)에 걸쳐 분포하고 있다. 침엽수 인공육림은 주로 소나무와 리기다소나무로 이루어져 있는데, 드물게는 해송도 섞여나고 있다. 이러한 사실은 이 숲이 인공적으로 조림한 것으로부터 기원함을 알 수 있다. 그 이후에 저절로 재생된 개체들이 섞여 나고 있는 상황이다. (참고: 본서에서는 '육림'은 '조림' 이란 용어와 구분해서 사용한다. 조림은 인공적으로 식재하여 키워 낸 숲에 대해서만 적용되는 반면에, 육림은 해당 숲의 기원이 인공적 조림이라 할지라도 현재 그 숲 속에 조림한 수종과 동일한 수종의 많은 개체들이 자연적으로 재생되어 섞여 나고 있으면서 지금도 인공적으로 관리(방치에 대응되는 개념)되고 있는 숲을 지칭한다.) 침엽수 인공육림은 우포늪 외곽 산지를 대표하는 식물사회이다. 활엽수 인공조림은 이태리포푸라, 아까시나무, 은사시나무 등이 식재되어 키워진 숲이다. 하록활엽수림은 인공 조림과 육림을 제외한 자연적 기원의 숲을 의미하는데, 우포늪 외

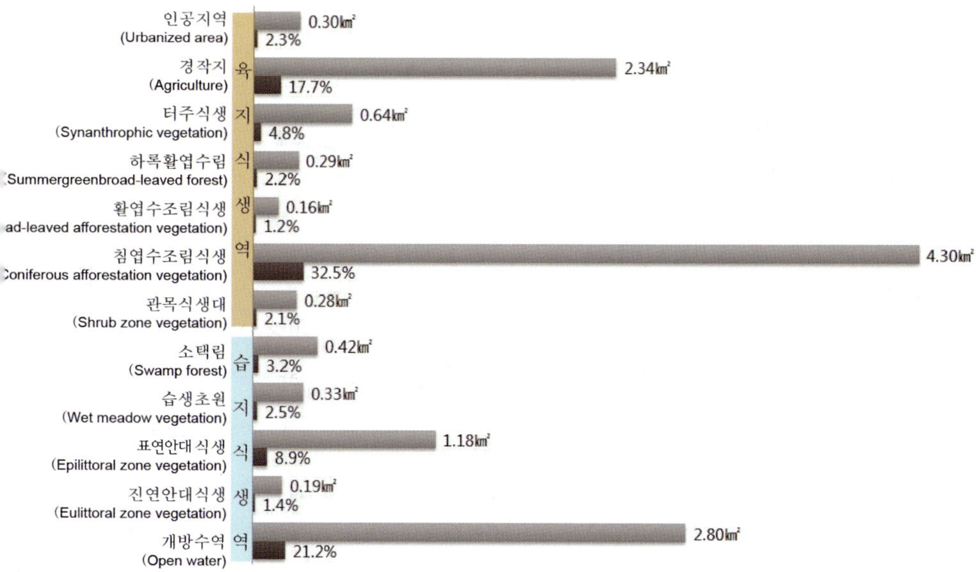

우포늪 2008년도 현존식생도의 범례별 면적과 퍼센트 비율(안경환 2009).
Areas of vegetation types on the 2008 actual vegetation map of Upo wetland(Ahn, 2009).

곽산지가 가지고 있는 자연환경 조건에 대응하여 발달한 굴참나무군락, 상수리나무군락이 대표적이다. 이와 같은 삼림식생 이외에 육지식생역에는 터주식생과 경작지식생 그리고 인공지역을 포함하고 있다. 이 가운데 경작지가 가장 넓은 면적(13.22㎢)을 차지하고 있으며, 현재에도 경작이 진행되고 있는 곳으로서 강아지풀군락, 냉이군락 등이 관찰된다. 지속적인 교란과 간섭을 받고 있는 길가, 쓰레기터 등에 분포하는 터주식생은 0.64㎢로 비노리하위군락, 질경이군락 등이 대표적이다. 주거지나 인공시설물이 위치한 인공지역은 0.3㎢로써 일반적으로 관찰되는 개미자리-은이끼군집이 관찰된다.

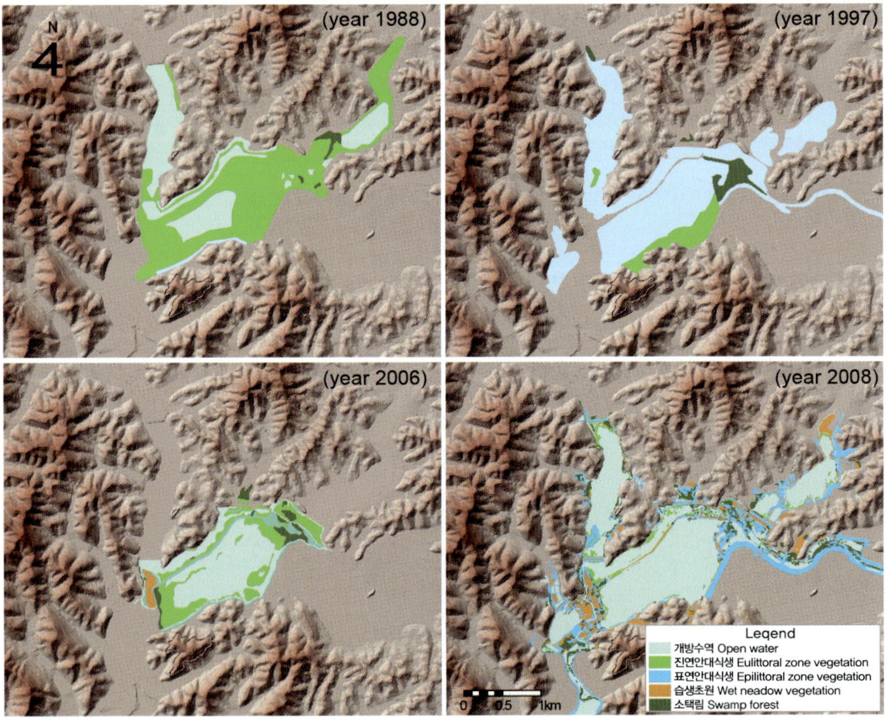

우포늪 현존식생의 분포 변화. 현존식생도 간의 식생형 분포 양상에 차이가 있는데, 특히 소택림의 면적 변화에 주목할 필요가 있다. (상세 내용은 본문 참조)
Distribution changes of aquatic vegetation in the Upo wetland.

(2) 우포늪의 현존식생 변화

우포늪 식생에 대한 군락생태연구는 1985년에 처음으로 이루어졌으며,[4] 이후 1987년에 최초로 현존식생도(환경청)가 제작되었다. 이후 우포늪 전체에 대하여 제작된 현존식생도는 80년대 후반에 제작된바 있으며,[5] 습지보호지역과 람사르협약 등록 이후 더욱 활발하게 시도되었다. 현재까지 작성된 현존식생도들은 1) 관찰 혹은 제작 시점의 명시가 누락되어 있으며, 2) 제시된 범례는 상관에 의존한 설정으로 식생학적 기반과 속성에 대한 정보가 구체적으로 제시되어 있지 않다. 또한 3) 선행 연구의 각각 연구자에 따라 범례 일관성이 확보되지 않기 때문에 학술적 비교 분석에 한계가 있었다. 그래서 본서에서는 수계 영역 내에서 계절적 식생 발달에 의한 식피 면적 영향을 최소화 할 수 있는 다년생(多年生) 식생형(植生型)으로 통합하여 크게 세 가지 식생범례(진연안대, 연안대, 소택림)로 구분하고, 그 분포와 면적 변화에 대한 경향성을 비교하였다. 선행 연구 가운데 우포늪 전체에 대한 현존식생도이면서, 그러한 비교 가능한 최소 식생정보를 포함하고 있는 1988년(백승엽)[6]의 것에서부터 농림부(1997)[7], 김형민(2006)[8]의 것 등 이들 세 시기의 현존식생도를 이용하여 비교분석하였다.

위의 지도에서처럼 우포늪 습지식생의 공간적 분포에서 가장 큰 변화는 진연안대와 버드나무류로 대표되는 소택림의 면적과 그 분포의 변화인데, 다음과 같이 요약된다.

- 1988년에는 줄군락, 매자기군락 등이 분포하는 진연안대식생이 현재보다 넓은 면적을 차지하고 있었다. 일반적으로 줄과 같은 진연안대의 식물종들은 0.2-0.5m의 수심에 최적의 생육조건을 가지며,[9] 줄의 경우 수심이 증가함에 따라 개체군의 밀도가 감소하는 경향성을 가진다.[10] 따라서 우포의 진연안대식생의 분포 면적의 증·감은 수심의 변화를 의미하며, 1988년을 전후한 우포의 수심은 현재보다 낮았지만, 시간이 경과함에 따라 수심이 증가되었음을 의미하는 것이

다. 나무벌(목포)의 진연안대의 분포 면적은 1988년에 최대 식피 확장을 보여주었으며, 주로 솔방울고랭이가 우점하고 있었다. 1997년에서는 줄이 넓게 차지하고 있었다. 이러한 식생 변화는 1960년대 후반 제방 건설과 1970년 중반 안동댐 건설, 1990년대 임하댐 건설 등으로 인해 낙동강에서 토평천으로의 역류현상 발생 빈도와 상류로부터 유입되는 수량이 크게 감소한 것에서 기인하며, 이러한 수리수문 변화가 지속적으로 진행되어 온 나무벌(목포)의 퇴적현상과도 무관하지 않는 것으로 판단되고 있다. 늪지의 가장자리에서부터 수심은 점점 얕게 되고, 그 위에서 다시 진연안대 식생이 더욱 발달하고, 다시 퇴적이 가속화되고, 다시 진연안대식생이 발달함으로써 식피 면적은 크게 확대된 것이다. 따라서 우포늪 식생의 공간분포 변화는 1960년 이후부터 급격하게 진행되어 왔음을 알 수 있다.

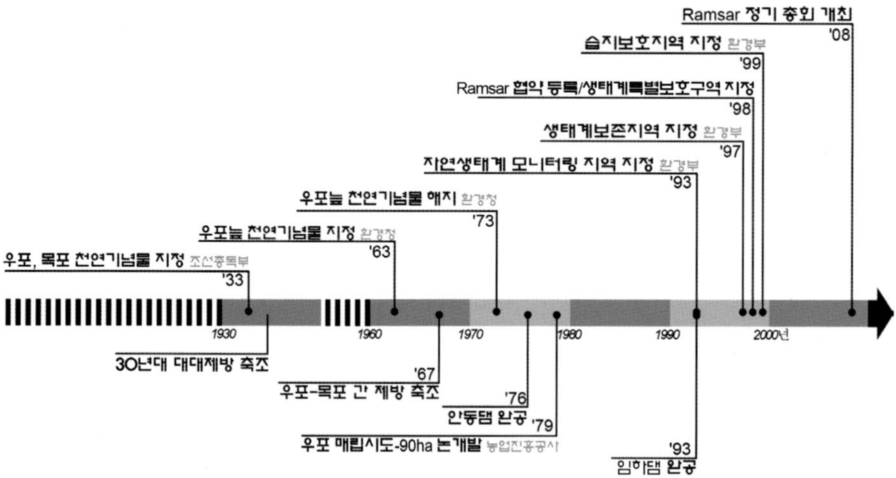

우포늪 습지 환경에 영향을 미치게 되는 주요 생태계관리의 역사
Major historic events influencing on Upo wetland in relation to ecosystem managements.

- 우포늪에서 소택림 분포 양상이 크게 변화하고 있다는 사실이 현존식생도에서 잘 나타나고 있다. 과거 20세기까지는 버드나무류가 우점하는 소택림(이하 연목소택림으로 칭하며, 버드나무 종류는 그 목재의 재질이 부드러운 것으로부터 연목재(軟木材, soft wood)라 분류하고, 참나무나 느티나무처럼 재질이 단단

한 것은 경목재(硬木材, hard wood로 분류한다.)이 우포늪 일대 속에서도 주로 모래벌(砂地浦)을 중심으로 덩어리(clump) 분포를 보여주고 있다. 하지만 21세기인 2000년대에 들어서는 크고 작은 개체군(집단)이 우포늪 일대 전역에 골고루 분포하고 있다. 이런 현상에 대한 이유로 두 가지 요인을 고려해 볼 수 있다. 그 하나는 수리수문의 통제에 의하여 서식처의 안정성이 연목소택림을 발달할 수 있게 하는 여건을 제공하고 있다는 것이다. 이 요인은 20세기로부터 21세기에 걸치면서 그러한 수리수문의 통제가 더욱 공고하게 성취되고 있기 때문에 연목소택림의 발달이 더욱 가속화 되고 있음을 충분히 추정해 볼 수 있다. 또 다른 요인은 습지 보호구역으로서 우포늪에 대한 국가적 국민적 의식과 농촌 생활환경의 개선에서 비롯되는 땔감 채취와 같은 연목소택림에 대한 직접적인 간섭이 크게 줄어들었다는 것이다. 즉 농촌 에너지 수급 문화의 변화(땔감 목재에서 무연탄 및 유류)와 함부로 또는 관습처럼 해오던 땔감을 위한 벌채가 엄격하게 통제됨으로써 연목소택림의 개체군 크기(개체수)와 군락의 규모가 크게 증가하였다는 것이다. 특히 1990년대 이후 일체의 땔감 채취가 중지됨으로써 왕버들 고목 개체군과 선버들 우점 개체군이 우포늪 전역의 진연안대 배후 범람원에서 아주 흔하게 발달하고 있다.

- 한편 1970년대까지 지속적으로 진행되어 온 우포늪 일대의 제방축조와 1979년의 경작지 개간을 위한 매립과 같은 인위적인 교란행위는 우포의 지형과 수리수문학적 변화를 급격하게 초래하고 있다. 1997년도 현존식생도에서 소택림은 소벌(우포)과 모래벌(사지포) 경계 영역에 해당하는 토평천과 소벌(우포)이 만나는 곳에 넓은 면적으로 발달하고 있는 것으로 기록되고 있다. 이 소택림은 선버들이 우점하고 있는데, 얼마전까지 갯버들[11)12)]로 알려졌던 식분(植分, stand)이다. 현재 갯버들은 모래벌(사지포)과 토평천이 만나는 우포 북동측 일부 장소에서 아주 작은 개체군으로 분포하고 있다. 갯버들은 물흐름이 계속되는 유수역(流水域)에서 하상(河床, 하천바닥)이 자갈과 모래로 이루어진 하천 상류역에서, 그리고 중하류 지역이라 할지라도 그런 상류 계류의 선상구간(비교: 하류

의 사행구간에 대응되는 개념) 특성을 가지고 있는 입지에 발달하는 선구종이다.[13)14)] 따라서 정수역(停水域) 우포늪에서의 갯버들 출현은 실질적으로 매우 드문 일일 수밖에 없고, 만약 우포늪에서 갯버들의 출현 빈도나 피도가 증가한다면 우포늪이 과도한 물흐름에 크게 노출되어 있다는 증거가 되며, 그 만큼 정수역으로서 우포늪에 대한 수리수문에 심각한 변화가 발생되고 있다는 증거를 보여주는 것이다. 그런데 1990년 연구[15)]에서 갯버들 분포는 보고되지 않았으며, 그 대신에 내버들(*Salix gilgiana*)이 기재되어 있다. 본서의 저자들과 한국생태계관리연구소 연구자들은 1997년 이후 우포늪 관련 국가 연구에 종사하는 전문가 그룹에게 선행 연구에서 발표한 내버들은 심각한 오류이며, 그것은 선버들이라는 사실을 수차례에 걸쳐서 구두로 전달하고 논의한 바가 있었다(이율경박사 증언 정보). 선버들과 내버들은 분류계통학적 식물지리학적 식생지리학적 군락분류학적 그 특성이 뚜렷하게 다르다(『한국 식물사회 생태도감』 제2 권 참조). 마침내 2004년 연구[16)]에서 선버들로 기재되기 시작하였다. 따라서 2000년대 초까지 우포늪에서 기재된 내버들은 모두 명백한 오류라는 사실을 여기에서 적시해 둘 필요가 있는데, 그 이유는 그러한 왜곡된 학술적 보고서나 연구 정보를 토대로 미래 세대는 우포늪 자연사를 고민하고 관리하려 들 것이기 때문이다(도움글 참조). 우포늪 현존식생은 사실상 선버들로 특징지어지며, 그러한 선버들의 생태적 분포 특성이 곧 우포늪의 생태적 특성인 것이다.

- 현재 연목소택림과 습생초원이 발달하고 있는 충적범람원의 습지 추이대 대부분이 경작지로 이용됨으로써 습지식생의 분포경향은 사실상 알려지지 않았다. 1990년대의 람사르협약 등록과 습지보호지역 지정을 전후한 토지 매입과 방치 이후부터 현재의 우포늪 습지 추이대 식생이 발달한 것으로 보인다. 이러한 사실은 2009년 기준으로 연목소택림의 우점 식물종, 선버들의 평균 수령 16년±8.4년, 왕버들 평균수령 27년±18년[17)]으로부터도 확인되고 있다. 결과적으로 우포늪의 현존식생은 지속적이고 적극적인 인간의 간섭과 서식처 훼손에 대응하는 식생형과 자연식생으로의 천이로부터 발달한 식생형이 혼재하고 있는 것으로 특징지어진다.

자연사의 왜곡

자연사를 기록함에 있어서 지역 자연생태계의 기반이 되는 현존식생에 대한 기록은 생태계 관리의 시작 단계에서 성취되는 학술적 행위이다. 즉 현존식생에 대한 정직하고 정확한 정보를 기록하는 것은 기재과학의 핵심 과제이다. 현존식생의 안과 겉을 정제되지 않은 비과학적 이야기 수준에서 기록하는 것은 생태계 관리에 지대한 혼란을 초래한다. 분포하지 않는 것을 있다고 기재하거나, 분포하는 것을 누락하는 아마추어적인 질적 오류는 그 가운데 가장 심각한 혼란을 초래한다. 특히 해당 지역의 특산종이나 생태학적으로 특기해야 하는 식물사회학적 지역종에 대한 분포 유무는 그 무엇보다도 가장 중요한 학술적 긴장감을 수반한다. 식물사회학도 엄연한 과학의 한 분야인 프로페셔널 영역이기 때문에 그 내용에 대해서 무한의 책임감을 요구받는다. 그래서 국가나 사회의 정직성은 그 국가와 사회에서 활약하는 전문가의 정직성을 보면 알 수 있다.

그런데 우리에게는 특기할만한 생태학적 의미를 포함하고 있는 식물종 분포 정보에 결정적 오류 정보가 여기저기에서 발견되고, 그렇게 명백히 잘못된 정보를 토대로 지역이나 국가적 생태계 관리에 적극적으로 적용되고 있는 사례를 적지 않게 보고 있다. 당장의 생태계 변질은 물론이고, 그런 정보를 담은 기록물은 다음 세대들까지도 기만하고 마는, 어처구니없는 생태왜곡을 야기한다. 때문에 본서의 도움글에서는 우포늪의 내버들 사건처럼 본질적으로 유사한 최근의 세 가지 주요 사건들만 기재해 둔다.

울릉도의 신갈나무: 울릉도에는 신갈나무와 같은 한반도의 대륙형 냉온대 수종이 분포하지 않고, 대륙형과 해양형의 전이형으로서 "중간형의 냉온대" 수종 너도밤나무가 분포하는 것이 특징이며,[18] 울릉도의 특산종이다. 그래서 울릉도에 신갈나무가 분포한다는 사실이 실체라면 이것은 매우 귀중하고 혁명적인 학술적 가치를 가진다. 그런데 울릉도에 신갈나무가 분포하는 것으로 또렷하게 기재한 최근의 식물도감[19]이 있다. 하지만 그 사실을 저자들로부터 현장에서 직접 확인을 시도하였으나, 현존 분포를 확인할 길이 없었다. 그 식물도감의 기본 정보는 지자체의 각별한 학술비 지원으로부터 획득되었다는 사실에 어안이 벙벙할 따름이다.

대구 앞산의 이팝나무: 이팝나무는 한반도 최남단과 동해와 서해의 남부 해안 지역 일부에서 개체 수준으로 자생하는 종이며, 군락 수준으로 잔존하는 식분(植分)은 식재로부터 기원하는 경우이다. 이팝나무는 난온대와 아열대의 상록활엽수림 지역에 사는 낙엽활엽수종이기 때문에 대기후적으로 냉온대 지역의 주기적인 혹한(酷寒)에 의해서 그 수평분포가 제한된다. 즉 냉온대 지역에서의 북상(北上) 분포는 지구온난화가 진행되고 난 후에 생태학적 지각현상에서 오랜 기간이 지난 후에야 관찰할 수 있는 일이라는 뜻이다. 그런데 이팝나무의 자생지(native habitat)를 대구 앞산[20]이라고 언론에 보도된 이후, 현재 이팝나무는 우리나라 전역에 가로수 조경수로 대량 보급되고 심지어는 멀쩡한 가로수를 교체하기도 하였다. 이런 현상은 다음 세대들에게 한반도 전역에서 이팝나무가 자생하고 있다고 오해하게 하는 자연사의 왜곡을 초래한다. 그런데 이팝나무의 대구 앞산 자생지에 대한 실체 정보를 최초 보고자에게 이메일과 전화로 요청하였으나, 아직까지도 책임있는 회신을 저자로부터 얻을 수가 없었다.

장도의 내버들과 회양목: 전남 흑산도 부속도서인 장도에는 환경부 지정 람사르 습지가 있다. 장도 습지에서 내버들과 장도의 해안절벽에서 회양목이 기재되어 있으나,[21] 확인 결과 버드나무와 우묵사스레피나무인 것으로 밝혀졌다.[22] 식물사회학적 식물종의 분포는 서식처의 환경조건과 정확히 대응하는 가장 기초적인 생태학적 이해이다. 람사르 습지보호구역을 포함하는 장도에서의 생태계 관리는 국가적 초기 연구보고서에서부터 결정적인 자연사 왜곡이 있어왔다.

전문가는 책임지는 것으로부터 신뢰를 얻게 되고, 그러하기에 문제 해결의 마지막 단계에서는 전문가의 의견이 존중되고 그것을 따를 따름이다. 허술하게 이은 초가집에 비가 새듯이 책임지지 않는 전문가의 사회는 거짓과 기만이 만연하여, 고통과 괴로움이 해결되기는커녕 책임을 묻는 불평만이 꼬리에 꼬리를 문다. 인류가 도덕을 고민하던 축의 시대[23]를 훨씬 앞선 고대 사회에서도 가장 못된 죄악으로 거짓과 기만을 지목하였다. 자연의 관계, 인간의 관계를 망신창이로 만드는 것은 무위(無爲) 자연이 아니라, 우주 질서를 깨트리는 인간의 거짓과 기만의 유위(有爲)이기 때문이었다. 그런데 인간이 이런 진리를 알아차린 것은 이미 기원전 2,000여 년 전의 일이였다는 것이다.

버드나무 다양성: 선버들 암그루가 많은 이유

우포늪 습지 영역에는 버드나무과(Salicaceae)에 속하는 종이 총 12 종이 분포하며, 버드나무속(*Salix*)에 9종(왕버들, 선버들, 능수버들, 갯버들, 운용버들, 키버들, 호랑버들, 참오글잎버들, 버드나무)과 포푸라속(*Populus*)에 3종(양버들, 이태리포푸라, 은사시나무)이 있다. 포푸라속의 종들은 외국에서 도입한 종으로 모두 식재한 것으로부터 유래한다. 버드나무속 식물종들은 모두 자생하는 개체들로 각기 독특한 분포를 보여준다. 우포늪에서 선버들은 가장 넓은 면적과 가장 높은 빈도로 분포하고 있다. 그 다음으로 왕버들, 버드나무 순인데, 선버들 개체수(2008년 통계에서 약 2,119 그루)는 왕버들(1,044 그루)의 두 배, 버드나무(244 그루)의 9 배로 많다.[24] 기타 다른 종류들은 매우 좁은 면적에서 몇 그루의 개체 수준으로 관찰되고 있다. 이처럼 선버들이 우포늪에서 압도적으로 많은 개체수로 출현하고 있는 것은 우포늪의 수리수문 조건과 밀접한 상호관계를 맺고 있다. 선버들은 결실기에 때(타이밍)를 맞추어 생산된 종자가 발아할 수 있는 촉촉한 땅이 필요로 하고, 그 종자가 침수된다면 하루 이틀 만에 발아능력 잃게 된다.[25][26] 즉 땅바닥에 떨어진 종자가 하루 이틀 내에 발아하여 일제림(一齊林, simultaneously sprouting trees)을 형성하지 못할 경우는 모두 생태계 부양 자원으로서 돌아가고 마는 것이다.[27] 우포늪에서 관찰되는 선버들 개체군은 연강수량의 패턴에 정확하게 대응하는데, 1994년부터 1996년 사이 합천기상대에서 관측된 연간 평균 강수량이 700.8mm로서 지난 30년간의 평년 강수량(1283mm)의 54.5% 수준이었다. 이 시기에 선버들은 산포 발아할 수 있는 기회가 상대적으로 극히 제한을 받았을 것인데, 이러한 사실이 우포늪 선버들 개체군 피라

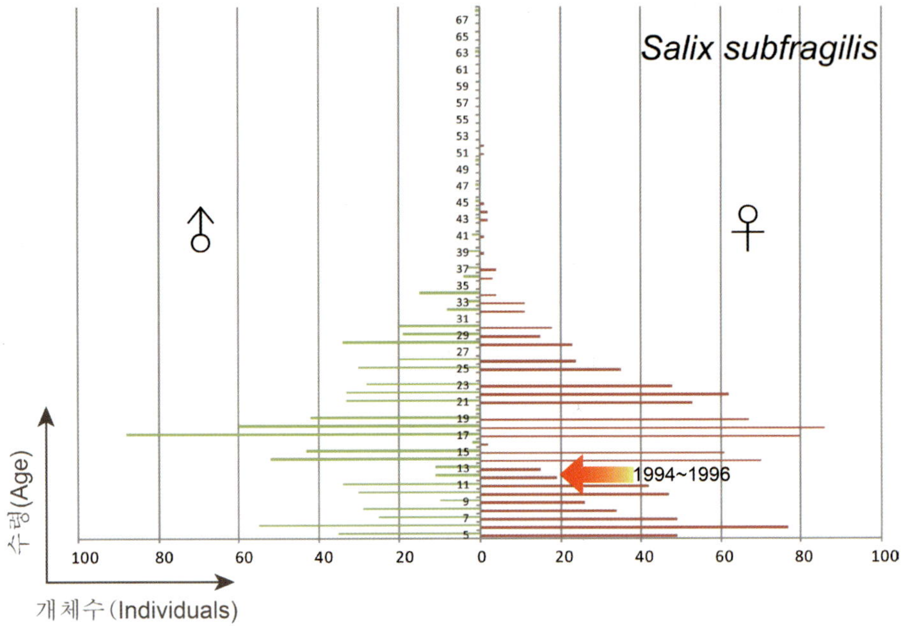

선버들 개체군 연령 피라미드(이창우, 2009). 1994년~1996년 사이에 역대 최저 수준의 강수량(연평균700.8mm)을 기록했으며, 이 기간 동안에는 선버들(*Salix subfragilis*) 일제림(一齊林)의 존재가 확인되지 않고 있는데, 그것은 선버들 발아 개체가 급감하였음을 의미한다.

Age structure of *Salix subfragilis* population(Lee, 2009). The lowest annual precipitation, ca. 700.8mm, was recorded in 1994 till 1996, when simultaneously sprouting trees had been not found.

미드 분석에서 정확하게 일치하고 있다.

또한 우포늪 속에서는 각각의 습지에 따라 각기 다른 버드나무류(*Salix*) 분포양상을 보여주고 있다. 가장 특기할만한 사실은 선구성(先驅性) 버드나무 종류로서 대표적인 선버들이 모래벌과 소벌 사이에 집중 분포하고 있다. 이것은 소벌 습지 영역 내의 윗부분에서 토평천에 의한 주기적인 교란 영향을 가장 크게 받는 입지환경임을 의미하며, 버드나무 종류가운데 선버들의 생육에 가장 유리한 환경조건을 가지고 있다는 의미이다. 이러한 서식처는 하천의 물흐름에 의한 물리적 교란에 자주 노출되는 입지이면서도 물이 정체하는 습지 영역에 속한다. 줄기 기저부분에서 수많은 줄기가 모여난 붕아(崩芽, coppice) 식물체는 그러한 생태적 입지환경에 대응하고 있는 선버들의 생육형인 것이다. 선버들은 수압에 의하여 맹아 생성이 자극받는 것으로 알려져 있는데,[28] 우포늪에서 선버들은 최대 붕아수 25개 줄기가 다발을 이루고 있는 경우도 관찰된다. 왕버들의 최대 붕아수는 10 개로 선버들 보다 훨씬 안정된 입지에 서식하고 있음을 보여주고 있다.[29] 왕버들은 나무벌과 쪽지벌에서 가장 많이 분포하고 있고, 이곳은 우포늪 일대에서 상대적으로 가장 안정된 입지라는 것을 의미한다. 왕버들은 지역 주민들의 땔감으로 중요한 에너지원이었다. 버드나무는 우포늪에서 낙동강 본류로 연결되는 토평천의 하도(河道) 및 선상지에 발달하고 있다. 기타 호랑버들, 능수버들, 갯버들, 운용버들, 키버들 등은 우포늪 일대에서 희귀하게 관찰되는 종들이다. 따라서 우포늪의 생태적 특성은 선버들과 왕버들로 설명될 수 있는 것이다. 그런데 선버들과 왕버들은 식물사회학적으로 유수역(流水域, lotic zone; 강과 하천) 가운데 사행구간(상류에 흔하게 관찰되는 선상구간에 대응되는 개념)을 특징짓는 대표적인 버드나무속의 식물종이다.[30][31] 그러므로 우포늪은 하천의 배후습지로서 강의 영향을 강하게 받으면서 유지되는 습지라는 사실을 정확하게 보여주고 있는 것이다.

버드나무 종류는 암수 딴 그루인 자웅이주(雌雄異株)이다. 즉 암꽃이 피는 개체와 수꽃이 피는 개체가 '따로따로'라는 의미이다. 매우 드물기는 하지만, 예외적으로 한 그루 속에 암꽃과 수꽃이 함께 피는 경우도 발견된다. 암그루는 꽃이 핀 후에 솜

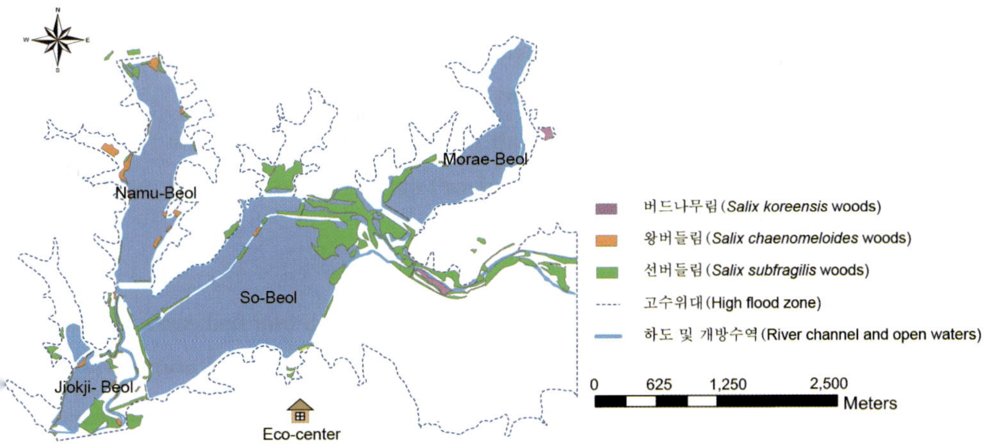

우포늪을 대표하는 버드나무류 3 종의 공간 분포(이창우, 2009).
Spatial distribution of major three species of Salicaceae in the Upo wetland(Lee, 2009). Coppices of *Salix subfragilis* are dominant.

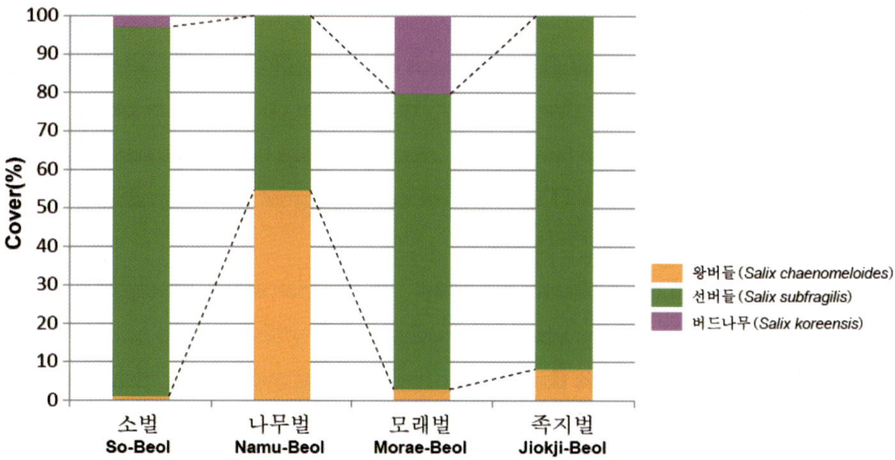

우포늪을 구성하는 4 개 습지에서 주요 왕버들, 선버들, 버드나무의 출현 비율(이창우, 2009).
Relative coverage of major three willows in the Upo wetland(Lee, 2009). *Salix subfragilis* is a dominant willow throughout the Upo wetland. Namu-Beol(Mokpo) might be characterized by the king willow(*Salix chaenomeloides*) which has been a foremost firewood for local people. Korean name 'Namu' implies a meaning of firewood.

털로 뒤덮인 씨를 흩날리기(散布) 때문에 쉽게 구분할 수 있다. 그런데 우포늪에 분포하는 대표적인 버드나무류 3 종, 왕버들, 선버들, 버드나무에 대한 성비(性比)가 밝혀져 있는데, 매우 흥미로운 결과를 제시하고 있다. 나무높이 (樹高) 2m 이상 크기의 총 1,956개체를 조사했는데, 선버들의 경우 암그루가 수그루에 비하여 1.5배, 버드나무는 그 반대로 수그루가 암그루의 1.5배 많았으며, 왕버들은 그 성비가 1:1이라고 밝혀져 있다.[32] 이러한 사실 가운데 우리가 주목할 가치가 있는 생태사회적 특성은 왕버들과 선버들의 대응성이다. 즉 서식 환경 조건이 상대적으로 안정적인 입지에서 살아가는 왕버들은 암수 개체수가 서로 대등하다면, 불안정한 서식처에 살고 있는 선버들은 암그루가 수그루보다 그 개체수가 1.5배 많다는 것이다. 열악한 환경 조건에서 어떤 생물종의 집단이 그 계통을 보존하기 위해서는 당연히 종자를 생산할 수 있는 암그루의 구성비가 높은 것이 유리할 것이다. 이에 반하여 버드나무는 수그루가 암그루 보다 1.5배 많은데, 결과적으로 버드나무는 이들 세 종 가운데 개체군 크기(선버들 개체수의 1/9 수준)가 가장 작을 수밖에 없는 것과 관련이 있는 것이다. 선버들과 버드나무는 그 서식처가 상이하지만, 두 종의 서식처는 모두 왕버들보다 불안정한 입지에 분포하면서 군집동태학적으로도 왕버들에 비하여 천이 도중 또는 천이 초기에 해당하는 천이계열에서 나타나는 종이다. 적어도 우포늪에서 이들 버드나무속 3 종의 성비를 고려해 봤을 때, 다음과 같은 두 가지 사실이 분명하게 부각된다. 그 하나는 생명이 깃들어 사는 환경이 보다 열악하거나 불안정한 서식처라면 일그러진 성비를 나타낸다는 것이다. 정상적이고 보다 안정된 서식 환경이라면 성비는 균형을 이루고 있는 집단을 형성한다는 의미이다. 또 다른 사실 하나는 서식처 환경이 비정상적이거나 불안정한 경우에는 암수 어느 쪽이건 일그러진 성비를 가지게 되고, 집단(개체군)의 크기(개체수)는 암컷의 수에 의하여 결정될 수 있다는 것을 보여 주고 있다. 암컷의 수가 충분히 많다면 그 집단의 크기는 커질 수 있으며, 그 반대의 경우로 수컷 수가 많다면 그 집단의 크기는 줄어들 수밖에 없다는 것을 적나라하게 보여 주고 있는 것이다.

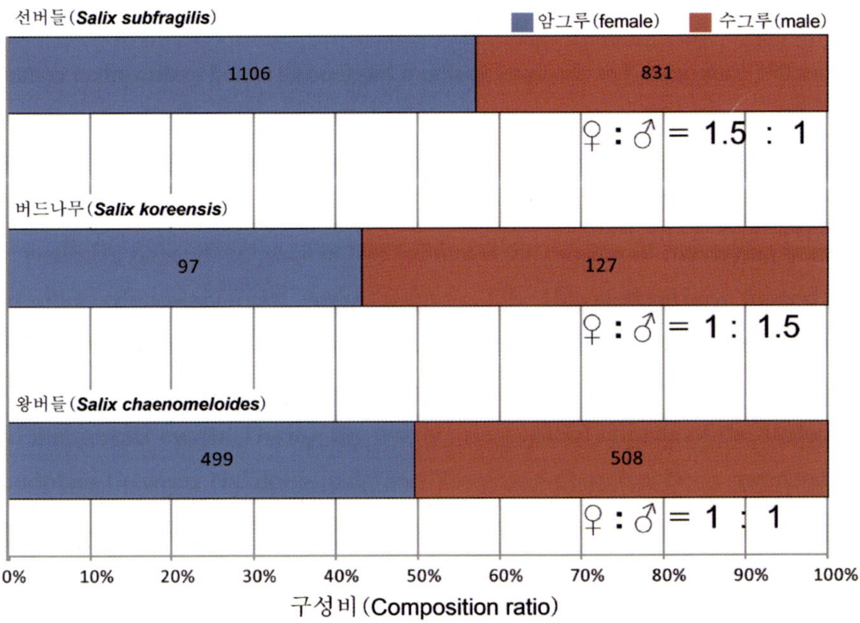

우포늪에서 버드나무속 주요 세 종의 성비(性比)(이창우, 2009). 상대적으로 안정한 서식처 환경에 살아가고 있는 왕버들은 성비가 1:1이지만, 다른 두 종은 불안정한 서식처 환경을 말해주듯 일그러진 성비를 나타내고 있다.
Sex ratios(♂ : ♀) of three willows in the Upo wetland(Lee, 2009) is specially noteworthy. *S. chaenomeloides* indicative of the most stable habitats in the lotic zone shows a nearly balanced sex ratio, but other two species occurring at relatively unstable habitats show strongly biased pattern on the sex ratio.

한편 우포늪 습지 일대에는 이태리포푸라 개체군이 여기저기에서 관찰된다. 이태리포푸라는 식재한 것으로부터 유래하는 개체들이다. 우리 눈에 익숙한 경관 요소로 받아들여지고 있지만, 실제로는 매우 이질적인 경관이며, 우포늪 자연 경관에서 제거되어야 하는 요소이다. 이태리포푸라가 분포하는 입지에는 본래 왕버들 대경목(大徑木)이 서식하는 곳으로 왕버들림이 전형적인 우포늪 경관이 되어야 한다. 우포늪 일대에서 왕버들 갤러리 자연경관이 부분적으로 잔존하고 있는 곳은 소벌과 쪽지벌 사이이다.

이태리포푸라는 나무모양(樹型)이 하늘로 치솟아 있기 때문에 잎이 지고난 동절기 동안에 맹금류의 정찰소와 같은 역할을 한다. 높은 곳으로부터 내려다 볼 수 있는 거점으로 동절기의 물새와 철새들에게 위협적인 요소가 된다. 뿐만 아니라, 이태

소벌과 쪽지벌 사이에 잔존하고 있는 왕버들 갤러리 자연경관(2007. 4. 20).
Gallery of the king willows(*Salix chaenomeloides*) at the edge of So-Beol near the Jjokji-Beol. Yellowish green grasses in the floodplain are tussocks of Caricetum dimorpholepidis.

리포푸라를 포함한 이들 외래 포푸라 종류는 한반도의 기후환경 특히 태풍 환경에도 대응할 수 있는 생태형질을 가지고 있지 않기 때문에 속성으로 자란 대경목의 도목(倒木; 쓰러짐)은 이차적인 피해를 발생시킬 수도 있다. 따라서 이태리포푸라는 우포늪의 생태계 안정성(ecosystem security)을 고려할 때, 존재해야 하는 특별한 이유가 전혀 없음을 알 수 있다. 이태리포푸라가 분포하는 입지에는 우포늪 환경보전림으로써 왕버들군락이 대체 복구될 수 있는 생태적 관리전략이 요구된다.

이태리포푸라. 우포늪 생태계와 경관에 대한 이질화 요인이며, 왕버들 갤러리로 대체될 필요가 있다(소벌, 2007. 5. 15).
Italian poplar(*Populus euramericana*) in the So-Beol. The site conditions support *Salix chaenomeloides* to grow.

식물사회의 다양성과 독특성

우포늪 일대에는 얼마는 다양한 식물사회가 있을까? 우포늪을 둘러싸고 있는 외곽 산지에서 능선(스카이라인)을 기준으로 습지를 향하고 있는 내부 영역(집수역) 속에 발달하고 있는 식물사회는 총 42 종류가 존재하는데, 식물사회학적으로 8 개 종류의 군집(群集, association)과 34개의 군락(群落, community)으로 이루어져 있다.[33] 이들 식물사회에 개개 특징과 관찰 포인트는 "모둠 둘 식물사회 편"에서 상세하게 설명된다. 이 가운데 17 가지는 습지 내부에서 26 가지는 습지를 둘러 싼 육상에서 관찰된다. 습지 식생 17 가지는 우포늪이 물새의 핵심서식처라는 측면에서 매우 중요한 식물사회이며, 다양한 종류가 발달하고 있다는 것을 보여주고 있다. 단지 이러한 습지 식물사회들이 개방 수면을 중심으로 원수대, 연안대, 범람원의 순서로 배열하는 대상분포(帶狀分布, zonal distribution)를 보여주고 있는 경우가 드물다는 것이 문제점으로 지적될 수 있다. 습지 식생의 대상분포는 해당 습지가 습지 서식처로서의 온전성을 나타내는 식생학적 지표가 되기 때문이다(네 가름 습지생태계 관리 편 참조).

습지 식생 가운데 식물사회의 희귀성과 독특성으로부터 식생등급 [III] 이상의 감시대상 식생[34]으로 평가되는 식물사회는 참오글잎버들-갈대군락[IV], 이삭사초군집[III], 왕버들군락[III], 선버들-자운영군락[III], 등포풀-물별이끼군집[III] 등이다. 육상 식생 가운데에서 두 가지 식물사회가 감시대상이 되는 주요 식생자원인데, 묏대추군락[IV]과 참느릅나무군집[IV]이다. 참느릅나무군집의 하위단위인 좀참빗살나무아군집은 국가적 감시대상종으로 인정되는 모감주나무 개체들이 혼생하고 있는데, 가장 높은 식생등급[V]으로 평가되고 절대감시대상의 식생형으로 고려된다.

한편 우포늪의 원수대 식물사회는 마름-생이가래군집, 노랑어리연꽃군집, 대가래-나사말군락으로 대표되는데, 모두 감시등급[II]로 상대적으로 낮게 평가된다. 그러나 마름-생이가래군집에 속하는 하위단위인 가시연꽃아군집의 경우는 한 단계 높은 감시등급 [III]로 평가된다. 이들 식물군락은 모두 우포늪의 부영양화 수질(인간간섭)과 주기적인 홍수(인위적 조절을 포함하는 수리수문)와 밀접한 관계를 가지고 유지되거나 발달하는 식물사회이다. 하지만 물새서식처로서 핵심서식처인 우포늪 원수대의 생태기능을 고려할 때, 우포늪 원수대 식물사회에 대한 보전생물학적 그 보존의 가치는 달리 평가되어야 한다. 즉 우포늪 원수대의 식물사회는 물새들의 서식처 기능으로서 높게 평가된다는 것이다.

범람원에 발달하고 있는 이삭사초군집은 식생등급 [III]으로 주요 감시대상 식물사회인데 우포늪의 범람원 습생초지로 매우 독특한 식물사회로 평가된다. 범

이삭사초군집, 우포와 쪽지벌 경계 지역의 연안대(littoral zone)와 범람원(upland) 사이 평탄 지형에서 경작지로 개발되었던 곳이었으나, 방치함으로써 발달한 다년생 식물군락이다. 이삭사초군집은 우포늪의 현재 범람 기작(flooding mechanism)에 의하여 지속적으로 유지, 발달하고 있는 "화본형(禾本型) 고경초본(高莖草本) 다발(tussock ; 사초기둥) 특이 식생형"이라 할 수 있다.
Caricetum dimorpholepidis (Ahn, 2009). Character species of *Carex dimorpholepis* forms tussocks at abandoned field where has been developed in the floodplain between So-Beol and Jjokji-Beol, This tussock vegetation is regarded as a kind of perpetual plant community maintained by seasonal flooding.

우포늪에서 식물사회 다양성과 식생자연도(감시대상 등급)

Vegetation diversity and naturalness in the Upo wetland (Sources from Ahn 2009)

서식처-식생형 Habitat-Vegetation types			식물사회 Syntaxa	식생등급 (계급)
습지식생 Wetland vegetation	범람원 Upland	소택림 Swamp forest	• 왕버들 군락 *Salix chaenomeloides* community (Typical subunit and *Carex dispalta* subunit)	III (5)
			• 선버들-자운영군락 *Astragalus sinicus-Salix subfragilis* community	III (5)
			• 참오글잎버들-갈대군락 *Phragmites communis-Salix siuzevii* community	IV (6)
		습생 초지 Wet meadow	• 이삭사초군집 Caricetum dimorpholepidis Ahn 2009 (typicum subass. and eleocharictetosum equisetiformis)	III (5)
			• 갈풀-미나리군락 *Oenanthe javanica-Phalaris arundinacea* community	III (5)
			• 뚝사초군락 *Carex thunbergii* var. *appendiculata* community	III (5)
	연안대 Littoral zone	진연안대 Eulittoral zone	• 줄-매자기군집 Scirpo fluviatalis-Zizanietum latifoliae Miyawaki et Okuda 1972	I (0)
			• 도루박이군집 Scirpetum radicantis Lee 2004	II (3)
			• 창포군락 *Acorus calamus* var. *angustatus* community	I (2)
			• 애기부들군락 *Typha angustata* community	II (4)
			• 등포풀-물별이끼군집 Callitricho-Limoselletum aquaticae Lee 2009	III (5)
			• 물옥잠-벗풀군집 Sagittario-Monochorietum korsakowii Asso. nov. hoc loco	I (1)
		표연안대(조간대) Epilittoral zone	• 갈대군락 *Phragmites communis* community (Typical subunit and *Carex dimorpholepis* subunit)	I (0)
			• 물억새군락 *Miscanthus sacchariflorus* community	II (3)
		원수대 Limnetic zone	• 마름-생이가래군집 Salvinio-Trapetum inumai Ahn 2009 (typicum subass., hydrocharitetosum dubiae, euryaletosum feroci, and trapelletosum sinensae)	I (0)
			• 노랑어리연꽃군집 Nymphoidetum peltatae Lee 2004	I (1)
			• 연꽃군락 *Nelumbo nucifera* community	I (0)
			• 대가래-나사말군락 *Vallisneria natans-Potamogeton malaianus* var. *latifolius* community	I (0)

<table>
<tr><td rowspan="24">육상식생
Terrestrial vegetation</td><td rowspan="7">하식 · 풍식 절벽
Wetland-facing-cliff</td><td>• 묏대추-흰대극군락 Euphorbia esula-Zizyphus jujuba community</td><td>Ⅳ (6)</td></tr>
<tr><td>• 참느릅나무군집 Ulmetum parvifoliae Ahn 2009 (typicum subass., cleistogenetosum hackelii, and euonymoretosm bungeanri)</td><td>Ⅳ (6)</td></tr>
<tr><td>• 반들가시나무군락 Rosa wichuraiana community</td><td>Ⅰ (1)</td></tr>
<tr><td>• 꼬리고사리군락 Asplenium incisum community</td><td>Ⅱ (3)</td></tr>
<tr><td>• 거미일엽초군락 Camptosorus sibiricus community</td><td>Ⅱ (3)</td></tr>
<tr><td>• 기린초-좀깨잎나무군락 Boehmeria spicata-Sedum kamtschaticum community</td><td>Ⅱ (3)</td></tr>
<tr><td>• 부처손-애기석위군락 Pyrrosia petiolosa-Selaginella tamariscina community</td><td>Ⅲ (5)</td></tr>
<tr><td rowspan="2">망토
Forest-edge</td><td>• 등나무군락 Wisteria floribunda community(식재)</td><td>Ⅰ (1)</td></tr>
<tr><td>• 찔레나무군락 Rosa multiflora community</td><td>Ⅰ (1)</td></tr>
<tr><td rowspan="8">산지 · 구릉 삼림
Forests</td><td>• 리기다소나무-소나무군락 Pinus rigida-densiflora community</td><td>Ⅰ (2)</td></tr>
<tr><td>• 낙엽송군락 Larix leptolepis community</td><td>Ⅰ (2)</td></tr>
<tr><td>• 은사시나무군락 Populus tomentiglantulosa community</td><td>Ⅰ (2)</td></tr>
<tr><td>• 아까시나무-쇠무릎군락 Achyranthes japonica-Robinia pseudo-accacia community</td><td>Ⅰ (2)</td></tr>
<tr><td>• 이태리포푸라군락 Populus euramericana community</td><td>Ⅰ (2)</td></tr>
<tr><td>• 왕대군락 Phyllostachys bambusoides community</td><td>Ⅰ (2)</td></tr>
<tr><td>• 상수리나무군락 Quercus acutissima community</td><td>Ⅱ (3)</td></tr>
<tr><td>• 굴참나무-그늘사초군락 Carex lanceolata-Quercus variabilis community</td><td>Ⅱ (3)</td></tr>
<tr><td rowspan="7">인위식생
Synanthrophic weeds</td><td>• 억새군락 Miscanthus sinensis for. purpurascens community</td><td>Ⅰ (0)</td></tr>
<tr><td>• 괭이사초군락 Carex neurocarpa community (Typical subunit and Eragrostis multicaulis subunit)</td><td>Ⅰ (0)</td></tr>
<tr><td>• 개지치군락 Lithospermum arvense community</td><td>Ⅱ (3)</td></tr>
<tr><td>• 쇠치기풀군락 Hemarthria sibirica community</td><td>Ⅰ (0)</td></tr>
<tr><td>• 강아지풀군락 Setaria viridis community</td><td>Ⅰ (0)</td></tr>
<tr><td>• 질경이-여우주머니군락 Plantago asiatica-Phyllanthus community</td><td>Ⅰ (0)</td></tr>
<tr><td>• 능수참새그령군락 Eragrostis curvula community</td><td>Ⅰ (0)</td></tr>
</table>

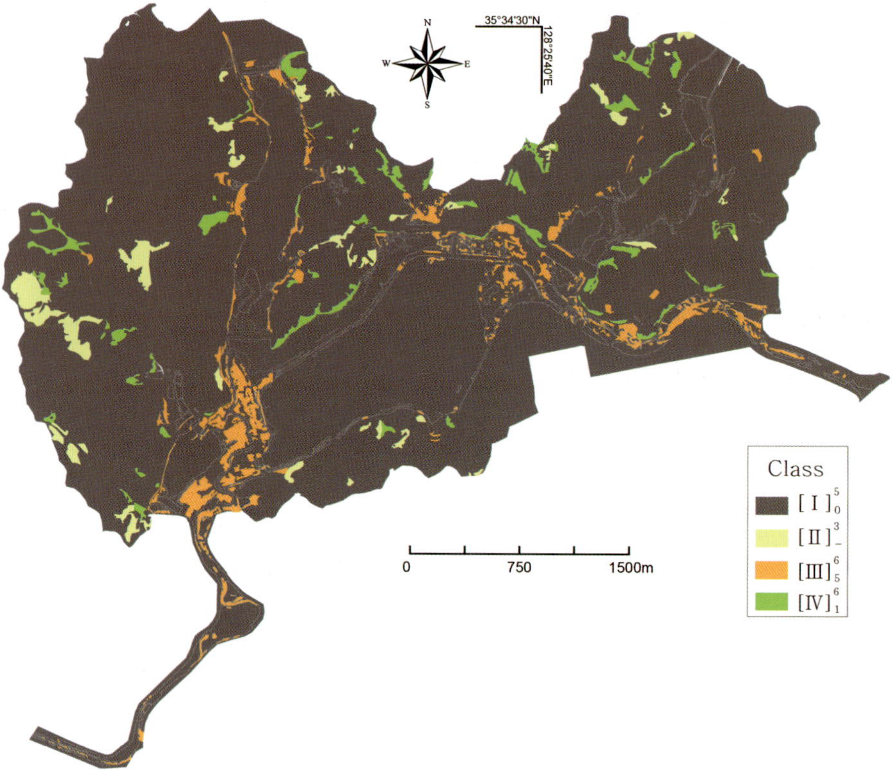

우포늪 현존식생을 이용한 식생평가 지도: M.-M. 기법에 의한 식생의 자연성 평가 지도
Map of vegetation assessment of the Upo wetland.

람원을 개발하여 경작지로 이용되다가 방치된 이후, 현재의 주기적인 범람 기작(flooding mechanism)에 의하여 독특한 식생이 만들어져 지속되고 있다. 이삭사초군집은 "화본형(禾本型) 고경초본(高莖草本) 다발(tussock; 사초기둥) 식물군락"으로 독특한 생태적 의미를 가지고 있는 식생형으로 특기할만 하다.

우포늪 현존식생에 대한 자연성 평가 결과 우포늪 집수역 내의 대부분의 지역이 낮은 자연성([I], [II] 등급)을 보이는 것으로 나타났다. 이러한 결과는 지형 및 수계의 영향과 독립적으로 출현하고 있으며, 우포늪 주변지역이 오랜 문화활동의 배경이 되었음을 반증하는 결과라고 할수 있겠다. 우포늪을 둘러싼 산지지역은 압도적인 면적에서 인공림과 자연성이 낮은 이차림으로 구성되어 있는데, 호소의 경우 집수역식생의 자연성 정도와 호소 수질이 집적적인 연관성을 가지는 만큼 이러한 결과는 우포늪 수질에 총체적인 영향을 미치는 요인으로 고려된다. 특히 침엽수인공림의 면적이 넓은 면적으로 분포하고 있다는 것은 우포늪 수문체계가 한반도 고유의 수문체계에서 많은 부분 흐트러져있음을 의미하는 결과이다. 따라서 우포늪 집수역 내의 식생 및 토지의 이용관리에 대한 총체적 시각에서의 관리가 요구되며, 현재의 우포늪 형태의 보존 및 과거 우포늪 모습으로의 복원에 요구되는 인접식생의 최소식생자연성의 확보가 요구되는 실정이다. 또한 우포늪 인접절벽을 따라 분포하고 있는 높은 자연성을 보이는 식생(참느릅나무군집, 모감주나무군락 등)에 대한 인식과 보호전략이 확보되어야 할 것이다. 우포늪 수계지역 내에서 상대적으로 높은 자연성을 보이는 식생은 유속의 영향을 직접적으로 받는 하천수계역 내이며, 현재의 수리수문학적 특성이 유지될 경우 지금의 식생분포를 그대로 유지할 수 있을 것으로 보인다. 수계 내에 발달하고 있는 가시연꽃아군집(마름-생이가래군집의 하위단위)의 경우 계절적 수위에 다소 민감한 변이를 나타내지만, 현재의 수리수문적 환경에 적응되어 나타나는 것으로 판단되며, 자연성(自然性)과는 다소 독립적인 출현양상을 보이는 것으로 판단된다. 그럼에도 가시연꽃아군집은 우포늪의 방대한 생물량(biomass)포용력에 의한 산물로 고려할 수 있으며, 전국적으로 자연적 분포를 관찰하기 힘든 만큼 우포의 깃대종(flagship species)으로서 그 가치가 분명히 인정된다.

---

1) 김종원, 류승원, 이진국, 박정원, 이율경, 심재원, 강영훈, 김수경, 주기재, 김구연, 도윤호, 이찬우, 윤주덕. 2009. 하천생태학 그리고 낙동강. 대구: 계명대학교 출판부.
2) 김종원. 2006. 녹지생태학. 제 2 판. 서울: 월드사이언스출판사.
3) 안경환. 2009. 우포늪 식생의 유형분류와 공간분포 분석. 박사학위논문. 계명대학교.
4) 구필수. 1985. 우포 자연습원식생의 군락생태학적 연구. 석사학위논문. 영남대학교.
5) 백승엽. 1988. 우포습지의 생태학적 연구. 석사학위논문. 중앙대학교.
6) 백승엽. 1988. 위의 논문.
7) 농림부. 1997. 농촌마을 생태관광지 조성 기본계획: 제 3 차 년도 최종보고서. 과천:농림부.
8) 김형민. 2006. 우포늪 식생에 관한 생태학적 연구. 석사학위논문. 창원대학교.
9) 김수남. 2001. 한국산 수생식물의 생태와 원예화에 관한 연구. 박사학위논문. 서울여자대학교.
10) 조강현, 김준호. 1994. 수심에 따른 줄 개체군의 경엽부 생장 비교. 한국생태학회지 17:59-67.
11) 구필수. 1985. 우포 자연습원식생의 군락생태학적 연구. 석사학위논문. 영남대학교.
12) 백승엽. 1988. 우포습지의 생태학적 연구. 석사학위논문. 중앙대학교.
13) 이율경. 2004. 우리나라 하천식생의 군락분류 및 군락생태. 박사학위논문. 계명대학교.
14) 김종원 등. 2009. 위의 책.

15) 오경환. 1990. 수생관속식물의 호소생태계의 부영양화에 미치는 영향. 경상대학교 기초과학연구소보 6:91-108.
16) 오경환, 김철수, 이팔홍, 손성곤. 2004. 우포늪과 토평천의 식물상. 한국습지학회지 6(3):107-118.
17) 이창우. 2009. 우포습지의 버드나무속 주요 3종의 공간분포. 석사학위논문. 계명대학교.
18) Kim, J.W. 1992. Vegetation of Northeast Asia, on Syntaxonomy and Syngeography of the Oak and Beech Forests. Wien: Disseration of the University of Vienna.
19) 홍성천, 김용원, 박재홍, 오승환, 김진섭, 장병태. 2002. 울릉군 원색식물도감. 대구: 동아문화사.
20) 조현제. 2000. 대구광역시 도시림의 생태적 보전 및 관리를 위한 식생단위구분. 대구산업정보대학 논문집 14: 291-306.
21) 환경부·국립환경과학원. 2004. 습지보호지역 정밀조사: 장도습지. 인천: 국립환경과학원.
22) 김종원, 최병기. 2011(투고 중). 장도습지의 군락분류 및 식물지리 특성.
23) Armstrong. K. 2007. The Great Transformation: The Beginning of Our Religious Traditions. Taxas: Anchor.
24) 이창우. 2009. 위의 논문.
25) Seiwa, K., M. Tozawa, N. Ueno, M. Kimura, M. Yamasaki, and K. Maruyama. 2008. Roles of cottony hairs in directed seed dispersal in riparian willows. Plant Ecol 198: 27-35.
26) 崎尾均, 山本福壽. 2002. 『水辺林の生態学』. 東京大學出版会
27) 김종원 등. 2009. 위의 책.
28) Nakamura, M., S. Utsumi, T. Miki, and T. Ohgushi. 2005. Flood initiates bottom-up cascades in a tri-trophic system: host plant regrowth increases densities of a leaf beetle and its predators. Journal of Animal Ecology 74: 683-691.
29) 이창우. 2009. 위의 논문.
30) 이율경, 김종원. 2005. 『한국의 하천식생』. 대구: 계명대학교출판부.
31) 김종원 등. 2009. 위의 책.
32) 이창우. 2009. 위의 논문.
33) 안경환. 2009. 위의 논문.
34) 김종원, 이은진. 1997. 다항목 매트릭스 식생평가 기법. 식생의 자연성 평가에 대한 새로운 기법과 그 적용. 한국생태학회지 20: 303-313.

수질의 부영양화 덕택에 유지되고 있는 우포늪 배후습지 식생의 파노라마 합성 사진.
Panorama view of Upo wetland. Backswamp vegetations are well-developed due to cultural eutrophication.

네가름

습지생태계 관리

Summary

Ecosystem managements

by Jong-Won Kim, Kyung-Hwan Ahn, Chang-Woo Lee

The management of Upo wetland has been briefly discussed in terms of ecosystem services such as waterfowl habitat, flood control, and ecotourism experiencing unusual biological communities, particularly. Ecosystem service value superficially underestimated on the Upo wetland was rigidly criticized. The Upo wetland with the greatest area 2312,926m^2 wide in Korea has been designated as the Ramsar Convention site since 1998 and then wetland protection area since 1999 as a keystone habitat for wintering waterfowls.

Major threats to Upo wetland that result from human activities are habitat destruction and degradation, intemperate ecotourisms, unfriendly land-use for waterfowls wintering in the buffer zone, the invasion of exotic species, and synergisms among these factors. The government agencies and municipal corporations basically are responsible for these threats which have been legally carried out.

An excessively regulated hydrological system and a heavy eutrophication temporarily and instantaneously cause the aquatic habitats to destroy and degrade. A comparison between analog topographic map in 1918 and digital topographic map in 2004 on a scale of 1: 50,000 shows a considerable change on the area of rice field and the length of bank. Present Upo wetland's landscape is not a true swamp but a shallow lake-like swamp which has been layed out since 1970. Four swamps have been nearly separated by banks and sluices. Microtopography at the just edge of open water zone(limnetic zone) is abnormally at right angle, which results in discontinuity of water gradient from open water zone through the littoral zone to the upland flood-plane due to scour and erosion by radical fluctuation of water inflow and outflow.

We suggest some instructions for the awareness of ecotourism and establishments for bird-watching hides and willow hedges. Zoning strategy establishing a core protected area surrounded by a buffer zone and in turn by a transition zone is a possible solution to treat a variety of conflicting claims on a protected area. After harvesting rice, paddy fields in the buffer zone and transition zone provide migratory birds for feeding sites during winter season.

Most exotic species in the Upo wetland has been introduced by peoples obtaining the sanction of the authorities. They are *Populus euramericana*, *Populus nigra* var. *italica* and *Nelumbo nucifera*. Their small patches or even individuals serve

가시연꽃은 인간의 농경활동과 밀접한 상관관계를 가지고 있다(2008 .7.6 우포).
Population development of water fringe (*Nymphoides peltata*(S. G. Gmel.) O. Kuntze) deeply related with locally-agricultural system.

우포늪 식생은 연중 침수와 범람을 경험하면서 유지되며, 이것은 습지주변의 땅이 비옥해지는 이유이기도 하다(2007. 9. 28. 우포, 태풍 '나리'의 영향으로 침수되었던 우포늪의 물이 빠진 자리에 생이가래(*Salvinia natans*)가 뒤덮고 있다).
After flooding due to typhoon Nari in 28 September 2007, annual floating plants of *Salvinia natans* are completely suffused on the water surface.

negatively as landscape distortion, a lookout for rapacious birds like hawks and kestrels to threaten waterfowls, and vulnerability against typhoon. Fortunately these poplars do not become established in the place because the site conditions are not suitable to their needs. A perennial Indian lotus garden at the Morae-Beol swamp(Saji-po) has been artificially made for tourist attraction which results in a lot of adverse effects on the ecosystem integrity, particularly in the protected area. On the other hand, *Paspalum distichum* var. *indutum*, a troublesome Knotgrass, is vigorously invasive that may displace native species. This neophyten will penetrate into the protected areas through an artificial ditch linked into Jjokji-Beol in very near the future. One of invasive animal, nutria (*Myicastor coypus bonarieusis*), is also briefly discussed from the viewpoint of ecological ethics.

The Upo wetland is defined as a cultural wetland harmonizing people and wilderness, which is not a natural or primitive wetland *sensu stricto*. Actual vegetation of the Upo wetland is able to be maintained by sustainable agriculture in consideration with ecological carrying capacity for the present. It is also emphasized that the rehabilitation of habitat integrity instead of a regionally extinct species has to be centered on ecosystem management in the Upo wetland. Structural reform on the Upo Ecosystem Pavilion (open in 2008) was suggested, which should be accomplished by the action plans for long-term researches and strengthening conservation biologists instead of solitary investments for some events and projects.

들어가면서: 습지생태계 관리와 우포늪

우포늪 습지생태계 관리를 위해서는 다음과 같은 세 가지 명제에 대한 이해가 선행될 필요가 있다. 그것은 이론적 생태 지식과 정보를 현장에서 실질적으로 적용함으로써 성취되는 것이 '생태계 관리(ecosystem management)'이기 때문이다. 이러한 명제를 바탕으로 우포늪 습지생태계 관리는 현재 우포늪 생태계에 미치고 있는 간섭요소 그리고 그것으로부터 나타나고 있는 현황을 분석해서 실행가능한 전략을 개발하여 성취될 수 있다. 따라서 본 장은 크게 네 부분으로 구성되어 있다.

- 습지, 습지생태계의 가치,
- 생태계 관리의 의미,
- 습지로서 '우포늪'의 독특성, 그리고
- 우포늪에서 일어나고 있는 "각종의 주요 인간간섭에 대응하는 생태적 관리".

습지, 습지생태계의 가치

습지는 젖어 있는 땅이다. 지하수위가 지표면 가까이 위치하여, 지표면의 토양이 항상 포화(飽和)되어 있는 곳이다.[1] 종종 지하수위가 땅 속 깊은 곳에 위치함에도 지표면의 기질(토양의 종류와 암석 기반)과 지표수 물흐름과의 복합적인 관계에 의하여 항상 포화 상태를 유지하는 경우도 습지를 형성한다. 따라서 습지는 바로 물이 머무는 공간, 물이 쉬어 가는 공간이다. 물 덩어리가 존재함으로써 급진적인 기후변화시대에 대응하는 습지의 생태적 서비스 기능은 대단하다. 수자원 저장고, 홍수 조절, 수질 정화와 물질 분해, 비열이 높은 물의 화학적 성질에 의해서 얻어지는 지역 기후의 완충, 철새를 포함한 야생생물의 서식처, 생물종 다양성의 보존, 야생의 생산성(productivity)으로 직 · 간접적 자원 및 부산물 제공 등이 대표적이다.[2] 이 외에도 습지는 심원생태학(deep ecology)에서 말하는 우리 인간에게 주는 녹색갈증(biophilia) 해소와 심미적 아름다움의 재발견 기회 제공, 그리고 구체적으로 휴가와 생태 탐방 교육 공간으로서도 귀중한 생태영역이다. 우리 인간의 문화와 문명은 사실상 그러한 습지의 생태계 서비스 기능에 근간을 두고 있으며, 그 덕택으로 발달하고 유지되어 온 것이다.[3]

이와 같이 습지의 존재 가치(existence value)는 어떤 금전적 산출 계산으로도 충분히 설명될 수 없다. 하지만 산업혁명 이후 도시산업화에 의한 매립으로 수많은 습지가 소실되었으며, 지금도 소실의 위협이 광폭하게 진행되고 있는 실정이다. 그 이유는 개발을 전제로 하는 어떤 금전적 가치로의 비교 산출이 한 몫을 하고 있다. 최근 전 세계에 분포하는 습지(629,670㎢)의 경제적 가치를 연간 약 40조 8천억원으로 산출하고 있으며,[4] 우포습지는 ha당 13.5억원(전체는 1조 1,529억원)으로 책정되고 있다.[5] 우포늪은 연간 약 35억원의 경제적 가치로 평가되는데, 이 정도 가격이라면 습지로 남겨두느니 개발을 하는 것이 훨씬 유리할 것이란 논리가 성립된다. 어처구니 없는 욕교반졸(慾巧反拙)이다. 자연의 생태계서비스 가치는 인간이 일방적으로 인지한 수준에서 파생되는 경제 논리로 결코 설명될 수 없다. 어떤 방식으로건 설명될 수 있다고 믿는다면, 지구 생태계, 우주는 모두 인간의 손에 의하여 통제될 수 있다는 논리가 된다. 그것은 인간의 사사로움이며, 교만이다. 하늘과 땅은 한 치의 사사로움이 없이 자연이라는 것을 우리 앞에 보여주고 있고, 그 덕택에 우리는 지구에 생존할 수 있는 것이다.

지구상에 존재하는 물의 총량(약 14억㎦) 가운데 육상생물의 생명 현상에 직간접적으로 이용될 수 있는 민물(淡水)은 약 2.5%(약 3천 5백만㎦)를 차지하고 있다. 그나마 민물의 대부분은 지하수, 빙하, 만년설 등의 상태로 존재하여 야생 생물이 직접 이용할 수 있는 강과 호수 등 습지의 지표수는 겨우 0.3%(10만㎦) 정도로서[6] 지구 표면적의 약 6%를 차지한다. 우리나라에서는 총 770개(제1차 전국내륙습지조사(2000-2004년): 정밀조사 33개, 일반조사 737개)의 습지가 분포하고 있으며, 전국토의 약 7.6%(7,626.5㎢: 내륙습지 5.1%, 5,076.3㎢, 연안습지 2.5%, 2,550.2㎢)가 습지인 것으로 밝혀져 있다.[7] 이 가운데 27개가 습지보호지역으로 지정(2010년 12월 31일 기준)되어 있고, 16개의 호소형(湖沼型; 평균: 0.962㎢ - 환경부 습지보호지역 면적: 8.54㎢) 내륙습지도 포함되어 있다.

우포늪의 생태계서비스 가치, 다음 세대에게 부영양 소택지의 야생과 생물다양성에 대하여 생태학습 기회를 제공한다.
Ecosystem service of the Upo wetland, providing young students for opportunity to learn biological diversity and wilderness of eutrophic swamp.

우포늪(소벌, 나무벌, 모래벌, 쪽지벌)의 면적 2.3㎢은 1998년 람사르협약(1971년에 국제사회는 습지의 중요성을 인식, 지속적인 습지의 보호, 보전, 관리를 위하여 '물새서식처로서 특히 국제적으로 중요한 습지에 관한 협약(The convention on wetlands of international importance especially as waterfowl habitat)'이 이란의 Ramsar에서 채택되었으며, 현재(2011년 8월 기준) 160개 국가에서 1,953개의 습지를 등재하고 있다. 우리나라는 2011년 현재 강원도 용늪을 포함한 16개의 습지가 등록되어 있다)의 습지로 등재하였으며, 1999년에는 습지보전지역(wetland protection area)으로 지정하면서 엄격하게 보호 및 관리되고 있는 우리나라 최대 규모의 호소성 내륙습지로서 그 존재가치가 재해석되고 있다.

우포늪의 생태계서비스 가치

- 야생동・식물의 서식처와 종다양성 보존: 우포늪에서 서식하는 식물은 400여종 이상, 조류 160여종, 어류 30여종,[8] 저서성 대형무척추동물 25여종, 포유류 14여종, 양서파충류 23여종, 멸종위기 야생동물 10여종 등으로 매우 다양하다.[9] 따라서 우포늪은 이들 생물종들에게 생존을 위한 먹이 제공과 번식처, 휴식처, 피난처 등을 제공하는 중요 터전이자 생물다양성 확보와 유전자 창고이다.
- 수질 정화와 물질 분해: 습지 내에 생육하는 수생식물들과 토양은 주변으로부터 유입되는 인, 질소 등의 영양분이나 오염물을 자연 여과하여 부영양화를 방지하는 자연정화 능력을 가지고 있다. 실제로 미국 플로리다의 사이프레스습지(cypress swamp)에서는 유입된 오수의 총질소와 인의 98%와 97%를 제거하는 하는 것으로 보고되고 있다.[10]
- 홍수조절, 수자원 저장: 우포늪은 홍수나 범람시에 평상 수위의 35배(305,376,000m^3) 물을 담을 수 있는 자연댐이다. 안동댐(1,248,000,000m^3)의 1/4에 해당하는 저수량이다. 결과적으로 자연재해에 대한 완충기능과 수자원의 저장고 역할을 한다.
- 지역기후 완충 조절: 지구 표면의 겨우 6%가 습지이지만 전지구 탄소량의 40% 가량을 비축하고 있는 중요한 탄소 저장고이며, 771기가톤의 이산화탄소와 같은 온실가스를 고정함으로써 지구 기후변화의 완충[11]과 비열이 높은 물의 특성으로부터 국지적 기후를 완충한다.
- 부산물 생산: 어류, 어패류, 식물 등의 부산물을 생산한다.
- 생태교육과 자연사 기록: 지역민을 포함한 인간에게 양질의 휴양과 자연교육 기회를 제공하며, 퇴적 활동에 의한 자연사 기록의 기능을 가지고 있다.
- 심미적(審美的) 활동의 무대: 인간 본성(本性)으로부터 발현하는 자연에 대한 미학적 문화적 활동의 재료와 무대를 제공한다.

생태계관리란 무엇인가?
(ecosystem management)

생태계는 지구 환경의 최소 단위이면서 기본 단위이다. 즉 우리 몸의 생명성(viability; life-giving, birth-giving, fertility-giving)을 유지하기 위한 기본 단위가 세포이듯이, 생태계는 지구환경의 세포가 되는 셈이다. 세포가 생명성을 잃어버리면 몸은 죽고 만다. 마찬가지로 지구 환경은 수많은 생태계로 이루어져 있는데, 생태계가 생명성을 잃으면 지구환경은 재생 불가능하게 된다. 그런데 이러한 생명성을 유지하기 위해서는 사람의 몸이건 지구의 생태계이건 "물질 순환과 에너지 흐름의 상호관계가 완전한 수준"으로 온전하게 유지해야 한다. 우리는 그러할 때를 건강하다고 말하는데, 생태계 온전성(ecosystem integrity)이란 곧 생태계 건강성(ecosystem healthy)을 의미한다. '생태계 관리'(ecosystem management; 때로는 생태계 경영으로 번역되기도 하지만, 경영은 운영과 유사한 개념이며, '이윤'을 창출하는 시장경제적 용어로 적합하다면, 생태계의 경제적 특성 뿐만 아니라 비경제적 특성과 요소까지도 포함하기 때문에 경영 개념을 이미 포함하고 있는 여집합으로써 광의(廣義)의 관리라는 용어가 적합할 것이다)란 그런 생태계의 건강성을 유지하기 위해서 관여하는 전문가 영역이다. 다시 말해서 "생태계 관리는 고유 생태계(native ecosystem)의 온전성을 아주 오랫동안 보호하고 유지해야 하는 보편적 목적(생태윤리)을 달성하기 위하여 사회적, 정치적 그리고 경제적 얼개까지도 고려하면서 생태학적 상호관계에 대한 과학 지식을 통합하는 것"이다.[12] 그래서 궁극적으로 생태계 관리라는 것은 다음과 같은 주요 주제에 대하여 깊이 있는 연구가 수반됨으로써 성취될 수 있는 것이다[13]:

- 살아 숨 쉬고 있는 모든 생물적 현상을 안전하게 지킬 수 있도록, 하나의 생물종이건, 생물집단이나 군락이건, 또는 어떤 건강한 생태적 기능이건 나아가서 특정의 생태적 천이과정이건, 일체의 생명성을 유지할 수 있도록 하는 것.
- 지구적 수준이건 지방적 수준이건, 또는 개체 수준이건 집단 수준이건, 모든 수준에서의 상호관계(connection)를 탐구하고 이해하는 것.
- 생태계 주요 구성요소, 특히 생태계의 바탕이 되는 식생(식물사회), 핵심종을 포함한 주요 생물종, 주요 서식처 등에 대하여 모니터링하고, 필요한 정보를 수집하고, 이러한 결과들을 해당지역에 가장 적합한 맞춤형 관리(adaptive management)에 이용될 수 있도록 조정하는 것.

우포늪 생태적 관리

우포늪에 대한 습지생태계 관리는 우포늪이란 습지생태계가 가지고 있는 생명성과 그 독특성을 구체적으로 이해하고, 우포늪이 가지고 있는 모든 수준에서의 상호관계를 탐구해서, 우포늪에 걸맞은 맞춤형 관리 전략을 개발하여 적용해야 한다. 본서에서는 우포늪 생태계의 생물학적 기반이 되는 식생에 대해서 상세히 기재해 두었으며(세가름 식생 특이성 참조), 여기에서는 그것을 바탕으로 식생학적 생태관리의 주요 현안을 발굴하여, 실천 가능한 관리전략을 제시한다.

주요 생태위협 요소: 우포늪은 겨울 철새를 포함하는 물새가 서식하는 핵심서식처(keystone habitat) 가운데 하나이다. 그러한 핵심서식처로서의 생태계 구조(생물 종조성)와 기능(생리생태적인 것)에 대하여 직간접적으로 영향을 미치는 생태위협 요소는 크게 세 가지로 대분류 된다. (i) 습지를 직접 탐방하는 것으로부터 기인하는 각종 생태위협 요소, (ii) 습지 고유생태계에 대한 이질적인 외래 생물종에 의한 위협요소, (iii) 습지를 둘러싸고 있는 주변 지역의 토지이용 방식에서 기인하는 생태위협 요소 등이다.

[직접 탐방에 따른 위협요소]

- **개방된 탐방로의 구조:** 현재 이용되고 있는 생태 탐방로는 물새들에게 위협적인 요소가 되는데, 탐방로 대부분이 완전히 개방되어 훤하게 습지 내부가 들여다보이기 때문이다. 즉 탐방로 동선(動線)이 은폐되고, 탐조(探鳥)에 유효하면서도 철새들에게 위협적이지 않는 은폐관찰소(hide)의 배치와 설계가 필요하다. 왕버들, 선버들과 같은 자생종을 이용한 밀폐된 울타리관목림(hedge)은 탐방로 동선 은폐에 효과적인 수단이 된다.

- **탐방로의 동선(動線):** 우포늪 습지 영역에 접근하는 탐방로는 습지 핵심구역(core zone)에 대한 생태적 배려가 필요하다. 즉 우포늪에 대한 생태적 공간구분(zoning) 분석의 결과를 바탕으로 특정 공간 영역을 물새 서식처로서 핵심구역을 설정하고, 그 핵심구역으로부터 가능한 한 멀리 떨어진 거리에 노선을 설정하여야 한다. 탐방객들의 탐방 행위가 새들에게 직접적인 위협이 되지 않도록 하기 위함이며, 폭 5m 이상의 동선 울타리관목림은 그러한 기능을 감당하기에 적합하다.

- **탐방객의 탐방 수칙:** 일반적으로 야생의 생물들은 인간의 접근에 대하여 매우 민감하게 반응한다. 특히 큰 소리로 떠들거나 뛰어 다니는 것은 야생 조류들에게 스트레스 요인이 된다. 물새 서식처에서의 생태 학습과 탐조에서 가장 유의해야 하는 탐방 수칙은 이웃 사람이 들을 수 없을 정도로 매우 조용하게 대화를 나누어야 하며, 급격한 행동을 삼가면서 매우 완만하게 움직여야 한다. 탐방로에서의 자전거 이용과 같은 이동 수단이나 유희적인 이동 수단은 우포늪 생태윤리와 전혀 부합하지 않는다. 따라서 관리인은 물론이고, 탐방객은 매우 차분하고 생각하는 느림의 탐방 공간이 우포늪 생태계의 본질임을 사전에 숙지할 필요가 있다.

[외래생물종에 의한 생태 위협요소]

- **이태리포푸라(*Populus euroamericana*)와 양버들(*P. nigra* var. *italica*):** 우포늪의 소벌과 모래벌 가장자리에는 이태리포푸라 개체군이 형성되어 있다. 이들은 식재한 것에서 유래하며, 낯익은 경관이 되고 있다. 하지만, 이태리포푸라는 귀화종 범주(자연적으로 생명환(生命環, life cycle)을 완성하여 번식하고 분산 분포하는 경우)에도 포함되지 않는 외래종이면서도 이질(異質) 경관이다. 이태리포푸라가 식재되어 있는 입지에는 본래 왕버들 대경목(大徑木)이 서식하는 곳이며, 소벌과 쪽지벌 사이에서 발달하고 있는 것처럼 왕버들에 의한 우포늪의 전형적인 자연(自然) 경관이 되어야 한다. 개방 수면 주변에 늘어선 이태리포푸라는 겨울 동안에 물새와 철새들을 직접 위협하는 맹금류의 정찰소로 이용된다. 이태리포푸라를 포함한 이들 외래 포푸라 종류는 교목으로 성장하면서 한반도의 태풍에 취약하다. 따라서 이태리포푸라가 분포하는 입지에 장기적으로 왕버들군락이 대체 복구될 수 있도록 하는 생태 관리 전략이 필요하다.

- **연꽃(*Nelumbo nucifera*):** 모래벌(사지포)의 개방 수역에는 연꽃이 밀생(密生)하고 있는데, 일부러 조성된 것이다. 연꽃은 본래 불교문화와 관계된 장구한 역사를 가지고 있으며, 오늘날 한반도에서 자생하는 식물종은 아니다. 즉 폐쇄생태계 구조를 가지고 있는 연못에서 인공적인 재배를 통해서만 그 개체군이 유지되고 있다는 뜻이다. 결국 연꽃은 한반도 자연환경 조건에서 저절로 야생하는 자생식물종이 아니라, 본질적으로 은행나무와 똑같은 처지로서 반고유문화종(apophyte)이다. 그런데 우포늪과 같이 "습지 보호구역"에서의 연꽃 도입은 재고되어야만 한다. 연꽃은 다년생이며, 밀생(密生)하는 특성을 가지고 있기 때문에 인공적으로 식물체를 제거하지 않는 이상, 개방 수역을 완전히 피복해 버린다. 여기에서 습지 생태계의 질적 저하를 가지고 오는 몇 가지 생태적 교란이 발생한다. 첫째, 다양한 습지 식물종의 서식을 방

해함으로써 식물종 다양성이 감소한다. 둘째, 수면을 완전히 피복하여 물 속 광선 환경조건을 불량하게 함으로써 식물성 플랑크톤 집단으로 시작되는 상향식(bottom-up) 먹이사슬 구조의 붕괴와 그에 따른 수질 개선 효과에 지대한 지장을 초래한다. 셋째, 그러한 불량한 빛 조건과 식물성 플랑크톤의 개체군 감소는 물 속 산소(용존산소) 환경을 열악하게 하고, 마침내 각종 어페류를 포함한 종속영양자들의 서식을 매우 불리하게 한다. 넷째, 연꽃의 높은 생산성에서 만들어진 생체량(biomass)은 동절기 동안 고사체(枯死體)로 남게되고, 물 속 바닥층에 퇴적함으로써 부영양화를 더욱 촉진하는 생태문제를 야기한다. 따라서 연꽃은 관상용으로 좁은 면적이나 작은 집단 또는 개체 수준에서 키우는 식물 자원이지, 야생의 국가적 보호 습지에서 대규모로 관광자원화하는 것은 반드시 지양되어야 한다. 이것은 연꽃과 인연을 맺은 불교의 철학과 일치시키기 위한 최소한 생태적 배려이다. 아는 것과 배운 것에 대한 현실적 심득궁행(心得躬行)이다.

모래벌(사지포)에 식재되어 있는 연꽃군락(2008. 7). 습지 보호구역인 우포늪에서의 연꽃 도입은 습지 생태계의 온전성을 크게 해치게 된다.
Indian lotus (*Nelumbo nucifera*) population artificially made for tourist attraction at the Morae-Beol swamp(July. 2008). An extensive-scale monoculture of such a perennial lotus results in a lot of adverse effects on the ecosystem integrity, particularly in the protected area of wetland.

- **털물참새피**(*Paspalum distichium* var. *indutum*): 털물참새피는 북미의 매우 온난한 기후 지역에서 귀화한 신귀화식물(新歸化植物種, neophyten; 『한국 식물사회 생태도감』 제 2 권 참조)로 국내에 도입된 시기는 정확하지 않으나, 박수현(1995)에 의해서 보고된 이후, 남부지방의 논경작지와 그 부근의 소하천 및 저층습원에서 크게 확산되고 있는 실정이다.[14] 2009년까지 우포늪 내에서는 생육하고 있는 개체가 발견되지 않고 있으나, 쪽지벌 제방 인근과 주변 논경작지 및 습지에 정착하고 있는 것이 발견되고 있다. 때문에 우포늪 습지 보호구역 내부로의 확산이 우려되고 있는 실정이다. 털물참새피는 다년생 벼과식물로서 서식 조건에 따라 겨울에도 고사(枯死)하지 않고 녹색의 살아 있는 식물체 일부분이 물속에 남아 있는 경우가 있다. 그래서 우리나라 남부지방과 같이 난온대 지역에서 겨울 동안에 완전히 고사(枯死)해 버리는 식물종들에 비하여 상대적으로 경쟁 우위를 차지하게 된다. 종자 산포에 의해서 분포를 확산하기도 하지만, 특히 근경과 포복지에 의한 게릴라 번식전략으로 분포 영역을 확장해 가기 때문에 더욱 그러하다. 게릴라 번식전략은 큰 무리를 형성하게 되는데, 농촌 개울이나 도랑을 완전히 피복하기도 한다. 그래서 물흐름을 개선하기 위하여 식물체를 걷어내게 되는데, 이런 작업을 할 경우에 걷어낸 식물체 일부분이라도 제방과 농로(農路)에 방치하게 되면 집중 호우 시에 떠내려가서 새로운 서식처에서 번성하게 되는 기회를 가진다. 이것이 털물참새피의 실질적인 분포확산 전략이기도 하다.[15] 이러한 털물참새피의 생존 및 생육 전략 때문에 '불멸의 풀(eternity grass)'이라는 별명도 가지게 되었다. 우리나라에서는 2002년에 환경부 지정 '생태계 교란 야생동·식물' 목록에 등재되면서 그 분포 확산이 모니터링 되고 있다. 털물참새피는 고유종 나도겨풀(*Leersia japonica*), 물잔디(*Pseudoraphis ukishiba*)와 그 서식처가 정확히 중첩된다. 이들 종은 뿌리는 물가 연안대(沿岸帶, littoral zone)에 위치하고, 지상부 줄기와 잎은 수면 위 원수대(limnetic zone)로 뻗으면서 살아가는 독특한 생태형을 가지고 있다. 여기에서 다년생(多年生)이면서 겨울 동안에도 월동하는 경우가 있는 털물참새피는 한번 서식

처를 점유하게 되면 지속적으로 그곳을 점유하게 되고, 따라서 다른 식물종의 정착과 발아 기회를 크게 방해하게 된다는 것이다. 뿐만 아니라 경작지 수확량 감소와 일부 농작물 병충해들의 기주식물(寄主植物)로 기여할 잠재성이 매우 큰 '생태적 우려 식물종(ecologically worrisome plant)'이다.[16] 특히 우포늪의 경우에 털물참새피가 침투하여 대량으로 번성하게 된다면, 습지생태계의 일대 변화를 경험하게 될 것이다. 본래 털물참새피는 부드러운 잎과 줄기가 야생 포유류나 오리류에게 유효한 식초식물(食草植物)이기도 하다. 그러나 연안대와 원수대를 연속적으로 밀폐하면서 살아가는 특성 때문에, 귀화 동물종 뉴트리아에게는 더욱 용이한 서식 환경을 제공하게 되는 형국이 되고 말았다. 한편 최근에 우포 습지 생태계의 보호와 교육을 담당하는 우포생태원에서 앵무새깃(*Myriophyllum aquaticum*; 남아메리카 원산)을 연못에서 키우고 있는 것이 확인 되었는데, 이것은 매우 어처구니없는 생태적 사건이다. 현재 미국, 일본, 호주 등의 나라에서는 자국 생태계에 위해성을 나타내는 식물종으로 확인되어 법적인 관리가 이루어지고 있으며,[17] 국내는 원예용으로 들여와 우리나라 남부 지역 일부 습지에서 확인되는 탈출귀화종으로 새로운 '생태 우려 식물종'으로 지목되고 있기 때문이다.[18]

쪽지벌 제방 부근 농수로를 가득 메우고 있는 털물참새피(2007. 8 30). 우포늪 습지보호구역에 침투할 것이 우려되고 있다.
Knotgrass (*Paspalum distichum* var. *indutum*) at artificial ditch linked into Jjokji-Beol. It has been concerned that this worrisome species will penetrate into the protected areas of the Upo wetland in very near future.

- **뉴트리아(*Myicastor coypus bonarieusis*)**: 뉴트리아(nutria, 또는 coypu)는 남아메리카의 아열대에서 온대에 이르기까지 광역적으로 분포하는 반수생(半水生) 대형 설치류(齧齒類)이다. 19세기 후반에 유럽인들에 의한 모피(毛皮)사업을 위한 과도한 포획(捕獲)으로 일부 자생지역에서는 멸종하기도 하였다. 현재 아메리카 대륙을 포함한 아시아 대륙까지 넓게 분포하고 있는데, 모피사업을 위하여 도입된 후 탈출야생화 된 것으로부터 유래한다.[19] 우리나라에서는 1985년 7월 식용, 모피용, 종자용 등의 목적으로 프랑스에서 도입되었으며, 언제 어디에서 야생으로 퍼져 나갔는지에 대한 정보는 정확히 알려져 있지 않지만, 우포늪에서는 2006년에 처음으로 보고된 바 있다.[20] 뉴트리아는 주로 수생식물 가운데 벼과와 사초과의 단자엽식물을 주요 먹이원으로 하는 초식성(草食性)동물이다. 하지만 남미의 자생지에서는 조개류나 갑각류도 먹이로 하는 것으로 알려져 있다. 겨울 동안에는 식물의 뿌리, 근경, 괴경 등이 중요한 먹이원이다. 여름동안에는 식생이 밀집한 곳에서 생활하지만, 겨울동안은 굴(窟)에서 개체 혹은 군집으로 생활한다. 굴은 주로 물가 연안대에 식생이 발달한 제방권(堤防圈)에 만들며, 여러 개의 통로와 입구를 만든다. 이들이 파놓은 굴은 논둑, 수로, 제방 등의 안전성에도 영향을 주게 된다. 일본에서는 1939년에 모피용으로 도입한 후, 탈출외래종으로 정착하게 됨으로써 '특정외래생물'로 지정하여 국가적 관리가 시행되고 있다. 미국에서는 수생식물에 대한 무작위적인 섭식행위로부터 습지 온전성에 대한 위협요소로 크게 우려하고 있다. 미국 동부 블랙워터야생보호구역(Blackwater National Wildlife Refuge)에서는 1938년 이후, 진연안대 고경초본 식물 올챙이고랭이류(*Schoenoplectus americanus*)의 약 3,238ha가 사라졌다는 연구 결과도 있다.[21] 뉴트리아는 이처럼 습지식생과 습지지형의 변형을 초래하면서 습지의 생태계와 경관의 질적 쇠퇴를 야기한다. 현재 우포늪에서는 그 개체군의 통제에 적극적으로 대처하고 있는 실정이다.

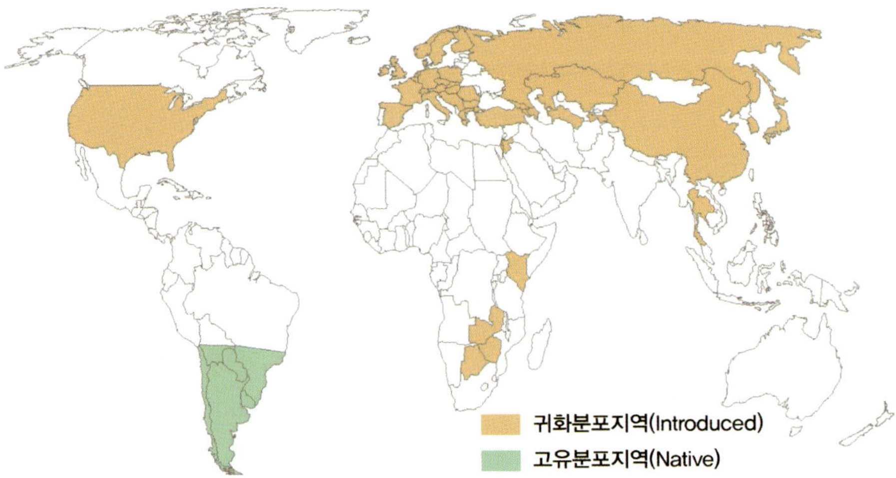

뉴트리아의 분포(USGS 2009)
Global distribution of Nutria (*Myicastor coypus bonarieusis*).

뉴트리아(Nutria). 일반적으로 암갈색과 황갈색 털의 개체가 관찰되지만, 드물게 흰색 개체도 분포한다.(2007. 10. 1 대산습지)
Myicastor coypus bonarieusis. The nutria population has been recorded from the Upo wetland.

외래 생물종도 똑같은 생명이다

한반도에도 본래부터 존재하던 어떤 생명체도 없었을 것이다. 한반도가 지금처럼 뚜렷하게 형상을 갖춘 시기를 지금으로부터 15억 전으로 이해하더라도, "지금의 모든 생명체는 그 이후에 모두 귀화한 것으로부터 유래한다"고 해도 과언이 아니다. 그 가운데 가장 늦게 귀화한 것이 우리 사람이다. 영어 '네츄럴라이즈드(naturalized)'라고 하는 것은 어떤 장소에 들어와서 저절로 자생(自生)하게 된 것, 즉 귀화(歸化)를 의미한다. 정의하자면, 새로운 지역에 도래해서 그 지역의 자연환경 조건에 적응하여 생명 사이클(life cycle: 출생에서 사망까지)을 온전히 완성하고, 자손대대로 살아남은 경우를 말한다. 그러므로 현재 우리가 만나고 있는 모든 생물종은 복잡한 관계와 얼개의 결과로부터 우리 눈앞에 존재하는 것이다. 우리도 마찬가지이다. 단지 먼저 도래했고, 늦게 도래했을 뿐이다. 먼저 도래한 것은 깊은 관계를 가지고 있고, 늦게 도래한 것은 아직 낯선 관계일 뿐이다. 각각은 오랜 관계 속에서 맺어 온 나름의 생태적 지위(niche)를 가지고 있다면, 낯선 관계에서는 그런 지위에 대한 팽팽한 긴장상태가 생기기 마련이다. 갑자기 들여다 놓은 귀화생물종이 문제가 되는 것은 오랜 세월 동안 안정적으로 구축되어 온 그 지위 체계를 혼란에 빠트릴 수 있기 때문이다. 그래서일까, 언제부턴가 우리나라에서는 귀화생물종에 대한 부정적 이미지만이 강조되어 그 생명성에 대한 왜곡이 이만저만한 것이 아니다. 그것은 귀화생물종에 대한 접근 태도에서 여실이 드러내고 있다. 이러한 현상은 의도적이건 비의도적이건 우리나라 학계에서 더욱 적나라하다. 물론 과학이 발달한 미국, 일본이라고 해서 별반 다를 리 없다.

자비심이 없이, 즉 무자비(無慈悲) 하게 생명성(life, birth, fertility의 통합 개념)을 무참히 유린하는 일들은 국가 수준에서건 개인 수준에서건 횡횡하게 일어나고 있다. 나쁜 것인지 좋은 것인지를 따질 필요도 없이, 나쁜 것으로 내몰리면 그 순간부터 합법적으로 또는 비합법적으로 무참히 제거되어야 하는 대상이 되고 만다. '황소개구리'와 '뉴트리아'가 그 처지이고, '미국자리공', '가시박'이 그 처지이다. 그런데 기실은 이들 모두는 우리가 필요해서 의도적으로 가지고 들어 온 것이거나, 잘못 따라 들어 온 것이다. 그런데 이제는 애물단지가 되어 버린 것이다. 그러나 도입한 것을 내 팽개치는 것도 모두 사람들이 한 짓이지, 그들 생물들이 한 일은 아무 것도 없다. 우리처럼 몸을 가지고 이 세상에 태어났으니, 자연의 순리에 따라 그냥 살아갈 뿐이다. 그런데 그들을 제거하기 위해서 전혀 상관이 없는 사람들의 세금까지 동원해서 연구하고, 때려죽이고, 뽑아내고 하는 데에 막대한 비용을 지출하고 있다.

아무리 그렇다 치더라도, 심각하고 만연한 생태윤리적 해이(解弛)를 반드시 짚고 넘어가야만 하는 이유가 있다. 우리 모두는 분명하게 함께 평화롭고 행복하게 살아가기 위함에 그 궁극의 공통 목표를 가지고 있기 때문이다. 나의 존재 가치도, 학문의 존재 가치도, 대학과 국가의 존재 가치도 모두 거기에 이어져 있다. 이것은 모든 생명과 생명성에 대한 상호 존중이며 그에 대한 예의를 바탕으로 한다. 가장 본질적인 것이다. 생명과 생명성을 유린하는 어떤 논리와 지식 그리고 행위는 본질적일 수 없으며, 비본질적인 것이다. 본질을 배제한 그것 모두는 흉기이며, 전쟁일 뿐이다.

황소개구리, 뉴트리아, 미국자리공, 가시박 등등…! 모두 나쁜 것이라 한들, 어떻게 없애버릴 것인가, 어떻게? 생태윤리적 배려가 절실하게 요구되는 대목이다. 한갓 취미나 즐거움을 위해서 다른 생명을 희생시키는 일이나, 그들을 무참하게 유린하는 반생명적 장면이 TV 화면에 무차별적으로 내보내지고 있는 현실이다. 모든 생명은 하나로 연결되어 있으며, 우주 이치 속에서 함께 살아간다. 고전 속에서 일깨워주는 이런 생태윤리가 일등 일류만을 고집하는 사회에서 반영될 여지는 전혀 없어 보인다. 그러나 사람을 낳고, 기르고, 가르치고, 이끌어가는 모든 사람들, 집에서 사회에서 국가에서 생태와 생명을 좋아한다고 말하는 사람들, 그리고 이 세상에 전쟁이 없기를 바라는 사람들이라면 생명과 생명성에 대한 진정한 뉘우침이 반드시 뒤따라야 한다. 생명과 생명성에 대한 진정한 존중 없이는 자연과 이웃과의 소통이라는 것은 절대로 존재할 수 없다. 한낱 허구요, 거짓일 뿐이다. 과학과 기술과 경제가 '생명과 생명성의 아름다움'을 배려할 생각이 없다면, 그것은 행복이나 평화는커녕 곧바로 파국으로 질주할 뿐이다. 그런데도 그 질주는 뒤를 돌아보는 습관마저도 가지지 못했으며, 늘 포퓰리즘에서 그 핑계를 찾을 뿐이다! 인도의 위대한 사상가 간디는 국가의 생명 윤리에 대하여 이렇게 이야기 하였다. "한 국가의 도덕과 윤리의 수준은 생물들을 취급하는 자세를 보면 알 수 있다"고 하였다.[22] 마음이 아프다.

[토지이용 방식에 따른 위협요소]

- **우포늪 인접 지역의 토지이용**: 우포늪은 물새의 핵심서식처이다. 그러나 물새는 물에서만 사는 것이 아니라, 물터 주변 지역에서도 서식한다. 따라서 핵심서식처를 중심으로 하는 우포늪 습지 보호구역의 설정 목적과 목표를 성취하기 위해서는 주변 지역에 대한 생태적 관리가 수반되어야 한다. 그런 측면에서 핵심서식처 주변에 인접한 일정 영역에 대하여 잠재서식처 영역을 설정하고, 그에 대응하는 토지 이용 방식이 결정되어야 할 것이다. 따라서 우포늪의 습지보호구역을 중심으로 공간 구획화(zoning) 분석에 의한 다이용 체계(multiple-use)를 수립할 필요가 있다. 공간 구획은 핵심구역, 완충구역, 전이구역 등 세가지 구역으로 구성되고, 각 구역에 따라 토지 이용 범주를 설정하면 된다.[23)24)] 세 종류의 공간 구획은 (i) 습지 식생의 다양성과 희귀성 그리고 대표성을 고려하고, (ii) 수리·수문학적 특성 그리고 (iii) 전통적인 토지 이용 방식 등을 고려하여 그 경계를 설정한다.
- 핵심구역(core zone)은 평상시 개방 수역으로 채색되는 영역인데, 우포늪의 경우는 겨울 동안의 공유수면 면적을 충분히 포함하는 영역으로 설정하는 것이 타당하다. 핵심구역에서는 기본적으로 어떠한 인간간섭도 허용되지 않으며, 허가를 받은 연구 활동만이 가능하다. 하지만, 질적 양적 평가를 토대로 엄선된 "전통적 어로행위"에 대하여 부분적으로 허용할 수도 있다.
- 완충구역(buffer zone)은 핵심구역을 에워싸는 공간으로 여름 동안의 최고 범람 영역, 즉 우포늪의 경우, 홍수 시에 침수되는 잠재범람원 영역으로 설정하면 된다. 완충구역은 전통적 어로 행위 또는 전통적 농업 활동은 전반적으로 허용되지만, 파괴적인 개발과 소모적 이용은 통제되어야 한다. 그러나 우포늪의 경우, 완충구역에 해당하는 영역 속에서 많은 간섭행위(도로 개설, 지형 변화, 인공 수로 등)가 있어 왔다. 특히 완충구역에서는 도로 개설과 같은 지형 변화와 수리수문 변화를 야기할 수 있는 개발은 철두철미하게 통제되어야 한다.

- 전이구역(transition zone)은 완충구역을 에워싸는 외곽 지역으로 일부 조류들의 잠재적 채식(菜食) 공간으로 고려되는 영역이다. 우포늪의 경우, 현재 경작지로 적극적으로 이용되고 있는 넓은 충적 대지 또는 저지대가 이에 해당한다. 전이구역의 토지 이용은 조류(鳥類) 친화적 방식으로 이루어져야 한다. 전이구역 내에서의 비닐하우스 농법은 금지하는 것이 바람직하며, 현재 주로 행해지고 있는 이모작 영농(주로 양파, 마늘, 토마토 등에 의한 밭농사와 벼논농사)에 대하여 국가 보상을 통하여 주로 벼농사에 의한 일모작이 권장되는 것이 조류 친화적 영농이다. 특히 겨울 철새 도래지로서 우포늪의 생태적 기능을 고려할 때, 가을 걷이(秋收) 이후에 논 경작지는 철새들에게 결정적인 채식 기회를 제공한다. 따라서 전이구역에 대하여 국가적 정책지원을 통해서 사유 재산과 영농활동에 대한 납득할만한 충분한 보상 계획(내셔널 트러스트 개념)이 수립되어야만 하며, 이것을 통해서 우포늪 습지 생태계의 궁극적 목적이 달성될 수 있을 것이다. 이것은 우포늪 수질 환경과도 직접적인 상호관계를 가지고 있다. 우포늪은 자연적 부영양화와 함께 문화적 부영양화가 습지식생의 온전성을 유지하는 데에 필수적이다. 즉 농경문화에서 발생되는 일정 수준의 부영양화(질소와 인의 수질 함량)는 우포늪 습지식생의 구조(종다양성 및 풍부성)를 보존하는데 필수조건이라는 것이다. 우포늪의 원식생, 잠재자연식생, 그리고 현존식생에 대응하는 수질 환경의 규명은 우포늪 생태계 관리의 주요 과정이며, 인접 지역에 대한 생태친화적 토지이용 전략을 구축할 수 있다. 우포늪의 현존식생을 부양하면서 습지 기능에 직접적으로 영향을 미치고 있는 우포늪 평균 총질소의 농도는 사지포 2.72mg/ℓ, 우포 2.60mg/ℓ, 목포 1.90mg/ℓ, 쪽지벌 1.39mg/ℓ 이며, 총인의 농도는 우포 0.17mg/ℓ, 사지포 0.15mg/ℓ, 목포 0.13mg/ℓ, 쪽지벌 0.08mg/ℓ 로 알려져 있다.[25] 따라서 일반적인 수질환경 기준(총질소: 0.50mg/ℓ, 총인: 0.15mg/ℓ)으로 판단한다면,[26] 우포와 사지포는 기준을 넘어서는 부영양화 호소이며, 이런 수질 환경이 우포늪 지역의 수계 식생을 지탱가능하게 하는 것이다.

- **인공 제방과 수로 조절:** 인공적으로 축조된 제방은 우포늪의 물터와 물길을 통제하는 대표적인 요소이면서 하나의 서식처이기도 하다. 일반적으로 자연제방은 생태역학 속에서 발달하고 있는 자연 구조물이기 때문에 습지 생태계의 주요 요소이다. 즉 자연제방은 그 규모에 따라 생태적 장벽(barrier)이면서도 생태적 연속성과 네트워크 기능을 감당하고, 수분구배의 연속성과 수심 발달에도 직접적으로 영향을 미치는 개방생태계(open ecosystem)라는 의미이다. 결국 자연 제방은 습지 기능을 방해하는 구조물이 아니다. 반면 인공제방은 습지를 완벽하게 통제하게 되고, 제방 그 자체도 폐쇄생태계로 단절된 상태에서 위치한다. 즉 그런 인공제방은 인접 지역 간 그리고 미지형적(微地形的)으로 수분구배가 단절되어 있고, 습지 내부의 수심 변동이 자연스럽지 못하게 되며, 나아가 생물종의 유전자 흐름에도 위협적인 요소가 된다. 우포늪에는 홍수조절 기능이 크게 강화된 인공제방이 축조되어 있기 때문에 과도하리만큼 수심 관리가 이루어지고 있으며, 제방의 수분구배 및 인접 생태계와의 생태통로 기능이 단절되어 있다. 우포늪 습지 내부에서 순간서식처의 발달이 극히 미비한 것은 이러한 수심관리와 그로부터 발달하고 있는 식생과의 상관관계를 보여 주고 있는 것이다. 습지생태계의 온전성은 수심이 발달한 수중서식처로부터 순간서식처, 수변서식처, 침수서식처의 순으로 서식처의 온전한 공간 배분과 연속성으로부터 성취될 수 있다. 우포늪 개방 수역과 연속적으로 이어지는 잠재범람원에 대한 지역 주민의 토지이용 기회를 제공하기 위하여 20세기 초부터 인공 제방과 인공 수로가 축조되었다. 이 시기의 우포늪 일대에는 크고 작은 습지가 분포하고 있었으나, 대다수가 논경작을 위해 개간되거나 농수 확보를 위한 저수지로 변형되었다. 이것은 1918년에 제작된 지형도와 2004년 최신 수치지형도의 비교에서도 잘 나타나있다. 우포늪 인접 지역에서 경작지의 면적은 최근에 비하여 매우 제한적이며, 제방도 매우 제한적으로 개설되어 있다. 특히 논 경작지는 쉽게 침수될 수 있는 잠재적 범람원에 개발되었기 때문에 낙동강의 역류에 의한 수해를 방지하기 위하여 1930년대에 대대제방 축조가 이루어졌다 (참조: 1938년 '조

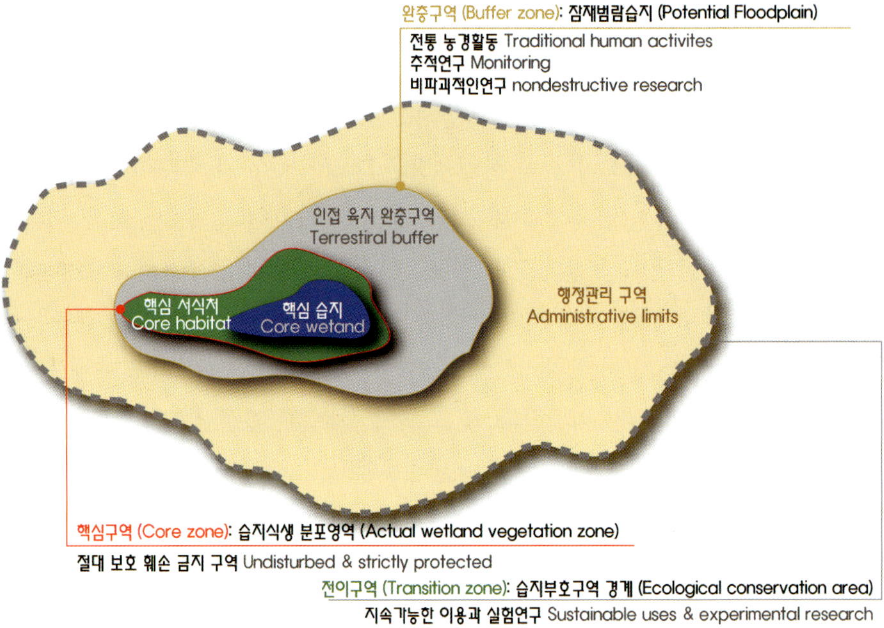

우포늪 습지 보호지역에 적용가능한 공간 구획화(zoning)을 통한 토지 관리 전략 모형. 핵심서식처를 중심으로 하는 보호구역은 그 외곽에 완충구역으로 포위되고, 그 바깥은 다시 전이구역으로 설정한다.
The general pattern of zoning approach pioneered by UNESCO(1987). A core protected area is surrounded by a buffer zone, in turn is surrounded by a transition zone.

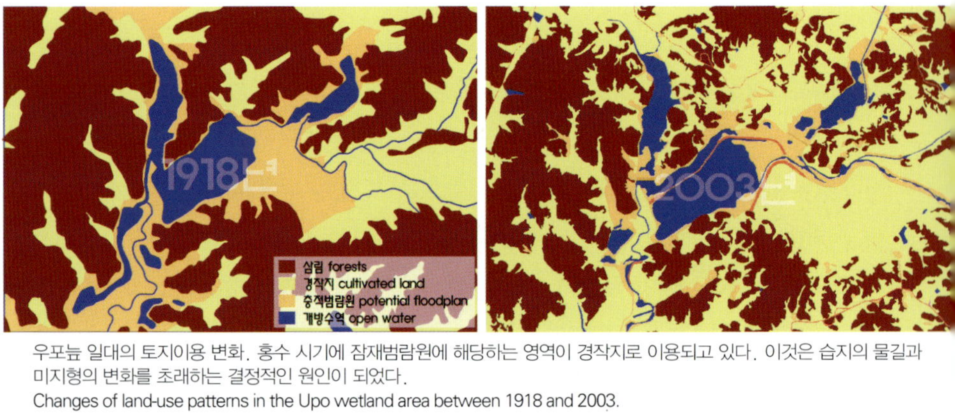

우포늪 일대의 토지이용 변화. 홍수 시기에 잠재범람원에 해당하는 영역이 경작지로 이용되고 있다. 이것은 습지의 물길과 미지형의 변화를 초래하는 결정적인 원인이 되었다.
Changes of land-use patterns in the Upo wetland area between 1918 and 2003.

대대제방 부근의 이모작(아래: 양파 밭농사, 2007. 4. 20. 위: 벼 논농사, 2007. 6. 21). 겨울 철새들 위한 채식 공간으로서 우포늪 주변지역의 논 경작지에 대한 국가적 토지이용 정책이 필요하다.
Raising two crops a year near the Daedae bank of the So-Beol swamp. Onions (left) and rice (right). After harvesting rice, paddy fields provide migratory birds for feeding sites during winter season.

선총독부 경상남도 고시 제 17호(朝鮮總督府慶尙南道告示第17號). 이것은 또다시 미지형적으로 보다 높은 입지에 대한 개발의 요구도(needs)가 발생하게 되는 계기가 되는데, 그런 입지는 논이나 밭으로의 경작 가능성이 높아졌기 때문이다. 그 이후, 6.25 전쟁과 국가 혼란기를 거치면서 1960년대까지 해방 이후의 상황에서 토지 이용은 반복되고 있었던 것이다. 마침내 1970년대에 본격적인 국토 경제개발 정책과 맞물리면서 나무벌(목포)과 모래벌(사지포)의 제방 축조도 이루어졌다. 결국 우포늪 일대의 크고 작은 습지는 1970년을 기점으로 완전히 분리되었으며, 소벌, 나무벌, 모래벌은 수심이 얕은 호수화가 되면서 원수대의 영역이 크게 확대된 것이다. 하천 배후습지는 본래 연안대 및 범람원의 면적이 가장 넓은 것이 특징이며, 홍수 시에 일시적으로 원수대 영역이 확장되는 것이 특징이다. 따라서 현재의 우포늪 구조는 그 원형으로부터 크게 변질되었음을 이해할 수 있다.

우포늪, 원시늪인가

우포늪은 오랜 시간 한반도의 역사와 함께 하면서 농경문화와 주민들의 생활 속에 어우러져 지금까지 지속되어 왔다. 그래서 우포늪은 '원시 자연늪(natural wetland *sensu stricto*)'이 아닌, 사람과 자연이 어우러진 "문화적 습지"이다. '원시 자연늪'이라고 한다면, 적어도 인간의 간섭을 배제한 채 오랜 기간 동안 자연시스템에 맡겨져 발달한 습지이어야 할 것이다. 그런데 우포늪의 경우는 농경문화에서 비롯되는 수질에 영향을 직접 받고 있고, 물흐름이 자연적이라기보다는 인공 제방과 수문조절에 의하여 통제되고 있기 때문에 '원시 자연'이란 용어와 부합하지 않는다. 거기다가 인위적으로 외지 외래 식물도 도입하는 경우가 있기 때문에 더욱 그러하다. "원시 자연늪, 우포늪"은 정직한 표현이 아니다. 차라리 "사람과 자연이 어우러진 습지(공존의 늪)"가 정확한 표현이다.

이러한 사실은 우포늪에 대한 습지로서의 서식처 평가에서 잘 나타나고 있다. 습

1918년 조선총독부(좌)와 2004년 국토지리정보원(우) 제작된 1:50,000 수치지형도. 논경작지 면적과 인공제방 길이에 지대한 변화를 보여주고 있는데, 경작지 면적은 1918년에 4.1㎢에서 2004년에 11.9㎢로 약 65.6% 면적증가가 있으며, 제방길이는 1918년에 2.9㎞에서 2004년에 12.9㎞로 무려 81.6%의 길이증가가 있다.
Analog topographic map in 1918 and digital topographic map in 2004 on a reduced scale 1: 50,000. A considerable change on the area of rice field and the length of enbankment is recognized from comparison between two topographic maps. Cultivated land: 4.1㎢ in 1918 and 11.9㎢ in 2004; embankment length: 2.9㎞ in 1918 and 12.9㎞ in 2004.

지 서식처 평가(wetland habitat assessment)는 생물이 서식하는 터전으로서의 질적 평가인데, 서식처의 구조와 식생의 구조에 대한 평가로 이루어진다.[27] 서식처 구조는 네 개 항목으로 평가되는데, 습지의 가장자리의 형상과 길이, 제방의 재료, 습지 서식처의 기원, 그리고 수리수문(물흐름)의 자연성이다. 습지 가장자리는 길고 굴곡이 많이 진 경우는 다양한 서식처를 제공하기 때문에 우수한 것으로 평가되고, 제방의 재료는 자연재료(흙)일 경우 우수한 것이며, 습지의 기원은 습지의 형성 발달에 있어서 본래의 기원이 자연적일 경우가 우수한 것으로 평가된다. 물흐름의 경우 물흐름이 통제되지 않는 채 자연적일 경우가 우수한 것으로 평가된다. 한편 식생 구조도 네 가지 항목으로 평가 되는데, 습지 식생의 대상분포(zonal distribution)가 온전한 경우, 연목림 식생이 다양한 경우, 식생자연도(植生自然度)가 높은 경우, 신귀화식물종이 혼생(混生) 하지 않는 경우에 우수한 것으로 평가된다.

소벌(우포), 나무벌(목포), 모래벌(사지포), 쪽지벌의 4개 습지는 모두 서식처가 열악하고(inferior), 식생은 보통(moderate) 수준인 것으로 습지등급 [Ⅱ]로 평가된다. 따라서 현재의 우포늪은 '서식처-열악, 식생-보통'의 습지등급 [III]에 해당하고, 이것은 가장 자연성이 높은 등급 [V]와 가장 작은 등급 [I]의 중간임을 의미한다. 서식처 평가에서 '열악'으로 평가된 것은 현재 우포늪은 인간의 적극적인 토지이용과 지형변화 등 서식처 훼손과 파괴를 경험했기 때문이며, 70년대 후반 준설, 매립 시도 등의 가장자리 단순화와 적극적이고 주기적인 수문통제, 그리고 1930년대와 1970년대의 범람 방지를 위한 인공제방 건설 등에 의해 원래의 자연성이 크게 왜곡되어 온 것[28]에서 기인한다. 식생 평가에서 '보통'으로 평가된 것은 우포늪에 분포하는 식생유형이 습생의 입지에 발달하는 고유식물군락으로 이루어져 있음으로부터 높게 평가 된 것이다. 하지만 그러한 식생들의 기원은 우포늪의 서식처 훼손과 교란 이후 발달한 것으로서 식물군락의 보존등급은 그리 높은 식생형이 아니다. 예를 들면, 선버들-이삭사초군집과 이삭사초군집이 대표적이다.[29] 선버들-이삭사초군집을 포함한 선버들이 우점하는 연목림은 남한 하천의 고수부지나 제방에서 연중 범람에 의한 유수력(流水力)을 경험하는 장소에 선구적으로 발달한다. 따라서 우포늪에서의 그런 식생의 발달은 하천의 수리·수문 환경을 포함하고 있다는 것을 의미한다. 결국 우포늪은 그러한 수리수문 체계 때문에 습지이지만, 하천 수준의 교란 특성을 포함하고 있다는 것을 말해주고 있다. 그것은 우포늪 속에서의 물흐름에 의한 침식과 세굴로부터 식생대 간의 연속적인 수분구배를 파괴하게 되는데, 수직에 가까운 미지형적 급경사가 형성된 진연안대(eulittoral zone)가 길게 분포하고 있는 이유도 그런 연유에서다. 즉 우포늪 속에서 식생유형간의 연속적인 분포, 즉 대상분포(zonal distribution)를 관찰하는 것은 매우 드문 일이 되고 말았다. 또한 이삭사초군집은 과거 습지 추이대에 해당하는 연안대(littoral zone)에서 범람원(upland) 사이 평탄 지형에서 성행했던 경작이 중지된 이후 발달한 휴경작지 식생형이다(세가름 식생의 특이성 참조). 하지만 이삭사초군집은 우포늪의 현재 수리수문환경 속에서 발생하는 범람 기작(flooding mechanism)에 의하여 지속적으로 유지 발달하고 있는 "화본형(禾本型) 고경초본 (高莖草本) 다발(tussock; 사초기둥) 식물군락"으로 독특한 생태적 의미를 가지고 있는 식생형이란 사실을 특기할 필요가 있으며, 식생 천이를 장기 모니터링 해야 할 주요 식생자원이다.

결론적으로 우포늪은 서식처가 보다 우수한 상태로 개선될 필요가 있음을 의미한다. 특히 습지의 가장자리와 수리수문 체계를 개선한다면 등급 [IV] 이상의 우수한 습지로 개선될 수 있음을 보여준다. 서식처 면적에 대비한 습지가장자리의 다양성(ED)의 개선은 가장자리 길이와 형상의 굴곡을 개선하면 되는데, 여기에다가 탐방로 및 접근로 경계를 따라 울타리 고유식생(세가름 식생 편 참조) 발달을 유도하면 된다. 수리수문 체계의 개선은 과도한 물흐름 통제로부터 보다 자연스런 물흐름을 유도하는 수리수문 체계를 수립하면 될 것이다.

우포늪 습지평가 매트릭스

Wetland evaluation matrix of Upo wetland

습지 Wetlands	등급 [Class]	서식처 Habitat					식생 Vegetation				
		WO	HS	ED	BM	판정 Evaluation (score)	VN	NP	ZD	WD	판정 Evaluation (score)
소벌 Upo	[II]	N	A	L	M	열악 Inferior(4)	++	P	U	3	보통 Moderate(7)
나무벌 Mokpo	[II]	N	A	L	M	열악 Inferior(4)	++	P	U	3	보통 Moderate(7)
모래벌 Sajipo	[II]	N	A	L	M	열악 Inferior(4)	++	P	U	3	보통 Moderate(7)
쪽지벌 Jokjibeol	[II]	N	A	L	M	열악 Inferior(4)	++	P	U	3	보통 Moderate(7)
우포늪 Upo wetland	[III]	N	A	M	M	보통 Moderate(7)	++	P	U	3	보통 Moderate(7)

WO: 습지 생성 기원, Wetland origin, HS: 수리수문체계, Hydrologic system, ED: 가장자리 다양성, Edge diversity, BM: 제방 재료, Bank material, VN: 식생자연도, Vegatation naturalness, NP: 신귀화식물 다양성, Neophytocoenosen, ZD: 식생대상분포, Zonal distribution, WD: 연목림 다양성, Willow vegetation diversity. N: 자연, Natural, L: 낮음, Low, M: 보통(반자연), Moderate(seminature), P: 혼생, Present, U: 미발달, Unrecognizable, A: 적극적 Active, ++: 높음, High, 3: 세 종류 이상, Above 3 types.

우포늪의 서식처-식생 평가

Wetland evaluation matrix of Upo wetland

서식처 Habitat	식생 Vegetation	등급 Class	실행 전략 Strategies for action plan						습지 Wetlands
			보존 Preservation		복원 Restoration		이용 Utilization		
			서식처 Habitat	식생 Vegetation	서식처 Habitat	식생 Vegetation	서식처 Habitat	식생 Vegetation	
우수 Superior	우수 Superior	[Ⅴ]	++	++	−	−	−	−	
	보통 Moderate	[Ⅳ]	++	+	−	+	−	+	
	취약 Vulnerable	[Ⅲ]	++	−	−	++	−	++	
보통 Moderate	우수 Superior	[Ⅳ]	+	++	+	−	+	−	
	보통 Moderate	[Ⅲ]	+	+	+	+	+	+	우포늪 Upo wetland
	취약 Vulnerable	[Ⅱ]	+	−	+	++	+	++	
열악 Inferior	우수 Superior	[Ⅲ]	−	++	++	−	++	−	
	보통 Moderate	[Ⅱ]	−	+	++	+	++	+	소벌(Upo), 나무벌(Mokpo), 모래벌(Sajipo), 쪽지벌(Jokjibeol)
	취약 Vulnerable	[Ⅰ]	−	−	++	++	++	++	

※ 실행 우선순위 Priority : ++ 일차적 primary, + 이차적 secondary, − 선택적 selectively.

방치된 휴경작지에서 자연적으로 형성된 이삭사초군집과 사초기둥(tussock, 다발식물체). 우포늪에서 발견되는 독특한 식생형으로 장기생태연구를 진행하고 있는 김문순 연구원(2007. 4).
Caricetum dimorpholepidis and its tussocks. An unique vegetation type developed at the abandoned field is one of major theme for long-term monitoring researches(April 2007).

우포늪의 미래

습지에 관한 국제적 약속인 '람사르협약' 총회가 우포늪을 거점으로 하여 지난 2009년에 우리나라에서 개최된 바가 있다. 명실 공히 우포늪은 세계적으로 주목을 받는 습지가 되었다. 그 덕택에 생태학의 궁극적인 최고 단계에서 이루어지는 복원생태학적 연구사업이나 각종 생태계 관리사업이 시도된 바가 있고 지금도 계속되고 있다. 우포늪에서 21세기를 맞이하는 시점 언젠가에 황새복원 사업이 진행되다가 흐지부지 된 적이 있는데, 우리는 그것으로부터 무엇을 배웠는지 반성할 겨를도 없이, 람사르 총회를 계기로 멸종된 따오기의 복원사업이 또다시 시작되었다. 사실상 생태계에 대한 복원생태학적 접근은 여간 조심스러운 일이 아닐 수 없다. '생태계 복원'이란 것은 생태계의 계(系) 자에서도 알 수 있듯이 생물과 생물, 생물과 비생물, 비생물과 비생물 간의 "실타래처럼 엉킨 상호 관계의 복원"으로부터 성취되기 때문이다. 어떤 멸종된 종이 존재한다고 해서 생태계가 복원되었다고 볼 수 없는 이유이다. 그래서 인공적으로 만든 현지외(現地外, ex-situ) 보존 기관인 동물원이나 식물원에서 생물종의 보존과 복원을 시도해왔었지만, 야생의 지구 생태계 보존이나 생물종의 보존, 현지내(現地內, in-situ) 보존은 크게 미흡했고, 오히려 멸종 위협에 내몰리는 종수는 점점 더 늘어왔고, 늘어가고 있는 실정이다. 실제로 최소존속개체군[30] 크기 이하로 이미 생태적 멸종(ecologial extinct; 집단의 개체수가 매우 적어서 근친교배 등에 의하여 가까운 시일 내에 멸종의 가능성이 매우 높은 종)으로 치닫고 있는 종은 수없이 많다. 그만큼 야생의 생태계 속에서는 늘 보이던 그 생물종만 흔하게 보이는 생물적 구조가 되어 버렸다는 뜻이다. 이런 현상은 우리나라 생물상(식물상과 동물상) 연구 결과들에서 더욱 적나라하게 확인할 수 있다. 그러한 생태적 멸종의 이유에는 여러 가지가 있으나, 그 가운데 서식처 면적이 충분하게 크지 못한 데에서, 즉 서식처 파편화에 의하여 '멸종 소용돌이'(絶滅渦動, extinction vortex) 속에 휘말리게 됨으로써 일어난 결과인 것이다. 이런 측면에서 현재 우리나라 최대 규모를 가지고 있는 우포늪은 다행한 일이 아닐 수 없다. 그렇다고 안심할 수는 없다. 현재의 우포늪은 습지 서식처로서 그 잠재적 기능과 구조의 온전성을 성취하기 어려운 질적 양적 쇠퇴가 진행되고 있다는 증거가 여기저기에서 나타나고 있기 때문이다. 이미 앞에서 설명한 것처럼 우포늪 지역에 대한 공간구분(zoning)은 바로 그런 맥락에서 생태계관리 전략으로 성취되어야 할 우선 순위의 접근전략이 되는 것이다. 핵심지역, 완충지역, 전이지역의 구분과 각각의 지역에 대응하는 서식처로서의 구조와 기능의 온전성 성취가 우선 과제로 대두된다.

우포늪 습지생태계에서 가장 중요한 것은 무엇보다도 습지 생물종의 서식 공간으로의 건전성 즉 건강성일 것이다. 따라서 "습지생물 서식처로서의 온전성"을 보존하고, 그것이 훼손된 것을 복구하는 것이 무엇보다도 우선 순위에 있어야 한다. 서식처의 온전성은 하드웨어적인 서식처 구조에서 소프트웨어적인 생물적 바탕이 되는 식생(vegetation)의 온전성으로 성취될 수 있다. 그러므로 서식처의 복구와 그에 대응하는 식생의 회복이 우포늪에서 실천되어야 할 최초의 생태적 접근 과정이다. 다시 말해서 멸종된 종을 살려 놓더라도 살만한 '온전한 서식처'가 준비되어 있지 않다면, 그들은 가까운 시일 내에 사라지고 말 것이기 때문이다. 종복원은 분명히 서식처에 대한 심각한 배려를 우선으로 하고 난 후 또는 동시에 성취되어야 하는 생태학의 궁극적인 목표이다. 그래서 종복원은 서식처 생태학으로부터 시작하여 종 생태학으로 귀결되는 것이다.

지금까지 우포늪에 대하여 수많은 국책 사업과 연구사업들이 있어 왔고, 지금도 계속되고 있다. 이것은 그 만큼의 공공의 자금이 투입된다는 것이다. 마침내 우포늪 생태관(2008년 개관)이란 공적 기관도 생겼다. 그런데도 우포늪은 지금까지 조금씩, 조금씩 그 변화를 강요받아 왔고, 현재 우포늪의 그 원형은 사람들이 접근하기 어려운 쪽지벌 일부분에서만 잔영이 남아있을 뿐이다. 자연적 수리수문에 의해 배후습지의 원형이 보존되어 있는 물길과 물터는 극히 제한적으로 잔존하고 있다는 뜻이다. 훌륭한 구상, 탁월한 연구 결과, 막대한 자금, 모든 것이 다 갖추어져 있다고는 하지만, 여전히 우포늪은 본래의 모습으로부터 많이 변해왔고, 지금도 변해 가고 있는 것이 현실이다. 가장 최근의 사례로 국가장기생태연구 방형구를 훼손하면서까지 람사르 총회 직전에 급히 조성하였던 우포늪의 습지생태체험장이 대표적인 예이다. 그것 모두는 지식과 정보를 선구적으로 알고 있다는 관련 당사자들(정책결정자와 연구자)의 몫이다. 즉 사람이 문제라는 것이다. 이제는 우포늪 습지생태계 입장에서 생각하고, 연구하고, 비용을 지출해야 함을 반성해야 할 시점이다. 각종 개발사업, 시설물 설치, 각종 문화 행사 및 이벤트, 그리고 생태관광 등에 대한 단발성 투자를 전개하기에 앞서서 우포늪 생태계에 일생을 바쳐 연구하는 생태전문가의 확보와 그들의 연구 환경을 보장하고 안정된 생활이 가능하도록 지속적인 투자 계획이 확고하게 수립되어야 한다. 그것으로부터 건전한 우포생태계의 지속가능성은 보장되며, 그것으로부터 지속가능한 생태관광이 개발되고 우포생태계와 지역주민의 지속가능성도 성취될 수 있을 것이다.

우포늪 관련하여 실행했던 주요 국책연구사업 사례들

년도	주관기관(주관 연구기관)	사업명
1987	환경청	우포늪 주남저수지 생태계조사
1997	창녕군(경남발전연구원)	우포 · 목포늪 생태계 보전 방안
1998	국립자연사박물관 우포유치광역위원회	람사지역으로서의 우포습지의 생태학적 가치와 보전 방법
1999	경남개발연구원	경상남도 내륙습지생태 보전방안
2003	국무총리실(한국지질자원연구원)	서해 연안역 현생지질 및 육상습지 연구(II. 미래 지표환경 변화예측을 위한 육상습지 연구)
2004	낙동강수계관리위원회 (한국생태계관리연구소)	지속가능한 낙동강 생태계 이용과 보존을 위한 최적 교육 방안
2004	한국수자원공사 수자원연구원	수질 생태보전을 위한 습지 설계지침 개발
2006	환경부(서울대학교)	위해성 평가 · 관리요소 기술: 주요 내륙습지를 중심으로 동물생태계보호를 위한 분자마커의 개발 및 적용
2006	환경부 · 국립환경과학원	습지보호지역 정밀조사 : 낙동강 하구 · 우포늪 · 무제치늪
2006	낙동강유역환경청 (경남지역환경기술개발센터)	호소의 생물상(우포)
2007	경상남도(경남발전연구원)	우포늪 보전 및 복원을 위한 마스터플랜 수립
2007	경남발전연구원	람사르총회의 성공적인 개최를 위한 에코경남 환경정비방안 연구
2007	환경부(공주대학교 산학협력단)	국가장기생태연구사업 (낙동강 권역, 우포늪)
2007	건설교통부	우포늪의 생태치수기능 개선방안 연구
1997~2006	환경부(경남대학교)	전국 겨울철새 동시센서스

1) Ramsar Convention Secretariat. 2009. International cooperation: Guidelines for international cooperation under the Ramsar Convention on Wetlands. Ramsar handbooks for the wise use of wetlands, 3rd edition, vol. 17 (2007): Ramsar Convention Secretariat, Gland, Switzerland. http://www.ramsar.org/pdf/lib/lib_handbooks2006_e17.pdf (accessed 1 October, 2009).
2) Primack, R. B.. 2004. A Primer of Conservation Biology: 3rd edition. Messachusetts: Sinauer Associates.
3) Mitsch, W. J. and J. G. Gosselink 2000. Wetlands: 3rd edition. New York: John Wiley & Sons.
4) Schuyt, K. and L. Brander. 2004. The economic values of the world's wetlands: WWF living waters-Conserving the source of life. Switzerland: WWF. http://www.panda.org/downloads/freshwater/wetlandsbrochurefinal.pdf(accessed 20 February, 2011).
5) 한국환경정책・평가연구원. 2008. 우리나라 주요 습지의 경제적 가치평가연구. 인천: UNDP/GEF 국가습지보전사업 관리단.
6) Gleick, P. H. 1996. Water resources-In Encyclopedia of Climate and Weather. New York: Oxford University.
7) 환경부. 2007. 습지보전기본계획. 서울: 환경부.
8) 경남발전연구원. 2007. 우포늪 보전 및 복원을 위한 마스터플랜 수립. 경상남도.
9) 환경부・국립환경과학원. 2006. 습지보호지역 정밀조사: 낙동강 하구、우포늪、무제치늪. 인천: 국립환경과학원.
10) Ramsar. 2001. Wetland values and function-water purification: World Wetlands day, Activities reportied for 2001. Switzerland: Ramsar. http://www.ramsar.org/pdf/info/values_waterpurification_e.pdf (accessed 20 December, 2010).
11) ScienceDaily. 2008. Science News: Massive Greenhouse Gases May Be Released As Destruction, Drying Of World Wetlands Worsen. ScienceDaily. http://www.sciencedaily.com/releases/2008/07/080720150209.htm (accessed 20 February, 2011).
12) Grumbine, R. E. 1994. What is ecosystem management? Conservation Biology 8: 27-38.
13) Primack, R. B. 2004. 위의 책.
14) 박수현, 1995. 한국귀화식물원색도감. 서울: 일조각.
15) 大隈光善. 1986. 筑後川下流域における「チクゴスズメノヒエ(新称)」の生態と防除に関する研究. 雑草研究 33: 209-211.
16) USDA and NRCS. 2009. Global Invasive Speies Database.
17) Global Invasive Species Database. 2009. Myriophyllum aquaticum. National Biological Information Infrastructure (NBII) and IUCN/SSC Invasive Species Specialist Group (ISSG): The Global Invasive Species Programme (GISP) and the National Biological Information Infrastructure, Manaaki Whenua-Landcare Research and the University of Auckland. http://www.issg.org/database/species/ecology.asp?si=401&fr=1&sts (accessed 3 October, 2009).
18) 환경부・국립환경과학원. 2009. 2009습지보호지역 정밀조사: 담양하천습지・두웅습지. 서울: 환경부.
19) Carter, J. and P. L. Billy. 2002. A review of the literature on worldwide distribution, spread of, and efforts to eradicate the Coypu(Myocastor coypus). Wildlife Society Bulletin 30: 162-175.
20) 국립환경과학원. 2006. 생태계위해성이 높은 외래종 정밀조사 및 선진외국의 생태계교란종 지정현황 연구. 인천: 국립환경과학원.
21) Northeast Region National Wild life Refuge System Home. 2009. Nutria and Black Water Refuge: How have the nutria damaged the marsh? http://www.fws.gov/black water/nutriafact.html (accessed 13 September, 2009).
22) Gandhi, M. and M.K. Gandhi. 1994. An Autobiography: The Story of My Experiments with Truth. Ahmadabad: Navajivan Publishing House.
23) Cwikiel, W.. 1998. Living with Michigan's wetlands: a landowner's guide-(Third printing). Tip of the Watershed Coundil; Michigan. http://www.michigan.gov/deq/0,1607,7-135-3313_3687-10502--,00.html (accessed 18 September, 2009).
24) Semlitsch, R.D. and R.B. Jensen. 1998. Are Small, Isolated Wetlands Expendable?. Conservation Biology 12: 1129–1133.
25) 이정준. 2008. 우포늪에서 수환경요인과 식물플랑크톤군집의 동태 및 예측. 박사학위논문. 대구대학교.
26) Klapper, H. 1991. Control of Eutrophication in Inland Waters. New York: EllisHorwood, .
27) 김종원, 류승원, 이진국, 박정원, 이율경, 심재원, 강영훈, 김수경, 주기재, 김구연, 도윤호, 이찬우, 윤주덕. 2009. 하천생태학 그리고 낙동강. 대구: 계명대학교 출판부.
28) 경남발전연구원. 2007. 위의 보고서.
29) 안경환. 2010. 우포늪 식생의 유형분류와 공간분포 분석. 박사학위논문. 계명대학교 대학원.
30) Shaffer, M. L. 1981. Minimum population sizes for species conservation. BioScience 31: 131-134.

김종원, 안경환, 최병기 by Jong-Won Kim, Kyung-Hwan Ahn, Byoung-Ki Choi

둘

모둠 둘

식물군락

마른 땅의 식물사회 Plant communities in dry habitat

Summary

길위(路上), 길가(路傍) 식물사회 Trampled fields and path verges / 이차건생초지(二次乾生草地) 식물사회 Secondary weed(tombs, banks etc.) / 휴경작지(休耕作地) 식물사회 Arable lands and abandoned fields / 암벽(岩壁) 식물사회 Skeletal (cliff, wall, rock, scree etc.) / 숲가장자리(林緣) 식물사회 Pioneer and mantle scrubs, hedgerows / 산지삼림(山地森林) 식물사회 Woodlands and plantations

더운 여름 모래벌에 위치한 연꽃군락의 식생조사

▣ 식물사회 일러두기

식물종들은 서로 어우러져서 식물사회(植物社會)를 만들고 있는데, 그러한 식물사회를 학술적으로 분류하여 명명한 이름을 '무슨 무슨 식물군락'이라고 부른다. 따라서 분류된 식물군락의 이름은 고유적인 이름이기 때문에, 동일한 이름의 식물군락이라면 그 식물군락이 어떤 장소, 어떤 서식처에 위치하던지간에 식물사회학적으로 동일한 성격을 포함하는 식물사회가 되는 것이다.(토의: 우리나라 많은 학술보고서에서는 수많은 식물군락 명칭이 기재되어 있는 것을 볼 수 있다. 하지만 식물군락의 이름에 대하여 군락분류학적 본질에 대한 면밀한 검토가 이루어진 사례는 매우 드물다. 이것은 식물종 이름을 알고서 덤벼든 군락분류학(식생학, 식물사회학)에 대한 경박한 이해와 사사로움에서 비롯되는 현상으로 보인다. 마치 세포의 본질과 특성을 모르면서 세포를 복제하려 드는 행위와 같다. 좀팽이 설장고 같은 학술적 도덕 문란이 매우 심각한 것이 한국의 군락분류학이며, 그것을 바탕으로 지역 생태계의 관리를 논하고 있으니, 안타깝다. 생태, 생태학, 생태학자는 넘쳐나지만 한국 생태계는 날로 황폐해져 가고 있다.)

우포늪에서는 총 42개의 식물사회가 분류되었다. 이들 식물사회의 분류 검색키는 서식처와 주요 식물종의 생육형에 따라 구축되었으며, 일반인들이 쉽게 식물군락을 분류할 수 있게 식물군락에 대한 검색키를 이용한 현장 생태 학습은 다음의 순서로 성취할 수 있다:

- 현장에서 관찰자 자신이 서 있는 위치 지점을 이해하고, 다음 페이지의 서식처 모식도에서 그 지점을 판단한다.
- 서식처 유형에 대응하여 기재되어 있는 식물군락 종류를 검색키 속에서 파악한다.
- 서식처 유형에 대응하는 식물군락 종류들 가운데, 관찰 대상이 되는 식물군락의 우점종이나 주목할만한 종을 인식하고 분류해서 해당 식물군락을 판정한다.
- 분류한 식물군락의 종류에 대응하여 명기한 해당 페이지를 찾아보면 상세한 군락 설명을 찾아볼 수 있다.

▣ 서식처에 대응한 식물군락 분류키

A: 항상 물이 고여있는 수위가 유지되는 입지

연꽃군락
뻘흙의 키큰(1m이상)
넓은 잎을 가진 연꽃군락
사지포에서만 출현
156쪽

마름-생이가래군집
고인물위에 빽빽하게
밀집하여 출현하는 군락
우포늪 전역에 발달
150쪽

물옥잠-벗풀군집
과거경작이 이루어졌지만
현재에는 인위적 간섭이 없는
얕은 수심의 뻘흙입지
사지포에서만 출현
152쪽

대가래-나사말군락
물이 흐르는 지역에서 물속에
흐늘흐늘하게 흘러가는 모습
토평천에서만 출현
148쪽

노랑어리연꽃군집
물이 흐르는 지역 중에서
물이 머물러 가는 지역
토평천에서만 출현
154쪽

B: 파랑의 영향을 받는 얕은 물가 입지

등포풀-물별이끼군집
물이 줄어들면서 드러난 뻘흙으로
얕은 파랑의 영향을 받는 입지
사지포일대에 흔히 출현
158쪽

줄-매자기군집
얕은 물가의 느린 물흐름의
영향을 받는 입지로 키큰(1m이상)
벼과식물 우점군락
우포전역에 출현
164쪽

창포군락
뻘흙으로 이루어진 얕은 물가에서
매끈하고 길긴 창포에 의해 우점
내우포 일대에 흔히 출현
166쪽

애기부들군락
뻘흙으로 갇힌 웅덩이 입지에서
키큰 질기고 단단한 풀이 우점
사지포일대에 흔히 출현
168쪽

갈대군락
물이 정체되어 흘러가는
뻘흙이 모여진 얕은 물가
우포 전역에 출현
160쪽

도루박이군집
평상시 또는 물이 불어날때
흐르는 물의 영향을 받는 모래입지
토평천일대에서만 출현
170쪽

C: 물기가 있는 토양조건과 수위가 높아질때 잠기는 입지

이삭사초군집
과거 경작이 이루어진
완만한 경사입지(平地)
사초기둥 모양을 보임
내우포 일대에서만 출현
172쪽

갈풀-미나리군락
물이 불어날때
흐르는 물의 영향을 받는 입지
우포늪 일대의 하천에만 출현
176쪽

뚝사초군락
경작이 이루어지지 않은
완만한 경사(平地)의 진흙입지
내우포에 흔히 출현
174쪽

선버들-자운영군락
습지 가장자리의 물 가
또는 물이 흐르는 하천 주변
우포전역에 출현
180쪽

왕버들군락
습지 가장자리의 물가
물이 불어났을때 잠기는
키큰 버드나무군락
우포 전역에 출현
182쪽

쇠치기풀군락
경작이 이루어지지 않은
완만한 경사(平地)의 자갈입지
내우포에서만 드물게 출현
178쪽

이태리포푸라군락
습지주변에 인위적으로
식재된 포푸라조림군락.
우포 전역에 출현
186쪽

D: 차량 및 사람에 의해 밟혀지는 길 또는 길가입지

능수참새그령군락
도로를 내면서 경사지의
토양유실을 막기 위해
인위적으로 재식한 군락
쪽지벌 일대에서만 출현
198쪽

강아지풀군락
드물게 밟히는 농로주변
또는 넓은 포장도로 길가
우포 전역에 흔히 출현
194쪽

물억새군락
물이 불어날때 수일간
흐르는 물이 덮어버릴수 있는
곳으로 키큰 벼과 식물이 우점
우포 전역에 흔히 출현
162쪽

개지치군락
산지 하부 및 절벽 아래의
돌이 깨져서 쌓여진 입지
우포 전역에서 드물게 출현
200쪽

질경이-여우주머니군락
밟히는 영향을 자주 받는
진흙이 포함된 습한 흙길
우포 일대에서 드물게 출현
190쪽

괭이사초군락
물이 불어났을때 잠기는
습지 주변의 모래와 자갈이
섞인 토양의 작은 소로길
우포 일대에서 드물게 출현
192쪽

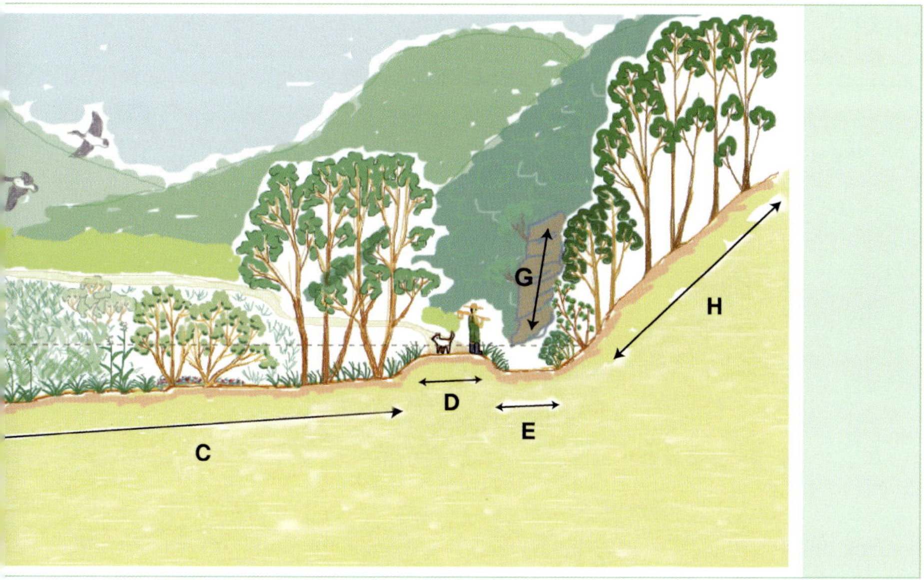

E: 수위가 높아졌을때 물이 고일수 있는 습한토양 입지

참오글잎버들-갈대군락
과거 경작이 이루어진 지형에서
길이 생기면서 갇혀진
습한 토양입지의 버드나무군락
내우포에서만 드물게 출현
184쪽

F: 인위적인 활동에 의해 만들어졌거나 유지되는 입지

상수리나무군락
인가 주변의 낮은 산지대
도토리를 줍기위해
의도적/비의도적 관리
우포 전역에 흔히 출현
232쪽

왕대군락
마을 내 또는 마을 뒷편에
인위적으로 식재한
대나무군락
우포 주변 마을에 흔히 출현
226쪽

찔레나무군락
주기적으로 벌채/벌초가
이루어지는 숲 가장자리
우포 주변에 흔히 출현
214쪽

등나무군락
도로를 만들면서 드러난
법사면을 녹화하기 위해
인위적으로 식재된 군락
쪽지벌 일대에서만 출현
216쪽

억새군락
수위가 높아져도 물에 잠기지
않는 산지 또는 밭경작지 주변의
풀베기가 반복되는 입지
우포 주변에 흔히 출현
196쪽

반들가시나무군락
퇴적암(세일)이 노출된 암반
혹은 쪼개진 암석이 쌓여진 입지
햇볕에 쉽게 뜨거워지는 입지
우포 주변에 흔히 출현
210쪽

G: 습지주변의 절벽입지

참느릅나무군집
습지 주변의 절벽 돌틈
혹은 토양이 집적된 입지
우포 전역에 드물게 출현
228쪽

묏대추-흰대극군락
습지 주변 절벽의 상반부
퇴적암 암반위에 얇은 토양층이
있는 매우 건조한 입지
우포 전역에 드물게 출현
212쪽

기린초-좀깨잎나무군락
습지 주변 절벽의 돌틈
토양층 발달이 적은 입지
우포 전역에 드물게 출현
204쪽

부처손-애기석위군락
물가 주변 절벽의 상반부
토양층의 발달이 적고
쉽게 건조해 질수 있는 입지
내우포 일대에 드물게 출현
208쪽

거미일엽초군락
습지 주변의 음지 절벽의
포켓형태로 들어간
어두운 돌틈 입지
우포 전역에 드물게 출현
202쪽

꼬리고사리군락
습지 주변의 양지 절벽의
토양층의 발달이 적은 돌틈 입지
우포 전역에 출현
206쪽

H: 습지주변 산지의 삼림식생

굴참나무-그늘사초군락
경사가 급한 산지대
코르크가 두꺼운 형태의 참나무
우포 전역에 흔히 출현
230쪽

은사시나무군락
황폐된 지형 혹은 골짜기주변과
같은 습한 토양의 산지대에
백색의 잎과 나무, 인위식재군락
우포 전역에 출현
218쪽

리기다소나무-소나무 군락
주변 산지대의 상염 소나무림
키작은 나무와 풀이 다양하지 않고
건조한 숲
우포 전역에 흔히 출현
222쪽

낙엽송군락
우포 주변 산지대 일대에서
곧은 나무형태를 가지며
낙엽이 지는 침엽수림
쪽지벌에서만 출현
224쪽

아까시나무-쇠무릅군락
우포 주변 산지대 일대에서
밝고 얼기설기한 숲을 만드는
아까시나무 우점군락
우포 전역에 흔히 출현
220쪽

▣ 서식처와 식물종 생육형에 따른 식물군락 검색키

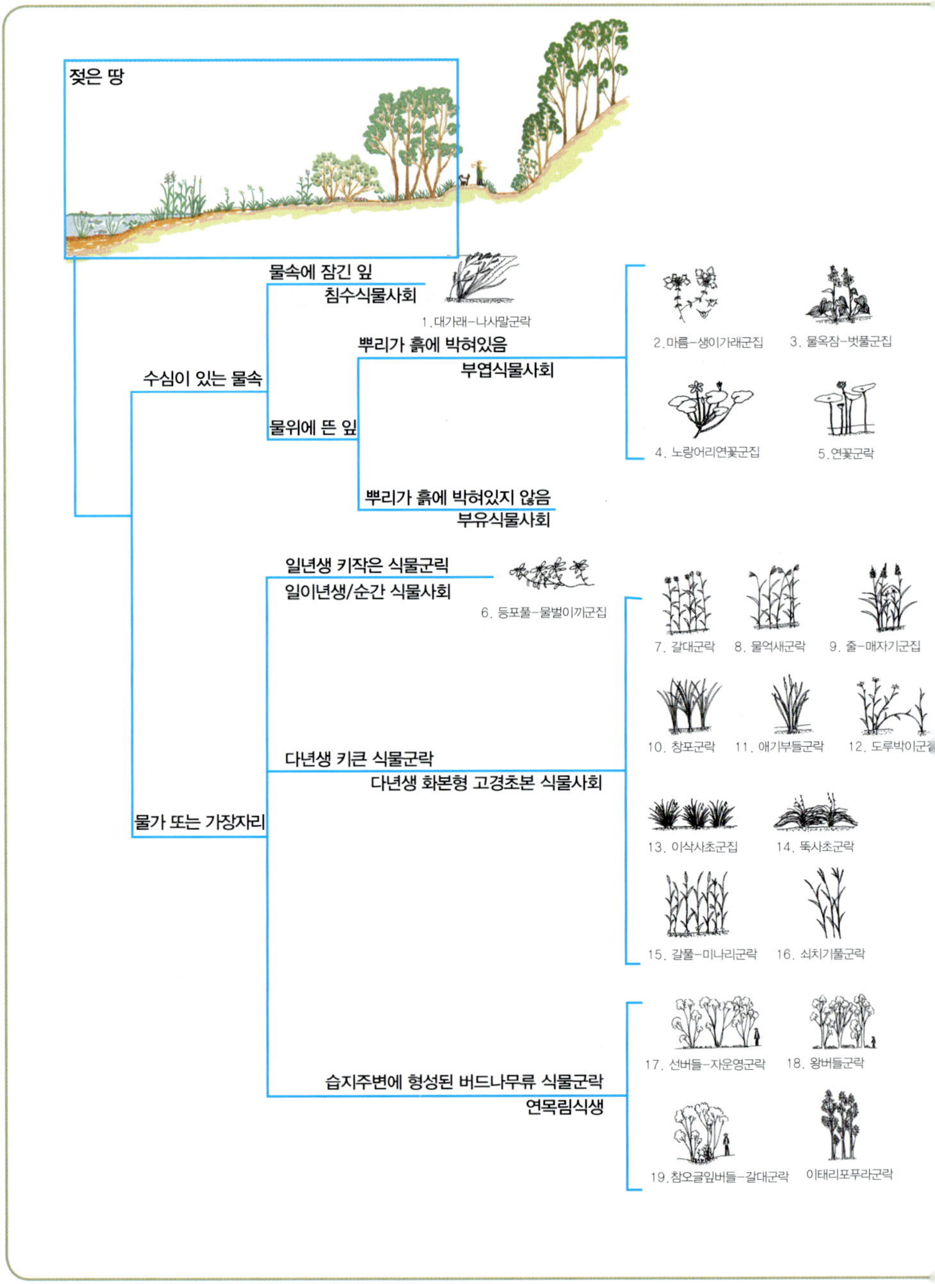

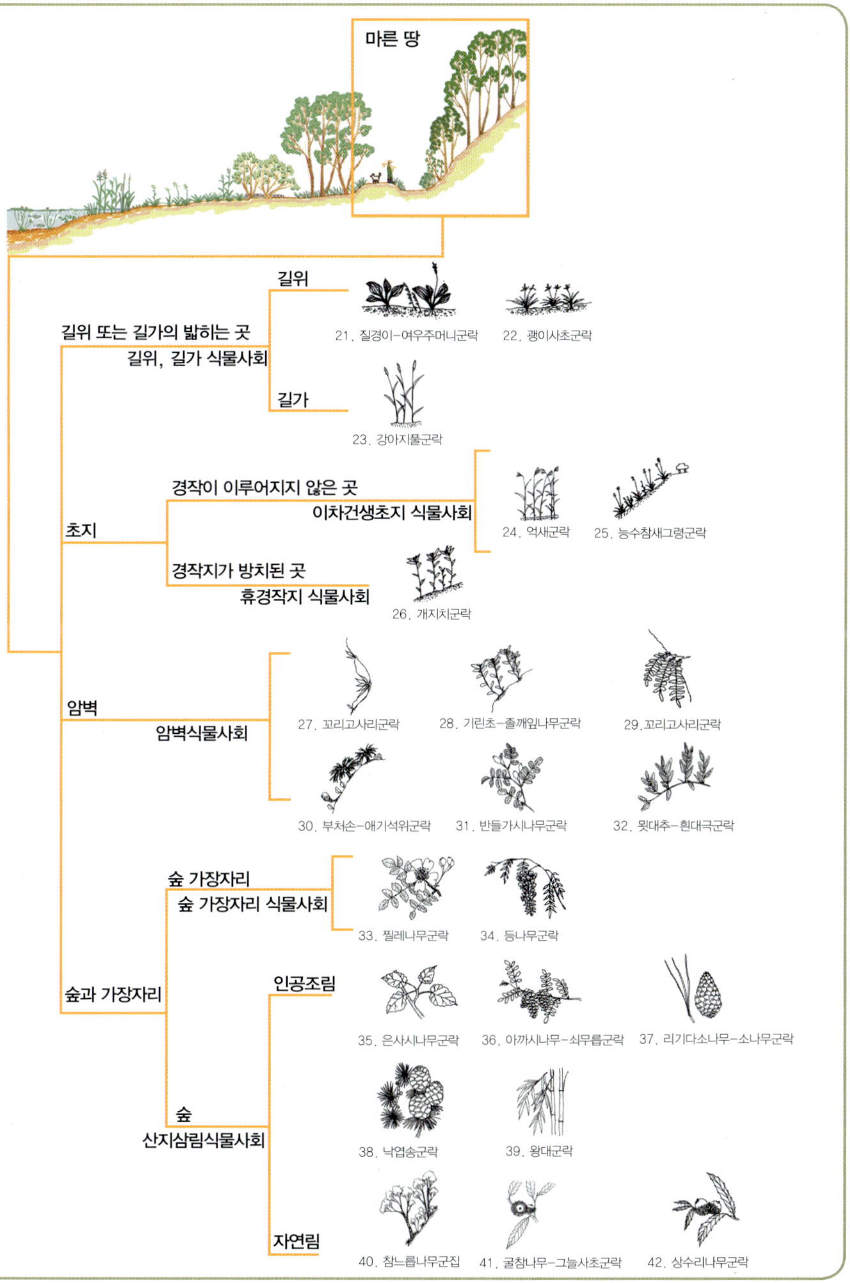

마른 땅
길위
길위 또는 길가의 밟히는 곳
길위, 길가 식물사회
21. 질경이-여우주머니군락
22. 괭이사초군락
길가
23. 강아지풀군락
경작이 이루어지지 않은 곳
이차건생초지 식물사회
초지
24. 억새군락
25. 능수참새그령군락
경작지가 방치된 곳
휴경작지 식물사회
26. 개지치군락
암벽
암벽식물사회
27. 꼬리고사리군락
28. 기린초-좀깨잎나무군락
29. 꼬리고사리군락
30. 부처손-애기석위군락
31. 반들가시나무군락
32. 묏대추-흰대극군락
숲 가장자리
숲 가장자리 식물사회
33. 찔레나무군락
34. 등나무군락
숲과 가장자리
인공조림
35. 은사시나무군락
36. 아까시나무-쇠무릎군락
37. 리기다소나무-소나무군락
숲
산지삼림식물사회
38. 낙엽송군락
39. 왕대군락
자연림
40. 참느릅나무군집
41. 굴참나무-그늘사초군락
42. 상수리나무군락

식물군락 설명은 크게 다섯 가지 범주로 구분하여 설명한다: (i) 군락명칭과 사진, (ii) 삶터와 군락 단면도, (iii) 식물사회의 구성멤버, (iv) 식물사회의 생태성, (v) 관찰장소와 환경조건.

(i) **군락명칭과 사진:** 식물군락의 학술적 정식 명칭(한글과 학명)과 일반적인 영어 명칭, 그리고 전형적이고 대표적인 군락 상관(相觀) 사진을 담고 있다.

(ii) **삶터와 군락 단면도:** 식물군락의 단면 구조를 보여주는 것으로 층위별 주요 식물종의 출현 양식을 나타내고 있다.

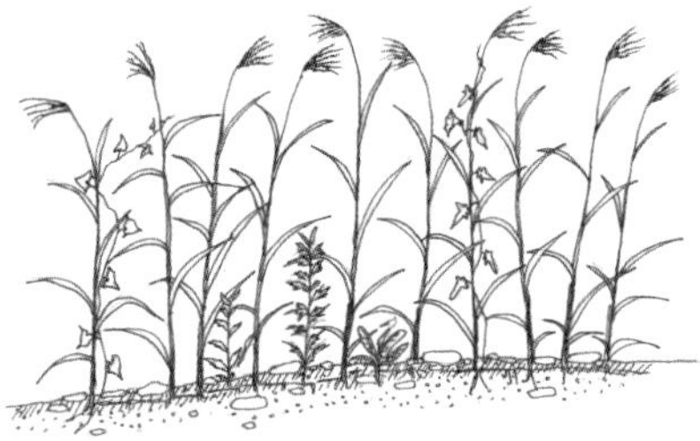

(iii) **식물사회의 구성멤버:** 식물군락의 종조성(種組成) 정보를 담고 있다. 식물사회학에서 가장 중요한 요소로, 출현 식물종이 가지고 있는 식물사회에 대한 상대기여도(rNCD) 값을 볼 수 있다. 상대기여도 값이 크면 클수록 해당 식물군락에 대한 식물 사회학적 기여가 크다는 것을 의미한다. 상대기여도가 매우 낮은 종은 생략하였다.(불충분 자료는 피도값으로 표시)

(iv) **식물사회의 생태성:** 군락생태(群落生態, synecology) 정보를 담고 있는데, 식물군락을 특징짓는 진단종과 식생 단위(계급), 서식처 환경조건, 그리고 감시등급 등을 설명하고 있다. 식물군락의 감시등급은 최고 [V]에서 최저 [I]까지의 식생등급이며, 우포늪 생태계 속에서의 생태적 구조와 기능에 기여하는 수준에 따라 평가된 등급이다.

(v) **관찰장소와 환경조건:** 우포늪 지역 내에서 관찰이 용이한 지점 정보와 군락이 발달하고 있는 환경조건(수분조건, 토양, 수위)에 대한 정보를 제공하고 있다. 환경조건에서 수분조건의 경우는 과습(過濕: 매우 습한 환경)에서 과건(過乾: 매우 건조한 환경)까지, 토양은 점토(투수성 불량의 세립질)에서 자갈(통수성 양호)까지, 수위는 저수위(低水位: 늪의 바닥 수준으로 평상 수심에서 수분 구배의 영향을 경험하는 입지)에서 고수위(高水位: 늪의 제방 수준으로 범람 시에 영향을 경험하는 입지)까지 각각 다섯 단계로 구분한 생태정보를 제공하고 있다.

식물군락 감시등급: 식생자연도 [0]~[10]과 식생등급 [I]~[V]의 판정-다항목매트릭스 (Multicriterion evaluation matrix; 김과 이 1997).

(1) 자연성					인공						야생					
(2) 희귀성					전국적		지방적		국지적		전국적		지방적		국지적	
					0		1		2		3		4		5	
(3) 식물종 조성	−	(4) 식생 복원성	단기	0	[0]	[I]	[1]	[I]	[2]	[I]	[3]	[II]	[4]	[II]	[5]	[III]
			중기	1	[1]	[I]	[2]	[I]	[3]	[II]	[4]	[II]	[5]	[III]	[6]	[IV]
			장기	2	[2]	[I]	[3]	[II]	[4]	[II]	[5]	[III]	[6]	[IV]	[7]	[IV]
	+		단기	3	[3]	[II]	[4]	[II]	[5]	[III]	[6]	[IV]	[7]	[IV]	[8]	[V]
			중기	4	[4]	[II]	[5]	[III]	[6]	[IV]	[7]	[IV]	[8]	[V]	[9]	[V]
			장기	5	[5]	[III]	[6]	[IV]	[7]	[IV]	[8]	[V]	[9]	[V]	[10]	[V]

[항목 해설]

(1) 식생기원의 자연성 : 식물군락의 형성 기원은 문화적(cultural), 인위적 (anthropogenic) 간섭이나 교란에 의한 것과 인위적인 영향이 배제된 자연환경 조건에 의한 야생(wilderness 또는 anthropobic)으로 구분된다. 인간 간섭에 의해 유지·발달되는 식생은 자연적 기원의 식생보다 자연성 및 보존 등급에서 낮은 순차적 계급이 부여된다. 습지생태계에서는 부영양화에 의해 발달하는 수생 식물군락이라면 인위적인 것에 해당한다 (우리나라 습지생태계는 낙엽분해로 인한 자연적 부영양화보다는 대부분이 인위적인 부영양화에 노출되어 있다.). 임연식생은 불특정 인간간섭에 의해 지속될 수 있는 인위적인 식생이다.

(2) 희귀성 : 식물군락의 지리적 분포 중심(geographical distribution center)을 고려함으로써 공간적 희귀성에 따라 세 가지로 구분된다. 광역적으로 널리 분포하여 비교적 흔히 관찰되는 식물군락으로써 두 개 이상의 특정 식생대(기후대)에 분포 중심지를 가지는 '전국적 분포', 하나의 특정 식생대에 분포 중심지를 가지거나 인접하는 두 개의 식생대에 걸쳐 분포하지만, 한쪽 식생대에 편향적 분포 경향을 나타내는 '지방적 분포', 한편 석회암지역 또는 고층습원 등에서 특징적으로 관찰되는 식생형처럼 특정한 생태적 서식처에 분포 중심지를 가지는 식물군락으로 그 분포 범위가 매우 제한적인 특산 식물군락과 특정 서식처에서 지소적으로 생육하는 식물군락의 분포양식이 국지적 분포이다.

(3) 식물종조성 : 식물종의 현지내 생육에 관한 평가로 특이종자원의 식물군락(조사구) 내에서 혼생 유무(−, +)를 나타낸다. 특이종자원은 환경부지정 보호종, 산림청 보호등재종과 감시대상 등급 [5] 이상으로 목록화되어 있는 감시대상식물종 등이다.

(4) 식생복원성 : 식물군락의 발달 (군락동태 및 복원성 resilience)에 있어서 소요되는 시간적 길이는 복원생태학적으로 중요 요소이다. 1~5 년의 단기, 6~25 년의 중기, 26 년 이상의 장기로 구분한다. 일반적으로 경작지잡초군락(segetal plant community)은 단기, 임연식물군락은 중기, 다층의 삼림군락 또는 고층습원군락은 장기로 각각 구분한다. 또한 분포의 북방한계 또는 남방한계를 나타내는 식분 또는 relevé는 훼손 이후의 식생 복원성을 고려하여 한 단계 상급단위(단기→중기, 중기→장기)로 판정한다.

식물사회의 명칭과 대표적인 상관

18. 왕버들군락

Salix chaenomeloides community
Summergreen broad-leaved King's willow forests on floodplain

나무벌(목포)의 습지 가장자리 범람원에 발달하고 있는 왕버들군락. (2007. 04. 20)
Relict forest of *Salix chaenomeloides* community on upland floodplain in Namu-Peol(Mokpo).

삶터 정보

• 삶터 Microhabitat

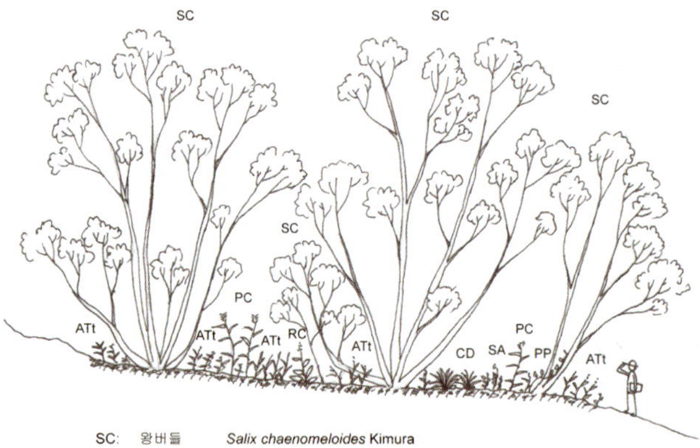

SC:	왕버들	*Salix chaenomeloides* Kimura
ATt:	개밀	*Agropyron tsukusinense* var. *transiens* (Hack.) Ohwi
PC:	갈대	*Phragmites communis* Trinius
RC:	소리쟁이	*Rumex crispus* L.
CD:	삿갓사초	*Carex dispalata* Boott
SA:	쇠별꽃	*Stellaria aquatica* (L.) Scop.
PP:	며느리배꼽	*Persicaria perfoliata* (L.) H. Gross

• 식물사회 구성멤버 Species composition

Occurrence species	출현종	상대기여도
Salix chaenomeloides Kimura	왕버들	**100.0**
Agropyron tsukusinense var. *transiens* (Hack.) Ohwi	개밀	**22.2**
Persicaria perfoliata (L.) H. Gross	며느리배꼽	**22.2**
Stellaria aquatica (L.) Scop.	쇠별꽃	**14.6**
Cnidium monnieri (L.) Cusson	별사상자	**6.9**
Persicaria maackiana (Regel) Nakai	나도미꾸리	**5.6**
Carex dispalata Boott	삿갓사초	**4.9**
Astragalus sinicus L.	자운영	**4.9**
Carex dimorpholepis Steud.	이삭사초	**4.2**
Phragmites communis Trinius	갈대	**4.2**
Sedum bulbiferum Makino	말똥비름	**2.8**
Rumex crispus L.	소리쟁이	**2.8**
Rosa multiflora Thunb.	찔레나무	**2.8**
Actinostemma lobatum (Maxim.)	뚜껑덩굴	**2.8**
Morus bombycis Koidz.	산뽕나무	**2.8**
Bromus japonicus Thunb.	참새귀리	**2.1**
Achyranthes japonica (Miquel) Nakai	쇠무릅	**2.1**
Calystegia hederacea Wallich	애기메꽃	**2.1**
Torilis japonica (Houttuyn) DC.	사상자	**2.1**
Hemistepta lyrata Bunge	지칭개	**1.4**
Galium spurium var. *echinospermon* (Wallr.) Hayek	갈퀴덩굴	**1.4**
Capsella bursa-pastoris (L.) Medicus	냉이	**1.4**
Viola patrini DC.	흰제비꽃	**1.4**
Humulus scandens (Lour.) Merr.	한삼덩굴	**0.7**
Carex bostrichostigma Maxim.	길뚝사초	**0.7**
Ixeris polycephala Cass.	벌씀바귀	**0.7**

식물사회 구성멤버

• 군락생태 Synecology

진단종	Diagnostic species:	왕버들(d), 삿갓사초(d) (d: 구분종 differential species, c: 표징종 character species)
상관	Physiognomy:	왕버들 우점의 하록활엽수 교목림
구조	Structure:	교목층, 관목층, 초본층의 3층, 교목층 최고 23m에 달하기도 함
조성	Composition:	교목층에 왕버들 단순 우점, 관목층에 산뽕나무, 찔레나무 등의 임연 선구식물 출현, 초본층에 농촌형 소매군락 진단종인 쇠별꽃, 며느리배꼽, 별사상자 등이 출현
입지	Habitat:	연 1~2회 관수(冠水)가 일어나는 입지, 나무벌(목포)의 물가장자리(水邊) 범람원에서 흔하게 잔존함. 주로 제방 사면의 중간 부분보다 위쪽에서 출현, 소벌(우포)과 나무벌(목포)에 단편적으로 관찰, 점토와 실트가 우세한 토양, 상하로의 수직적인 수위 변화가 우세한 입지.
동태	Dynamics:	우포늪에서 가장 안정된 입지에 출현하는 버드나무류 식물사회, 한반도 남부·저산지 식생대에서 저층습원의 잠재자연식생, 외부 토양의 유입정도 및 미지형 변화에 따라 입지의 육화(陸化: 뭍으로의 변화) 정도를 나타내는 종조성 차이가 발생, 저층습원의 호소성(湖沼性) 배후습지의 식생단위(이율경 1999; 이율경, 김종원, 2005; 안경환, 2009)
하위단위	Subunits:	전형하위군락(typical subunit), 삿갓사초하위군락(*Carex dispalta* subunit)
상급단위	Higher units:	군강 미결정, 선버들군목, 버드나무군단(이율경, 김종원, 2005), 일본의 사할린버드나무군강, 선버들-말똥비름군목, 선버들군단(Miyawaki *et al*. 1994)에 대응.
감시등급	Vegetation class:	[IV] (6) 중대감시대상 식물군락

식물사회 생태성

• 관찰 장소와 환경

관찰장소와 환경

부영양화 수질과 수심변동이 안정적인 서식처를 요구하는 가시연꽃(*Euryale ferox* Salisbury)

■ 젖은 땅의 식물사회

• 우포늪의 식생체계 Syntaxonomical hierarchy

<table>
<tr><th>군강
Class</th><th>군목
Order</th><th>군단
Alliance</th><th>군집
Association</th><th>군락
Community</th></tr>
<tr><td rowspan="7">갈대군강</td><td rowspan="5">갈대군목</td><td rowspan="5">갈대군단</td><td>도루박이군집</td><td></td></tr>
<tr><td>줄-매자기군집</td><td></td></tr>
<tr><td></td><td>갈대군락</td></tr>
<tr><td></td><td>창포군락</td></tr>
<tr><td></td><td>애기부들군락</td></tr>
<tr><td colspan="2" rowspan="2">미결정</td><td></td><td>물억새군락</td></tr>
<tr><td></td><td>뚝사초군락</td></tr>
<tr><td>벼군강</td><td colspan="2">미결정</td><td>물옥잠-벗풀군집</td><td></td></tr>
<tr><td rowspan="6">미결정</td><td rowspan="2">미결정</td><td>이삭물수세미군단</td><td>노랑어리연꽃군집</td><td></td></tr>
<tr><td>밭뚝외풀군단</td><td>등포풀-물별이끼군집</td><td></td></tr>
<tr><td>갈풀군목</td><td>갈풀-물억새군단</td><td></td><td>갈풀-미나리군락</td></tr>
<tr><td rowspan="3">선버들군목</td><td rowspan="2">선버들-갈풀군단</td><td rowspan="2"></td><td>선버들-자운영군락</td></tr>
<tr><td>참오글잎버들-갈대군락</td></tr>
<tr><td>버드나무군단</td><td></td><td>왕버들군락</td></tr>
<tr><td colspan="3" rowspan="6">상급단위 미결정</td><td>이삭사초군집</td><td></td></tr>
<tr><td>마름-생이가래군집</td><td></td></tr>
<tr><td></td><td>대가래-나사말군락</td></tr>
<tr><td></td><td>연꽃군락</td></tr>
<tr><td></td><td>쇠치기풀군락</td></tr>
<tr><td></td><td>이태리포푸라군락</td></tr>
</table>

1. 대가래-나사말군락

Vallisneria natans-Potamogeton malaianus community
Freshwater swimming perennial eel-grasses

토평천과 우포늪이 만나는 물길 속에 발달하고 있는 대가래-나사말군락(2008. 8. 13)
Vallisneria natans-Potamogeton malaianus community rarely occurring in the ditch just linked into the Upo wetland. This community has been persisted on the favor of cultural eutrophication.

• 삶터 Microhabitat

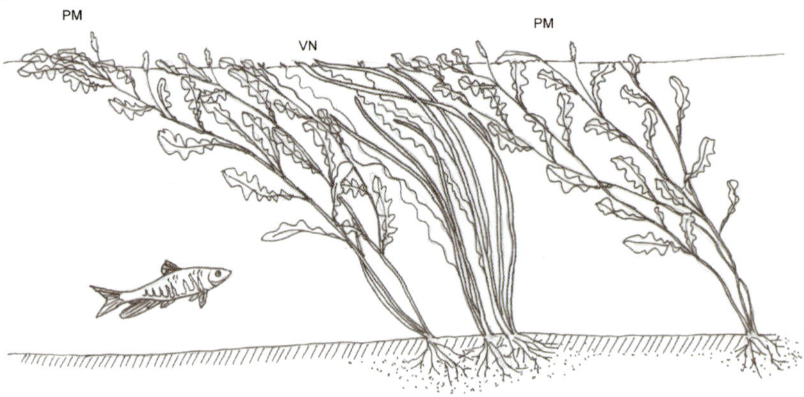

PM: 대가래 *Potamogeton malaianus* Miquel

VN: 나사말 *Vallisneria natans* (Lour.) Hara

• 식물사회 구성멤버 Species composition

Occurrence species	출현종	피도값
Potamogeton malaianus Miquel	대가래	9
Vallisneria natans (Lour.) Hara	나사말	3

• 군락생태 Synecology

진단종	Diagnostic species:	나사말(d), 대가래(d)
상관	Physiognomy:	대가래와 나사말에 의한 단순 우점하는 다년생 침수식물군락
구조	Structure:	침수식물종인 대가래와 나사말이 수면 가까이에서 단층 구조를 형성하며, 보다 유속이 느린 영역에서는 대가래의 피도가 증가함
조성	Composition:	대가래, 나사말
입지	Habitat:	우포늪에서는 빠른 유속을 가지고 있는 토평천 유입부에서 평균수심 0.6m, 자갈, 모래, 점토 등이 섞여서 나타나는 입지에서 드물게 발달하고 있음
동태	Dynamics:	물 흐름이 늘 형성되고 있는 유수역에서 발달하는 지속군락(持續群落)
하위단위	Subunits:	없음
상급단위	Upper units:	미결정. 참고: 북반구 온대의 부엽침수식물사회의 최상위 계급은 가래군강(Potamogetonetea Tx. et Prsg. 1942)이며, 가래군목(Potamogetonetalia W. Koch 1926), 가래군단(Potamogetonion W. Koch 1926 em. Oberd. 1957)을 포함하고 있다.
감시등급	Vegetation class:	[I] (2) (비감시대상 식물군락)

• 관찰 장소와 환경

수분조건 (moisture condition)	**과습**		중용		과건
토성 (soil texture)	**점토**	**■**	**모래**		자갈
수위 (water level)	**저수위**		중수위		고수위

부엽/부유식물사회

2. 마름–생이가래군집

Salvinio-Trapetum inumai Ahn 2009
Annual floating-leaved plant community

우포늪 개방 수역의 원수대에서 가장 흔하게 관찰되는 마름–생이가래군집(2008.7.16)
Salvinio-Trapetum inumai, an extensively spreaded floating community in the Upo wetland. A flagship community of the Upo wetland is its subassociation Salvinio-Trapetum euryaletosum dominated by *Euryale ferox*.

• 삶터 Microhabitat

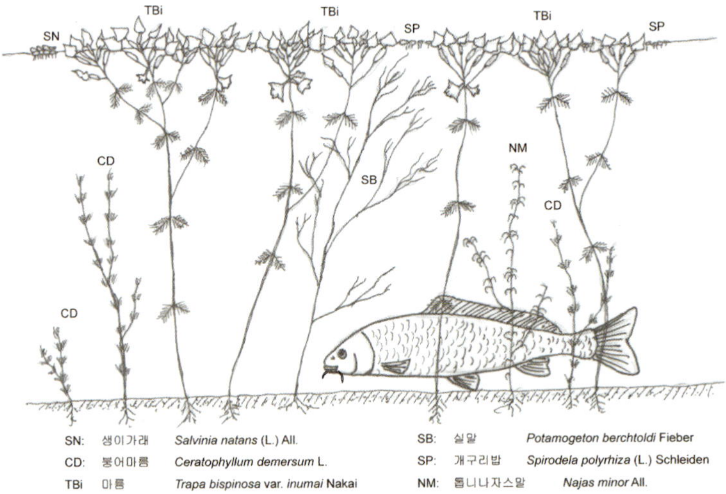

SN:	생이가래	*Salvinia natans* (L.) All.	SB:	실말	*Potamogeton berchtoldi* Fieber
CD:	붕어마름	*Ceratophyllum demersum* L.	SP:	개구리밥	*Spirodela polyrhiza* (L.) Schleiden
TBi	마름	*Trapa bispinosa* var. *inumai* Nakai	NM:	톱니나자스말	*Najas minor* All.

• 식물사회 구성멤버 Species composition

Occurrence species	출현종	상대기여도			
Trapa bispinosa var. *inumai* Nakai	마름	**100**	**37**	**14.8**	**40**
Spirodela polyrhiza (L.) Schleiden	개구리밥	**50**	**25.9**	**55.6**	**20**
Salvinia natans (L.) All.	생이가래	**26.9**	**14.8**	**11.1**	**60**
하위단위(Subunits)					
Euryale ferox Salisbury	가시연꽃	.	**100**	.	.
Hydrocharis dubia (Blume) Backer	자라풀	.	.	**100**	.
Trapella sinensis Oliver	수염마름	.	.	.	**100**
Trapa incisa Sieb. et Zucc.	애기마름	.	.	.	**73.3**
Potamogeton crispus L.	말즘	**5.1**	.	.	.
Ceratophyllum demersum L.	붕어마름	**12.8**	**48.1**	**7.4**	**73.3**
Najas minor All.	톱니나자스말	**7.7**	**17.3**	.	.
Potamogeton berchtoldi Fieber	실말	**2.6**	.	.	**15.6**

• 군락생태 Synecology

진단종	Diagnostic species:	마름(c), 생이가래(c), 붕어마름(d), 톱니나자스말(d)
상관	Physiognomy:	수면이 마름에 의하여 완전히 피복되는 일년생 부엽(浮葉) 식물군락
구조	Structure:	수면에 부엽식물, 수중에 침수(沈水)식물로 이루어지는 2층 구조
조성	Composition:	부엽식물층(浮葉植物層)에 마름, 개구리밥, 생이가래 등, 침수식물층(沈水植物層)에 붕어마름, 톱니나자스말, 실말 등 (참고: 하천에서 기재된 마름군집(이율경, 2004)은 검정말, 이삭물수세미가 주요 진단종임).
입지	Habitat:	문화적 부영양화 수질 환경, 정수역(停水域)이거나 물 흐름이 매우 느린 입지, 점토질 토양 환경, 물깊이가 충분히 발달하고 있는 저수지와 같은 호소형(湖沼型) 서식처.
동태	Dynamics:	군락의 발달과 유지에 경과된 시간 길이와 원수대의 수위(水位) 증감 정도에 따라 종조성 및 출현종의 피도와 빈도에 다변성(多辯性)이 있음, 이러한 측면에서 유수역 하천 속에서 부분적으로 발달하는 정수역에서 보고된 마름군집과 본 군집의 본질적인 종조성에 차이가 발생함. 우포늪의 경우는 유수역 하천에서보다 군락 지속 시간과 수위의 증감 정도가 매우 안정적임.
하위단위	Subunits:	전형아군집(typicum), 자라풀아군집(hydrocharitetosum dubiae), 가시연꽃아군집(euryaletosum feroci), 수염마름아군집(trapelletosum sinensae) 등 4 개 아군집 포함, 우포늪 습지 경관을 특징짓는 깃대식생(flagship community)은 가시연꽃이 우점하는 식물사회인데, 본 군집에 속하는 가시연꽃아군집(Salvinio-Trapetum euryaletosum)이 이에 해당함.
상급단위	Upper units:	미결정.
감시등급	Vegetation class	전형아군집 [I] (0) (비감시대상 식물군락), 자라풀아군집 [I] (1) (비감시대상 식물군락), 가시연꽃아군집 [II] (4) (일반감시대상 식물군락), 수염마름아군집 [III] (5) (주요감시대상 식물군락)

• 관찰 장소와 환경

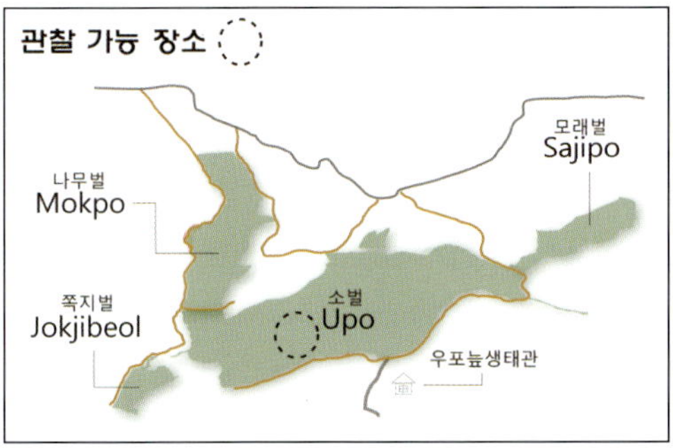

수분조건 (moisture condition)	**과습**		중용		과건
토성 (soil texture)	**점토**	▒	모래		자갈
수위 (water level)	**저수위**		중수위		고수위

3. 물옥잠-벗풀군집

Sagittario-Monochorietum korsakowii Asso. nov. hoc loco
Paddy weed vegetation

한때 벼 경작지였던 곳에서 발달한 물옥잠-벗풀군집(2008.9.23)
Sagittario-Monochorietum korsakowii occurring in old paddy field.

• 삶터 Microhabitat

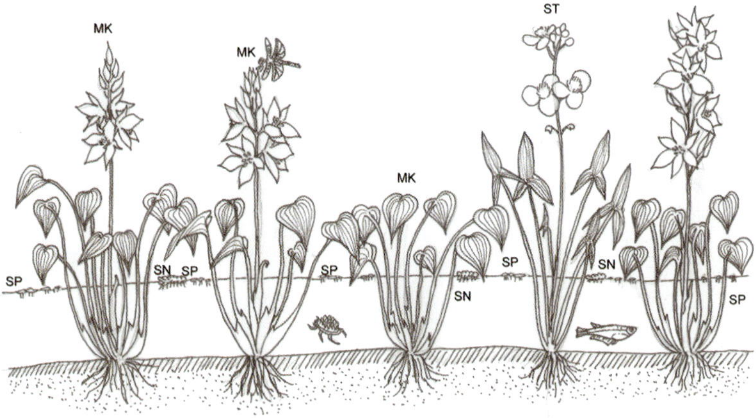

SP: 개구리밥 *Spirodela polyrhiza* (L.) Schleiden
MK: 물옥잠 *Monochoria korsakowii* Regel et Maack
SN: 생이가래 *Salvinia natans* (L.) All.
ST: 벗풀 *Sagittaria trifolia* L.

• 식물사회 구성멤버 Species composition

Occurrence species	출현종	상대기여도
Monochoria korsakowii Regel et Maack	물옥잠	**100.0**
Sagittaria trifolia L.	벗풀	**13.3**
Spirodela polyrhiza (L.) Schleiden	개구리밥	**30.0**
Salvinia natans (L.) All.	생이가래	**1.7**
Ceratophyllum demersum L.	붕어마름	**45.0**

• 군락생태 Synecology

진단종	Diagnostic species:	물옥잠(c), 벗풀(c)
상관	Physiognomy:	물옥잠이 우점하는 1년생 습생(논) 휴경작지 잡초군락.
구조	Structure:	초본 1층, 부엽식물층, 침수식물층의 3 층 구조.
조성	Composition:	초본 1층에 물옥잠이 우점하며, 벗풀이 섞여 나고, 부엽식물층에 개구리밥, 좀개구리밥, 생이가래, 자라풀 등과 침수식물층에 붕어마름 등이 낮은 피도로 출현한다. 특히 본 군집의 전형아군집은 수심 약 0.3m 깊이에서 3층의 구조를 가지고 발달하지만, 질경이택사아군집은 촉촉한 지면이 드러나는 서식처 환경에서 발달하고, 물별이끼와 밭뚝외풀과 같은 순간 왜생초본식물군락의 항수반종(恒隨伴種, constantly companion species)이 함께 생육하기도 한다.
입지	Habitat:	우포늪의 4개 습지 가운데 경작지와 인접하여 농업용수 확보를 위해 지속적인 수위조절에 의해 안정된 수심이 유지되는 사지포 제방 인근에서 발달하고 있다. 지속적인 수질 부영양화와 배수가 불량한 점토 환경은 군락 유지에 요구되는 결정적인 서식처 조건이다.
동태	Dynamics:	수위가 급격히 변화할 경우 고경초본식물(연꽃, 갈대, 줄 등)에 의한 식생으로 천이
하위단위	Subunits:	전형아군집(typicum), 질경이택사아군집(alismetosum orientalae)
상급단위	Upper units:	벼군강(Oryzetea stivae Miyawaki 1960), 군목 및 군단 미결정.
감시등급	Vegetation class:	[III] (5) 주요감시대상 식물군락 (자연기원-국지적-일반식물-단기복원성)

• 관찰 장소와 환경

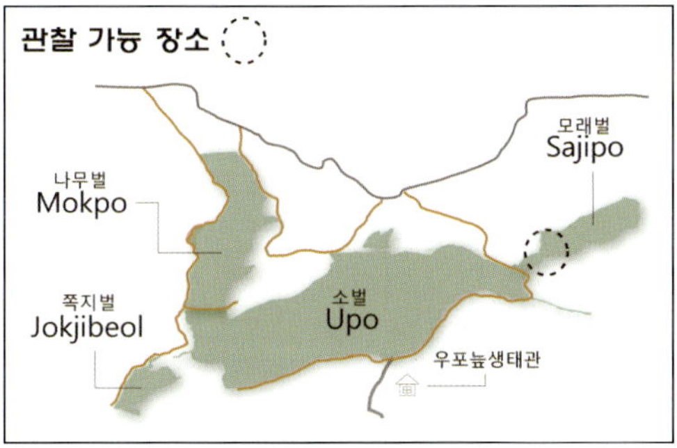

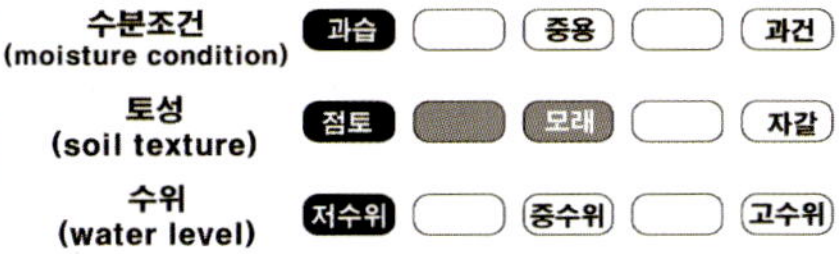

4. 노랑어리연꽃군집

Nymphoidetum peltatae Lee
Perennial floating community by yellow floating heart

토평천 일대에서 유속이 느려진 입지에 군락을 형성한 노랑어리연꽃군집(2007.7.24)
Floating mat of Nymphoidetum peltatae.

• 삶터 Microhabitat

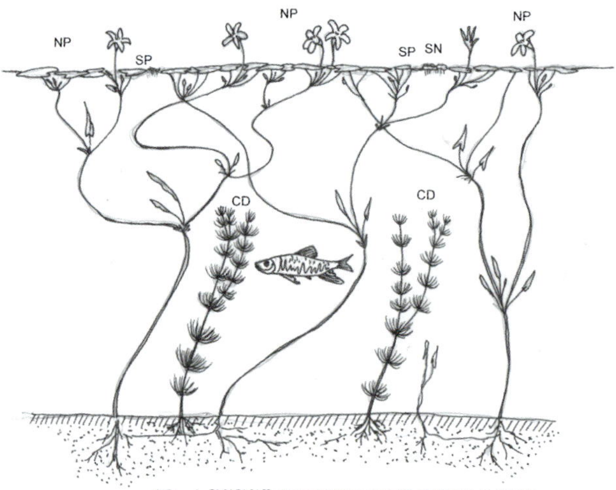

NP: 노랑어리연꽃 *Nymphoides peltata* (S. G. Gmel.) O. Kuntze
SP: 개구리밥 *Spirodela polyrhiza* (L.) Schleiden
SN: 생이가래 *Salvinia natans* (L.) All.
CD: 붕어마름 *Ceratophyllum demersum* L.

• 식물사회 구성멤버 Species composition

Occurrence species	출현종	피도값
Nymphoides peltata (S. G. Gmel.) O. Kuntze	노랑어리연꽃	9
Ceratophyllum demersum L.	붕어마름	2
Spirodela polyrhiza (L.) Schleiden	개구리밥	1
Salvinia natans (L.) All.	생이가래	1

• 군락생태 Synecology

진단종	Diagnostic species:	노랑어리연꽃(c)
상관	Physiognomy:	수면(水面)에서 노랑어리연꽃에 의하여 우점하는 다년생 부엽(浮葉)식물군락.
구조	Structure:	수면의 부엽식물층과 물속 침수식물층의 2층 구조.
조성	Composition:	부엽식물층에 노랑어리연꽃, 개구리밥, 생이가래, 침수식물층에 붕어마름이 출현.
입지	Habitat:	물흐름(流水)의 영향을 직간접적으로 받고 있는 곳에서 모래와 자갈이 섞인 점토질 토양, 유수역(流水域)의 가장자리를 따라 관찰되며, 평균 수심 1.2m, 부영양 수질.
동태	Dynamics:	겨울철 많은 양의 근경(根莖) 조각들이 물 위를 떠다니다가 물 가장자리나 수심이 얕은 곳으로 밀려나와 정착하고 이듬해 봄에 싹을 틔움으로써 분산 분포함. 하천의 수리수문 영향과 문화적 또는 자연적 부영양화에서 단순 우점군락으로 지속함.
하위단위	Subunits:	미기재
상급단위	Upper units:	군강, 군목 미결정, 이삭물수세미군단. 북반구 온대의 부엽침수식물사회의 최상위 계급은 가래군강(Potamogetonetea Tx. et Prsg. 1942)이며, 가래군목(Potamogetonetalia W. Koch 1926), 가래군단(Potamogetonion W. Koch 1926 em. Oberd. 1957)을 포함하고 있다. 일본에서는 가래군강에 귀속되는 마름-어리연꽃군집(Nympoido indicae-Trapetum japonicae Miyawaki et al. 1977)의 표징종으로 노랑어리연꽃을 제시하고 있으며, 우포늪의 노랑어리연꽃군집은 이에 대응한 식생단위로 고려된다.
감시등급	Vegetation class	[II] (4) 일반감시대상 식물군락(자연기원-지역분포-주요자원식물-단기복원)

• 관찰 장소와 환경

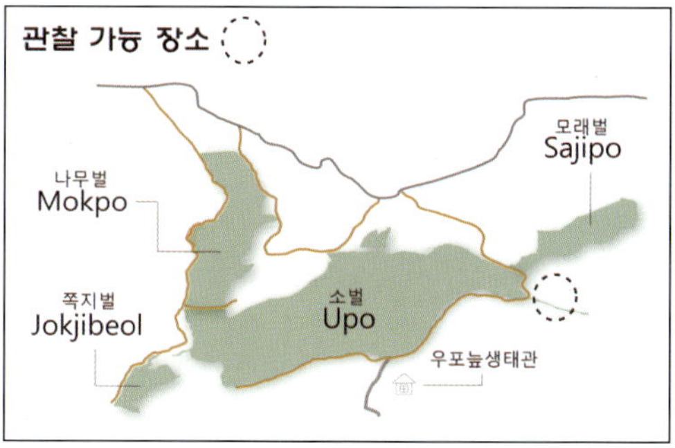

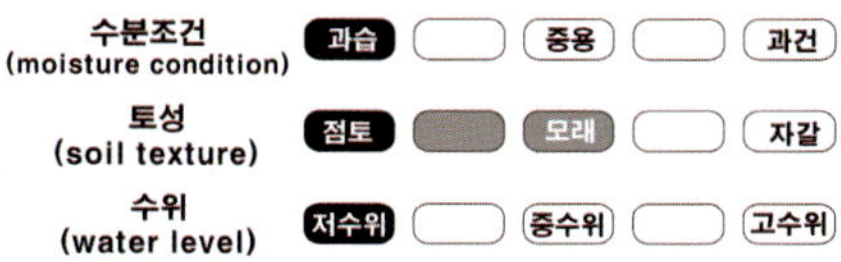

부엽/부유식물사회

5. 연꽃군락

Nelumbo nucifera community
Lotus plantation in the Morae-Beol(Saji-po)

모래벌(사지포)에 관광용으로 조성되어 있는 연꽃군락(2008.6.28). 습지 보호구역 내에서의 이와 같은 다년생 외래식물 종의 도입은 습지생태계의 질적 쇠퇴를 야기하는 결정적인 원인이 되고 있다.
Nelumbo nucifera community, artificially made for tourist attraction in the Morae-Beol swamp(Saji-po). This community results in a lot of adverse effects on the ecosystem integrity, particularly in the protected area.

• 삶터 Microhabitat

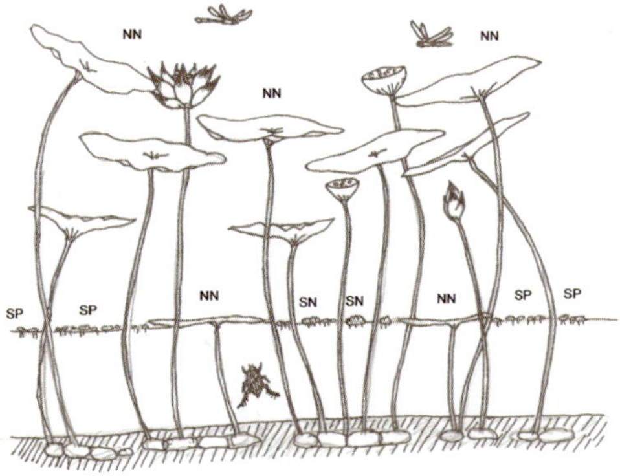

NN:	연꽃	*Nelumbo nucifera* Gaertner
SP:	개구리밥	*Spirodela polyrhiza* (L.) Schle
SN:	생이가래	*Salvinia natans* (L.) All.

• 식물사회 구성멤버 Species composition

Occurrence species	출현종	피도값
Nelumbo nucifera Gaertner	연꽃	**9**
Spirodela polyrhiza (L.) Schleiden	개구리밥	**7**
Salvinia natans (L.) All.	생이가래	**2**

• 군락생태 Synecology

진단종	Diagnostic species:	연꽃(d)
상관	Physiognomy:	수면이 연꽃에 의하여 완전히 피복되는 다년생 부엽(浮葉) 식물군락(인공 조성).
구조	Structure:	연꽃에 의한 초본 1층과 부엽식물층의 2층 구조.
조성	Composition:	초본 1층에 연꽃이 부엽식물층(浮葉植物層)에 개구리밥이 우점한다. 침수식물층에는 부족한 빛환경으로 말미암아 발달하지 않고 있다.
입지	Habitat:	모래벌(사지포)에서 인공적으로 조성되어 있다. 문화적 부영양화 수질 환경에서 정수역(停水域)이거나 물 흐름이 매우 느린 입지에 발달한다. 점토질 토양을 가지고 있는 바닥과 물깊이가 충분히 발달하고 있는 저수지와 같은 호소형(湖沼型) 서식처이다.
동태	Dynamics:	본 군락은 인공적으로 조성된 식물사회이면서 지속적으로 관리되고 있다. 연꽃 줄기는 물위로 솟아나 1m 이상 자라며, 그 끝 부분(頂端)에 지름 약 40cm의 둥근 방패형 잎이 밀생함으로써 수중 서식처의 빛 환경을 완전히 차단하게 됨으로써 종다양성은 매우 낮다. 특히 우포늪처럼 보호 구역 내에서의 외래 원예종의 대량 도입은 수계 생태계에 지대한 영향을 미치기 때문에 특별한 생태적 관리가 요구되는 식분이다(모둠 하나의 네 가름 참조).
하위단위	Subunits:	미기재
상급단위	Upper units:	해당사항 없음
감시등급	Vegetation class:	[I] (0) 비감시대상 식물군락 (인공 식생)

• 관찰 장소와 환경

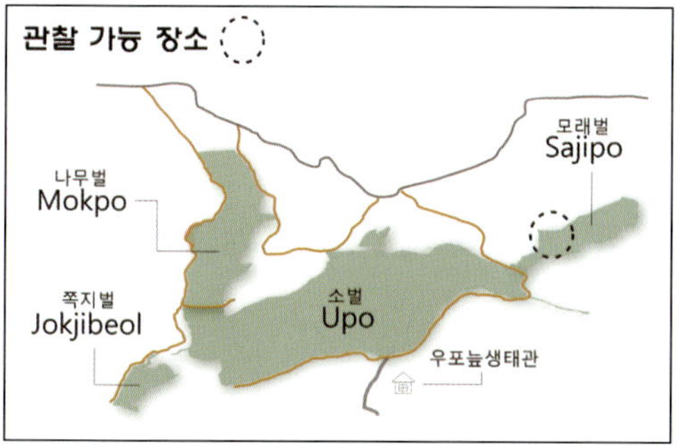

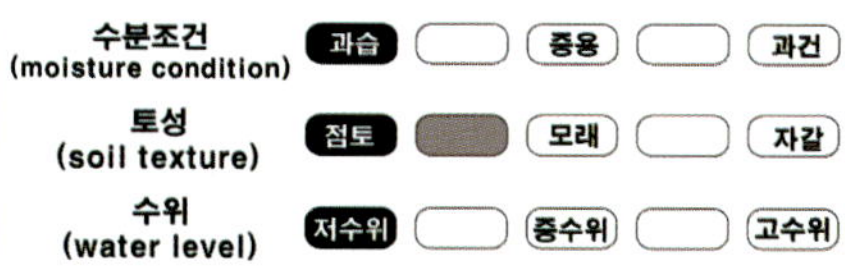

일이년생/순간식물사회

6. 등포풀-물별이끼군집

Callitricho-Limoselletum aquaticae Lee 2009
Ephemeral annual community on the emergent zone

우포늪의 물빠짐에 의해 일시적으로 만들어지는 입지에 형성되는 등포풀-물별이끼군집(2008.3.12)
Callitricho-Limoselletum aquaticae occuring rarely in the Upo wetland. The habitat is temporary and seasonally influenced by fluctuation of water level.

• 삶터 Microhabitat

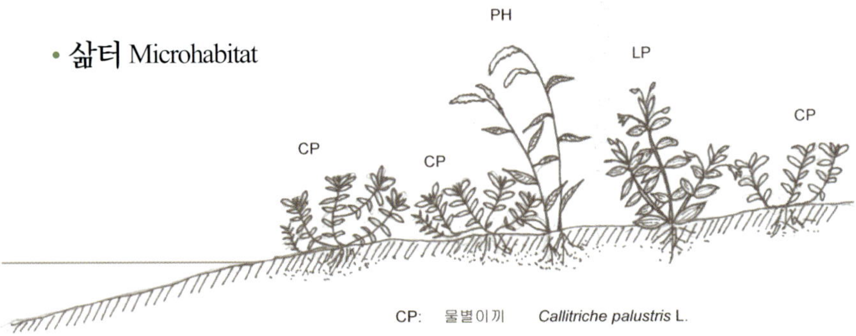

CP:	물별이끼	*Callitriche palustris* L.
PH:	여뀌	*Persicaria hydropiper* (L.) Spach
LP:	밭뚝외풀	*Lindernia procumbens* (Krock.) Borbas

• 식물사회 구성멤버 Species composition

Occurrence species	출현종	피도값
Callitriche Palustris L.	물별이끼	9
Scirpus fluviatilis (Torr.) A. Gray	매자기	3
Persicaria maackiana (Regel) Nakai	나도미꾸리	1
Persicaria hydropiper (L.) Spach	여뀌	1
Echinochloa crus-galli (L.) Beauv. var. *echinata* Honda	물피	1
Lindernia procumbens (Krock.) Borbas	밭뚝외풀	1

• 군락생태 Synecology

진단종	Diagnostic species:	물별이끼(c)
상관	Physiognom:	물별이끼가 우점되는 순간(ephemeral) 1년생 왜생(矮生) 초본 식물군락.
구조	Structure:	단층 구조로 높이(식생(植生高) 0.3cm 이하로 왜생.
조성	Composition:	초본층에 물별이끼 우점, 그 이외 수반종(隨伴種, companion species) 모두는 대부분 발아한 싹의 수준으로 생육하고 있으며, 낮은 피도로 출현한다. 우포늪에서는 본 군집의 표징종인 등포풀, 큰고추풀, 논뚝외풀 등의 현삼과(Scrophularicaea) 식물종이 출현하고 있지 않는 것은 전형적인 서식처 환경조건이 교란되어 있기 때문이다.
입지	Habitat:	정수역(停水域) 연안대(沿岸帶)의 물터 가장자리이며 개방수면(원수대)에 직접 이어진다. 미지형은 미약한 기울기를 가지고 있으면서 평탄하다. 물 가장자리에서 부드러운 물결(파랑) 영향을 받는 곳(emergent zone)으로 점토질 토양과 부영양화 수질 환경을 가지고 있다. 우포늪 지역에서 본 군집은 원수대 가장자리가 침식과 세굴에 의하여 수직에 가까운 미지형을 가지고 있기 때문에 나타나지 않고 있다. 주로 수로를 따라 순간적으로 형성된 서식처에서 관찰되고 있는 군락의 크기(약 0.06㎡)는 매우 작다. 답압(踏壓)에 매우 취약한 서식처이다(이승은, 2009).
동태	Dynamics:	수량 증가로 원수대 가장자리가 확장된 물터에서 수위가 갑자기 감소하면 그 가장자리는 지면으로 노출되는 나지가 형성되는데, 여기에 순간적으로 발달하는 지속군락이다. 5월 초순경부터 6월 초순경 사이에 발달하는 순간식생형으로 본격적인 범람이 일어나기 전에 군락의 최성기(最盛期)를 가진다(Birks, 2000; 이승은, 2009). 물터 가장자리에서 수리수문의 변화에 군락의 크기 및 출현빈도가 크게 변동하게 되는 민감한 식물사회로서 드물게 관찰된다. 인접식생으로 더욱 안정된 서식처 환경을 가지고 있는 서식처에서는 다년생 고경초본식물(애기부들, 매자기, 줄 등)이 발달하고 있다.
하위단위	Subunits:	미기재
상급단위	Upper units:	밭뚝외풀군단(Lindernion procumbentis Miyawaki et Okuda 1972; 순간 1년생 왜생초본 식물군락), 군강과 군목 미결정.
감시등급	Vegetation class:	[III] (5) 주요감시대상 식물군락 (자연기원-국지적-일반식물-단기복원성)

• 관찰 장소와 환경

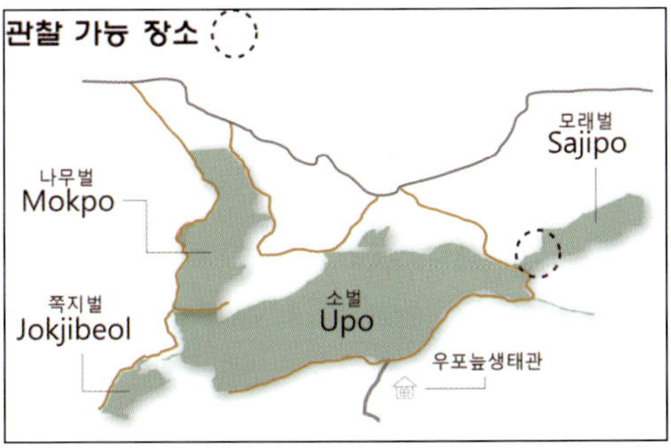

수분조건 (moisture condition)	과습	■	중용	□	과건
토성 (soil texture)	점토	■	모래	□	자갈
수위 (water level)	저수위	■	중수위	□	고수위

7. 갈대군락 *Phragmites communis* community Perennial tall-grass reed community in the epilittoral zone

우포늪의 연안대 서식처에서 흔하게 관찰되는 갈대군락 2011.6.24)
Phragmites communis community occurring in the epilittoral zone of Upo wetland. This community is characterized by rich diversity of Persicaria species.

• 삶터 Microhabitat

PC:	갈대	*Phragmites communis* Trinius
PP:	며느리배꼽	*Persicaria perfoliata* (L.) H. Gro
CD:	이삭사초	*Carex dimorpholepis* Steud.
CH:	애기메꽃	*Calystegia hederacea* Wallich
BJ:	참새귀리	*Bromus japonicus* Thunb.
SA:	쇠별꽃	*Stellaria aquatica* (L.) Scop.

• 식물사회 구성멤버 Species composition

Occurrence species	출현종	상대기여도
Phragmites communis Trinius	갈대	**100.0**
Persicaria perfoliata (L.) H. Gross	며느리배꼽	**15.8**
Calystegia hederacea Wallich	애기메꽃	**7.0**
Carex dimorpholepis Steud.	이삭사초	**6.8**
Stellaria aquatica (L.) Scop.	쇠별꽃	**5.1**
Persicaria maackiana (Regel) Nakai	나도미꾸리	**3.0**
Bromus japonicus Thunb.	참새귀리	**3.0**

Galium spurium L. var. *echinospermon* (Wallr.) Hayek	갈퀴덩굴	**2.5**
Miscanthus sacchariflorus (Maxim.) Bentham	물억새	**1.4**
Actinostemma lobatum (Maxim.)	뚜껑덩굴	**1.3**
Humulus scandens (Lour.) Merr.	한삼덩굴	**0.8**
Carex thunbergii Steud. var. *appendiculata* (Trautv.) Ohwi	뚝사초	**0.8**
Eleocharis equisetiformis (Meinsh.) B. Fedtschenko	까락골	**0.6**
Agropyron tsukusinense (Honda) Ohwi var. *transiens* (Hack.) Ohwi	개밀	**0.6**
Cnidium monnieri (L.) Cusson	벌사상자	**0.6**
Geranium carolinianum L.	미국쥐손이	**0.6**
Vicia amoena Fischer	갈퀴나물	**0.4**
Persicaria longiseta (De Bruyn) kitagawa	개여뀌	**0.4**
Astragalus sinicus L.	자운영	**0.3**
Hemistepta lyrata Bunge	지칭개	**0.3**
Artemisia selengensis Turcz.	물쑥	**0.1**
Persicaria hydropiper (L.) Spach	여뀌	**0.1**
Erigeron canadensis L.	망초	**0.1**
Persicaria nodosa (Persoon) Opiz	명아자여뀌	**0.1**
Achyranthes japonica (Miquel) Nakai	쇠무릎	**0.1**
Celastrus orbiculatus Thunb.	노박덩굴	**0.1**

• 군락생태 Synecology

진단종	Diagnostic species:	갈대(d)
상관	Physiognomy:	갈대가 우점하는 다년생 고경초본(高莖草本) 식물군락.
구조	Structure:	초본 1층과 초본 2층으로 이루어지는 2층 구조.
조성	Composition:	초본 1층은 갈대에 의하여 단순 우점되며, 초본 2층은 이삭사초, 쇠별꽃, 뚝사초, 까락골 등의 다양한 식물종이 출현하지만, 그 빈도와 피도는 낮음. 며느리배꼽의 상대기여도(r-NCD)가 가장 높으면서 여뀌속(*Persicaria* spp.)의 종다양성이 높은 것이 특징이다.
입지	Habitat:	우포늪의 연안대(沿岸帶: epilttoral zone ~ littoral zone) 서식처, 통기성이 불량하고 다량의 유기물을 포함하는 점토질, 지하수위가 높은 곳으로 항상 수분 포화 상태의 입지이거나 영구조위점(永久凋萎点; permanant wilting point, 식물이 시들어서 회복할 수 없는 상태가 되어버리는 수준의 토양 함수량)의 경우가 발생하지 않는 토양 수분 환경을 가지는 곳.
동태	Dynamics:	연중 주기적인 범람을 경험함으로써 지속하는 군락, 지하 수위(水位)가 낮아지고 건생화(乾生化) 할 경우에 연목림(선버들, 왕버들, 버드나무 등)으로 습생천이
하위단위	Subunits:	전형하위군락(typical subunit), 이삭사초하위군락(*Carex dimorpholepis* subunit)
상급단위	Upper units:	갈대군강(Phragmitetea Tx. et Prsg. 1942), 갈대군목(Phragmitetalia Tx. et Prsg. 1942), 갈대군단(Phragmition W. Koch 1926).
감시등급	Vegetation class:	[II] (3) 일반감시대상 식물군락 (자연기원-광역적-일반식물자원-단기복원성)

• 관찰 장소와 환경

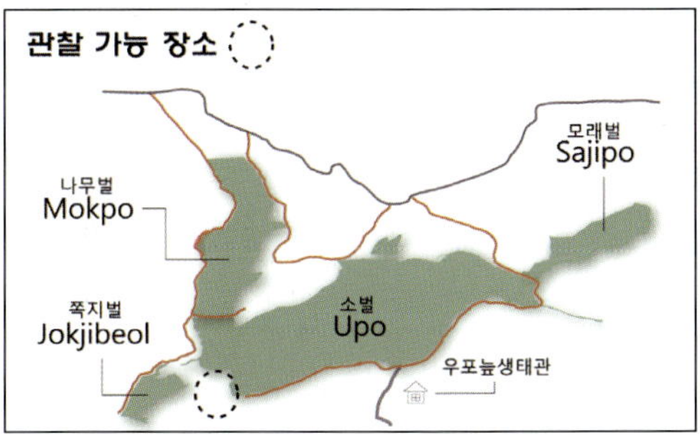

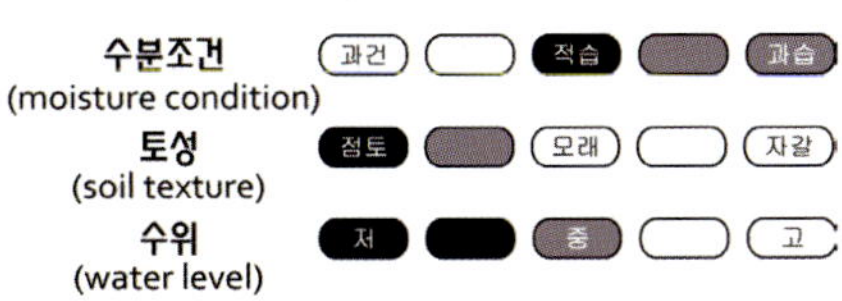

8. 물억새군락 *Miscanthus sacchariflorus* community Perennial Amur-silvergrass community in the littoral zone

우포늪의 습지 서식처 조건을 진단할 수 있는 지표식물군락, 물억새군락 (2008.9.22)
Miscanthus sacchariflorus community indicative of the aquatic-zone limits. The habitat of this community is cross-sectionally located at an ecotone between true aquatic zone and terrestrial zone.

• 삶터 Microhabitat

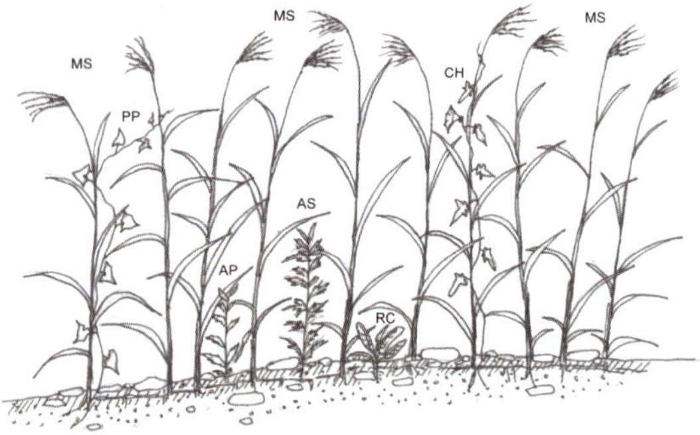

MS: 물억새 *Miscanthus sacchariflorus* (Maxim.) Bentham
PP: 며느리배꼽 *Persicaria perfoliata* (L.) H. Gross
AP: 쑥 *Artemisia princeps* Pamp.
AS: 물쑥 *Artemisia selengensis* Turcz.
RC: 소리쟁이 *Rumex crispus* L.
CH: 애기메꽃 *Calystegia hederacea* Wallich

• 식물사회 구성멤버 Species composition

Occurrence species	출현종	상대기여도
Miscanthus sacchariflorus (Maxim.) Bentham	물억새	**100.0**
Persicaria perfoliata (L.) H. Gross	며느리배꼽	**3.6**
Artemisia princeps Pamp.	쑥	**2.7**
Calystegia hederacea Wallich	애기메꽃	**1.4**
Carex dimorpholepis Steud.	이삭사초	**0.9**
Humulus scandens (Lour.) Merr.	한삼덩굴	**0.9**
Rumex crispus L.	소리쟁이	**0.9**
Equisetum arvense L.	쇠뜨기	**0.9**
Erigeron annuus (L.) Pers.	개망초	**0.9**
Persicaria maackiana (Regel) Nakai	나도미꾸리	**0.7**

Artemisia selengensis Turcz.	물쑥	**0.7**
Vicia amoena Fischer	갈퀴나물	**0.2**
Persicaria lapathifolia (L.) S. F. Gray	흰여뀌	**0.2**
Stellaria aquatica (L.) Scop.	쇠별꽃	**0.2**
Galium spurium var. *echinospermon* (Wallr.) Hayek	갈퀴덩굴	**0.2**
Cnidium monnieri (L.) Cusson	별사상자	**0.2**
Actinostemma lobatum (Maxim.)	뚜껑덩굴	**0.2**
Amphicarpaea trisperma (Miq.) Baker	새콩	**0.2**
Setaria viridis (L.) Beauv.	강아지풀	**0.2**
Oxalis corniculata L.	괭이밥	**0.2**
Agropyron tsukusinense var. *transiens* (Hack.) Ohwi	개밀	**0.2**
Echinochloa crus-galli (L.) Beauv.	돌피	**0.2**

• 군락생태 Synecology

진단종	Diagnostic species:	물억새(d)
상관	Physiognomy:	물억새가 우점하는 고경초본(高莖草本) 식물군락.
구조	Structure:	초본 1층과 2층으로 나누어지는 2층 구조.
조성	Composition:	초본 1층은 물억새에 의해 단순 우점되며, 초본 2층은 쑥, 쇠뜨기, 소리쟁이, 물쑥 등의 다양한 식물종이 출현, 앞의 갈대군락과의 차이점은 쑥(*Artemisia princeps*)의 높은 상대기여도가 특징이다.
입지	Habitat:	우포늪 연안대 속에서 홍수 시에만 관수나 침수를 경험하는 중/고수위 수준의 충적지와 제방에 이르는 넓은 지역으로, 미지형은 약간 돌출형이다. 연중 몇 번의 범람을 경험하는 입지, 모래와 잔자갈이 포함된 배수가 잘되는 토양 환경으로 갈대군락의 서식처보다 더욱 건조한 입지. 물억새군락의 서식처보다 수분환경이 더욱 건조한 입지는 습지 영역(aquatic zone)과 육지 영역(terrestrial zone)의 경계가 된다. 따라서 습지 외곽에 위치하는 물억새군락은 습지 영역의 경계를 나타내는 지표식물군락(指標植物群落, indicator community)이 된다.
동태	Dynamics:	인위적 간섭(풀베기, 불 지르기, 가축 방목 등)에 의해 지속적으로 유지되기도 하지만, 습한 입지의 경우 연목림으로, 건조한 입지의 경우 주변 산지의 식생형으로 천이가 진행된다.
하위단위	Subunits:	미기재
상급단위	Higher units:	갈대군강(Phragmitetea Tx. et Prsg. 1942)에 귀속되지만 군목과 군단은 미결정. (참조: 한국의 하천 정수역에서 갈풀군목(Phalaridetalia arundinacace Lee 2004), 갈풀-물억새군단(Miscantho-Phalaridion arundinaceae Lee 2004)이 기재되어 있으며, 일본에서는 갈대군목(Phragmitetalia Tx. et Prsg. 1942), 물억새-갈대군단(Miscantho sacchariflori-Phragmition Miyawaki et Okuda 1972)이 기재되어 있다(이율경, 김종원, 2006).
감시등급	Vegetation class:	[II] (3) 일반감시대상 식물군락 (자연기원-광역적-일반식물자원-단기복원성)

• 관찰 장소와 환경

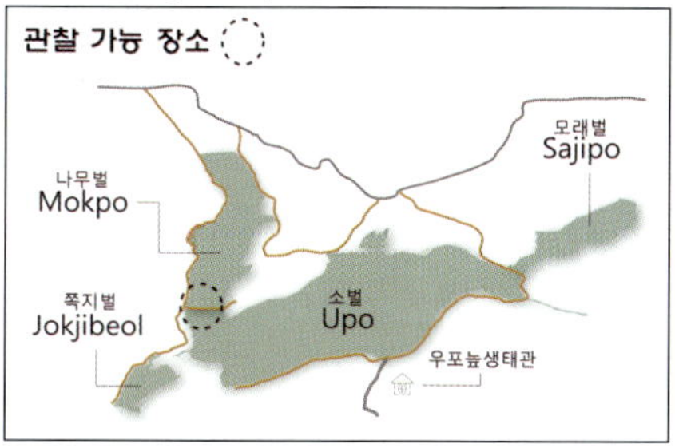

수분조건 (moisture condition): 과습 — 중용 — 과건

토성 (soil texture): 점토 — 모래 — 자갈

수위 (water level): 저수위 — 중수위 — 고수위

다년생 화본형 고경 초본 식물사회

9. 줄-매자기군집

Scirpo fluviatalis-Zizanietum latifoliae Miyawaki et Okuda 1972
Perennial tall-grass community in the eulittoral zone

유속이 느린 하천변의 뻘흙땅에 출현하는 줄-매자기군집 (2008.5.2)
Scirpo fluviatalis-Zizanietum latifolia occuring in the eulittoral zone of Topyeong-chon stream.

• 삶터 Microhabitat

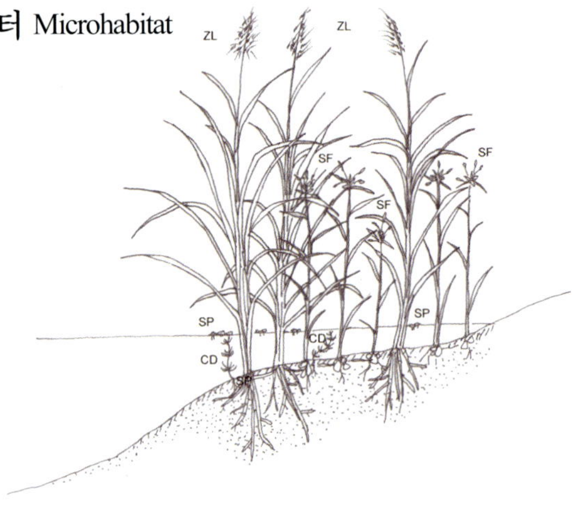

ZL:	줄	*Zizania latifolia* Turcz.
SF:	매자기	*Scirpus fluviatilis* (Torr.) A. Gray
SP:	개구리밥	*Spirodela polyrhiza* (L.) Schleiden
CD:	붕어마름	*Ceratophyllum demersum* L.

• 식물사회 구성멤버 Species composition

Occurrence species	출현종	상대기여도
Zizania latifolia Turcz.	줄	**100.0**
Scirpus fluviatilis (Torr.) A. Gray	매자기	**39.0**
Monochoria korsakowii Regel et Maack	물옥잠	**3.1**
Sagittaria trifolia L.	벗풀	**0.3**
Spirodela polyrhiza (L.) Schleiden	개구리밥	**58.2**
Hydrilla verticillata (L. fil.) L. C. Richard	검정말	**1.0**
Eleocharis equisetiformis (Meinsh.) B. Fedtschenko	까락골	**1.6**
Persicaria maackiana (Regel) Nakai	나도미꾸리	**9.4**
Actinostemma lobatum (Maxim.)	뚜껑덩굴	**1.6**
Trapa bispinosa Roxburgh var. *inumai* Nakai	마름	**3.9**
Ceratophyllum demersum L.	붕어마름	**13.5**
Aneilema keisak Hasskal	사마귀풀	**6.8**
Salvinia natans (L.) All.	생이가래	**38.2**
Hydrocharis dubia (Blume) Backer	자라풀	**3.1**

• 군락생태 Synecology

진단종	Character species:	줄(c), 매자기(c)
상관	Physiognomy:	줄 또는 매자기가 단순 우점하는 진연안대 고경초본 식물군락
구조	Structure:	수면 위의 고경초본층과 부엽식물층, 물 속의 침수식물층 등 3층 구조
조성	Composition:	초본 1층의 고경초본층은 줄과 매자기에 의하여 우점하며, 서식처의 다양한 환경조건에 따라 줄 또는 매자기가 단순 우점함. 초본 2층의 부엽식물층에 개구리밥, 생이가래, 마름, 자라풀 등, 침수식물층에 붕어마름, 검정말 등이 출현, 줄을 제외하면 원수대의 식물사회 종조성을 가짐.
입지	Habitat:	깊이 1 m 이하의 수심에서 발달하며, 우포늪에서는 원수대와 이어지는 진연안대 고경초본 정수(停水) 식생을 대표함. 수심에 따라 군락의 밀도와 크기(면적)에 영향을 미치며, 수심 5~40cm에서 가장 흔하게 분포(조강현, 김준호 1994), 부영양화 수질이 필수 조건.
동태	Dynamics:	수심의 안정성이 보장되는 입지에서는 지속식물군락을 유지하지만, 수심이 얕아지거나 불안정한 서식처에서는 매자기의 출현 빈도가 더욱 증가하고, 창포도 함께 섞여나고 있음.
하위단위	Subunits:	전형아군집(typicum subassociation), 줄아군집(zizanietosum latifoliae), 매자기아군집(scripetosum fluviatilis)
상급단위	Upper units:	갈대군강(Phragmitetea Tx. et Prsg. 1942), 갈대군목(Phragmitetalia Tx. et Prsg. 1942), 갈대군단(Phragmition W. Koch 1926).
감시등급	Vegetation class:	[II] (3) 일반감시대상 식물군락 (자연기원-광역적-일반식물자원-단기복원성)

• 관찰 장소와 환경

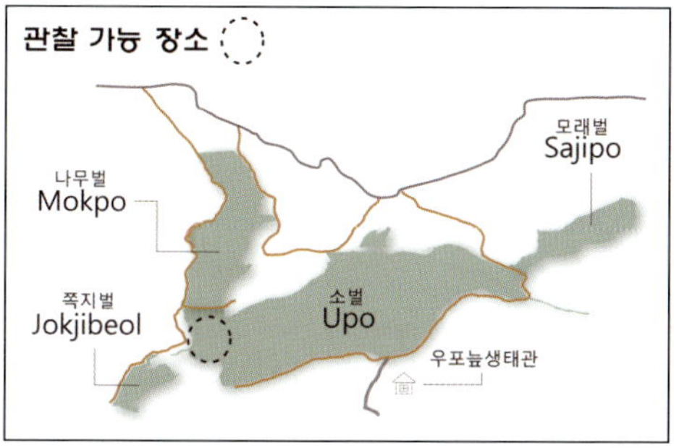

다년생 화본형 고경 초본 식물사회

10. 창포군락

Acorus calamus var. *angustatus* community
Perennial sweet-flag community on the littoral zone of the Upo wetland

인간이 식재한 것으로부터 기원하는 창포군락 (2008.9.22)
Acorus calamus var. *angustatus* community originated from traditional culture.

• 삶터 Microhabitat

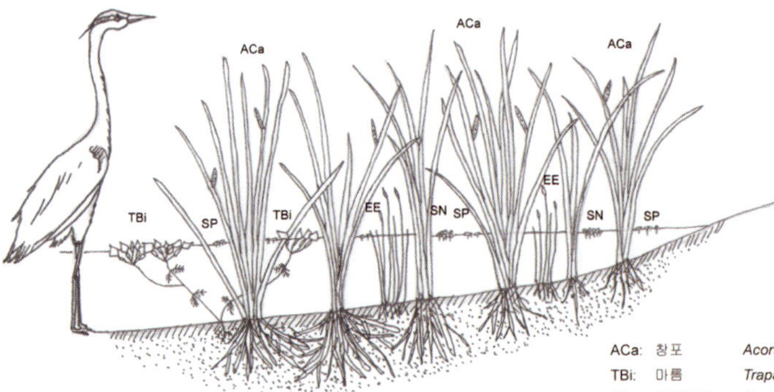

ACa:	창포	*Acorus calamus* var. *angustatus* Besser
TBi:	마름	*Trapa bispinosa* var. *inumai* Nakai
SP:	개구리밥	*Spirodela polyrhiza* (L.) Schleiden
EE:	까락골	*Eleocharis equisetiformis* (Meinsh.) B. Fedtsch
SN:	생이가래	*Salvinia natans* (L.) All.

• 식물사회 구성멤버 Species composition

Occurrence species	출현종	상대기여도
Acorus calamus L. var. *angustatus* Besser	창포	**100.0**
Eleocharis equisetiformis (Meinsh.) B. Fedtschenko	까락골	**18.8**
Trapa bispinosa var. *inumai* Nakai	마름	**9.4**
Persicaria maackiana (Regel) Nakai	나도미꾸리	**6.3**
Spirodela polyrhiza (L.) Schleiden	개구리밥	**6.3**
Bromus japonicus Thunb.	참새귀리	**6.3**
Geranium carolinianum L.	미국쥐손이	**6.3**
Hydrilla verticillata (L. fil.) L. C. Richard	검정말	**6.3**
Vicia tetrasperma (L.) Moench	얼치기완두	**6.3**
Salvinia natans (L.) All.	생이가래	**3.1**
Ceratophyllum demersum L.	붕어마름	**3.1**
Vicia amoena Fischer	갈퀴나물	**3.1**

• 군락생태 Synecology

진단종	Diagnostic species:	창포(d)
상관	Physiognomy:	창포가 우점하는 다년생 초본 식물군락
구조	Structure:	초본 1층, 초본 2층, 부엽식물층, 침수식물층의 4층 구조
조성	Composition:	초본 1층은 창포가 우점하며, 초본 2층에는 까락골, 부엽식물층에 개구리밥, 마름, 생이가래, 침수식물층에 붕어마름, 검정말이 출현한다.
입지	Habitat:	습지가장자리에서 수심이 깊지 않는 물가(低水邊部)의 부영양화 수질 환경, 직접적인 물 흐름(流水)의 물리적 영향은 미치지 않는 곳으로 연중 물기를 머금은 땅, 인위적인 식재로부터 기원하는 군락으로 인간의 문화적 활동이 있었던 증거가 되는 식물군락이다. 우포늪 물가장자리에서 약간 돌출 미지형을 보여주는데, 이것은 창포군락이 분포하면서 물결(파랑)에 의한 토양 퇴적이 일어남으로써 생겨난 흔적이다.
동태	Dynamics:	인공 식재로부터 잔존한 식분이거나 그로부터 퍼져 나온 식물군락이다. 겨울 동안 많은 양의 근경(根莖, Rhizome) 조각들이 수면(水面)에 떠다니다가 물가장자리나 물이 빠져 수심이 얕아진 곳에서 정착하여 이듬해 봄에 싹을 내어 생육한다. 자연적인 재생이 이루어지고 있으나, 군락은 소규모 분반(패치)으로 발달하는데, 근경의 서식처 개척(정착)과 개체군 발달이 수심과의 상호관계(타이밍) 때문으로 추정된다.
하위단위	Subunits:	미기재
상급단위	Upper units:	갈대군강(Phragmitetea Tx. et Prsg. 1942), 갈대군목(Phragmitetalia Tx. et Prsg. 1942), 갈대군단(Phragmition W. Koch 1926).
감시등급	Vegetation class:	[III] (5) 주요감시대상 식물군락 (인공기원-국지적-자원식물-단기복원성)

• 관찰 장소와 환경

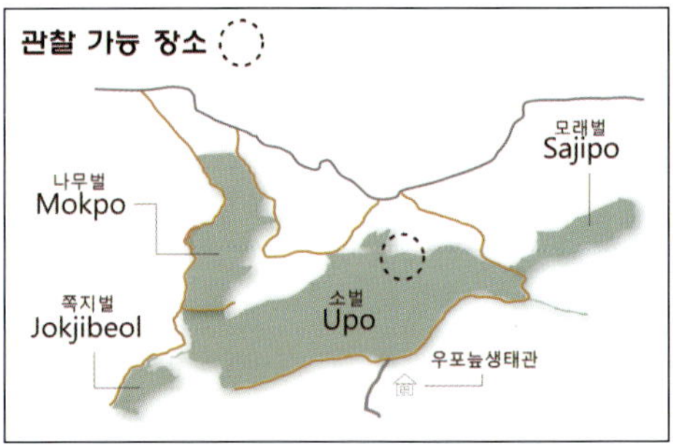

수분조건 (moisture condition)	과습	■	중용	□	과건
토성 (soil texture)	점토	■	모래	□	자갈
수위 (water level)	저수위	■	중수위	□	고수위

11. 애기부들군락

Typha angustifolia community
Perennial cattail community in the eulittoral zone

우포늪 진연안대에서 관찰되는 애기부들군락 (2007.10.8)
Typha angustifolia community occuring in the muddy habitat of shallow waterside.

• 삶터 Microhabitat

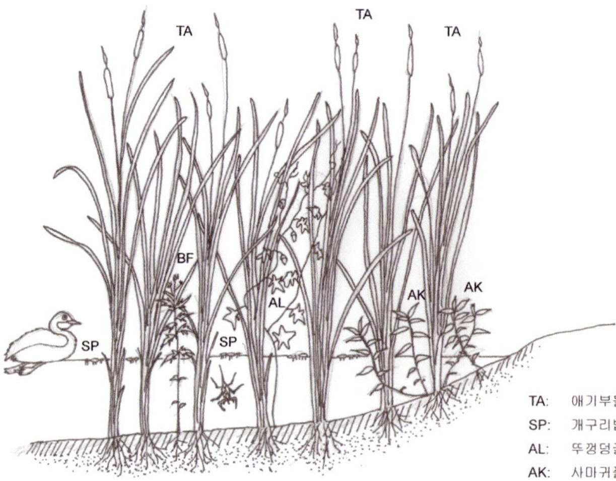

TA: 애기부들 *Typha angustifolia* L.
SP: 개구리밥 *Spirodela polyrhiza* (L.) Schleiden
AL: 뚜껑덩굴 *Actinostemma lobatum* (Maxim.)
AK: 사마귀풀 *Aneilema keisak* Hasskal
BF: 미국가막사리 *Bidens frondosa* L.

• 식물사회 구성멤버 Species composition

Occurrence species	출현종	피도값
Typha angustifolia L.	애기부들	**7**
Spirodela polyrhiza (L.) Schleiden	개구리밥	**5**
Persicaria maackiana (Regel) Nakai	나도미꾸리	**3**
Aneilema keisak Hasskal	사마귀풀	**2**
Bidens frondosa L.	미국가막사리	**2**
Sagittaria trifolia L.	벗풀	**1**
Persicaria perfoliata (L.) H. Gross	며느리배꼽	**1**
Actinostemma lobatum (Maxim.)	뚜껑덩굴	**1**
Carex dimorpholepis Steud.	이삭사초	**1**
Persicaria hydropiper (L.) Spach	여뀌	**1**

• 군락생태 Synecology

진단종	Character species:	애기부들(d)
상관	Physiognomy:	애기부들이 단순 우점하는 진연안대 다년생 고경초본 식물군락.
구조	Structure:	수면 위의 초본 1층(고경초본)과 초본 2층, 부엽식물층 등의 3층 구조
조성	Composition:	초본 1층의 고경초본층은 애기부들에 의하여 단순 우점하며, 초본 2층의 사마귀풀, 벗풀, 부엽식물층에 개구리밥 등이 출현하고 있다. 애기부들과 개구리밥을 제외하면 범람원 습지 식물사회의 종조성을 포함한다.
입지	Habitat:	수심이 충분히 발달한 곳으로 부영양화 수질이 필수 조건이며, 점토가 우세한 원수대와 이어지는 입지이다. 일반적으로 줄-매자기군집과 서식처 중첩이 관찰되는데, 특히 줄이 우점하는 수심과 매자기가 우점하는 수심의 중간 정도에 우세하다. 우포늪의 경우 수심 20~40cm에서 가장 흔하게 관찰된다.
동태	Dynamics:	애기부들군락은 부들이 우점하는 군락의 서식처(주로 묵정 논)보다도 수위변화가 더욱 심하고, 보다 수심이 깊고, 보다 오염된 곳에서 광범위하게 분포한다. 우포늪에서 부들군락은 관찰되지 않는다. 우포늪의 수심이 얕아지거나 불안정한 서식처에서는 매자기의 출현 빈도가 증가하고, 창포도 함께 섞여나는 식분이 발달한다.
하위단위	Subunits:	미기재
상급단위	Upper units:	갈대군강(Phragmitetea Tx. et Prsg. 1942), 갈대군목(Phragmitetalia Tx. et Prsg. 1942), 갈대군단(Phragmition W. Koch 1926).
감시등급	Vegetation class:	[II] (4) 일반감시대상 식물군락 (자연기원-지역적(우포내에서)-일반식물자원-단기복원성)

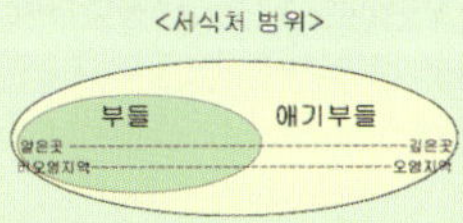

• 관찰 장소와 환경

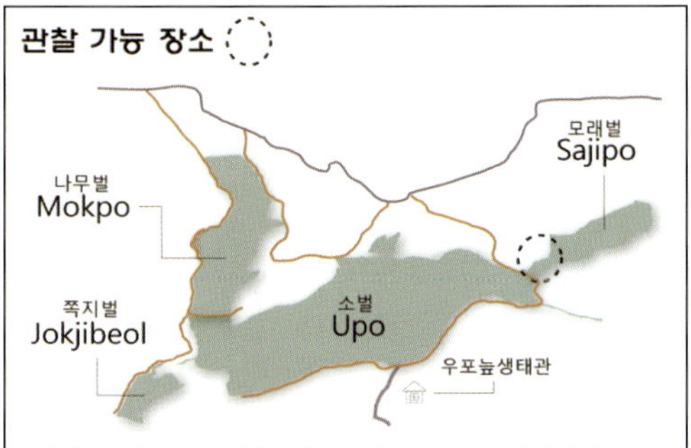

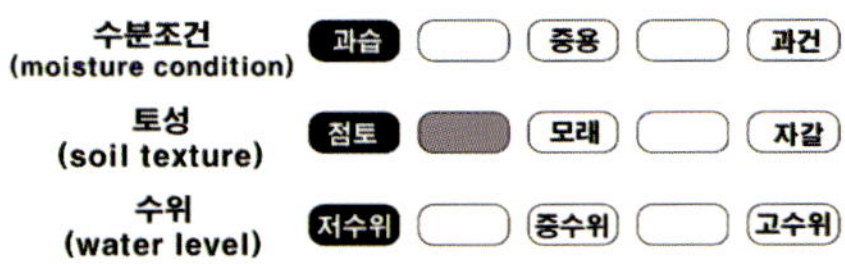

12. 도루박이군집

Scirpetum radicantis Hejný in Hejný et Husák 1978 em. Zahlh. 1979
Perennial rush community on the eulittoral zone of swamp

우포늪 지역에서 매우 드물게 발견되는 도루박이군집. 주요감시대상 식물사회이다. (2008.7.16)
Scirpetum radicantis, perennial rush community on swamp vegetation in the continental cool-temperate zone. Only a small patch of the community is found in the Upo wetland.

• 삶터 Microhabitat

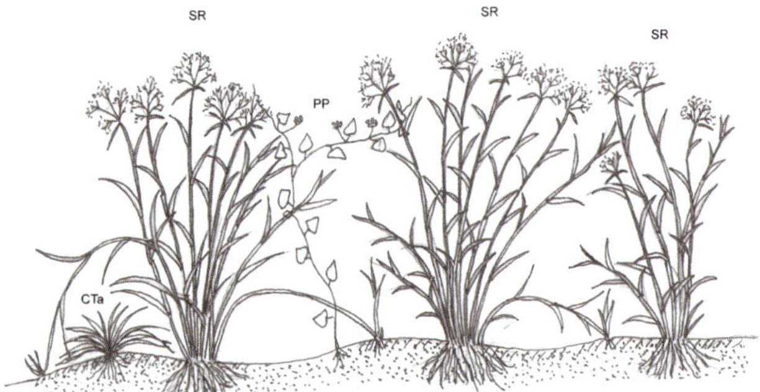

SR: 도루박이 *Scirpus radicans* Schkuhr
CTa: 뚝사초 *Carex thunbergii* var. *appendiculata* (Trautv.) Ohwi
PP: 며느리배꼽 *Persicaria perfoliata* (L.) H. Gross

• 식물사회 구성멤버 Species composition

Occurrence species	출현종	피도
Scirpus radicans Schkuhr	도루박이	**9**
Persicaria perfoliata (L.) H. Gross	며느리배꼽	**3**
Persicaria maackiana (Regel) Nakai	나도미꾸리	**2**
Zizania latifolia Turcz.	줄	**1**
Carex thunbergii var. *appendiculata* (Trautv.) Ohwi	뚝사초	**1**

• 군락생태 Synecology

진단종	Diagnostic species:	도루박이(c)
상관	Physiognomy:	도루박이가 우점하는 다년생 사초 식물군락.
구조	Structure:	단층구조 또는 초본 1층과 초본 2층의 2층 구조.
조성	Composition:	초본 1층에 도루박이가 우점하고, 초본 2층에 뚝사초가 낮은 피도로 출현.
입지	Habitat:	땅을 밟으면 질퍽하게 물기가 올라오는 저수위(低水位) 수변(水邊)이나 범람 시에 일시적으로 형성되는 웅덩이(pond) 가장자리에 발달, 유기물이 집적되는 미사질 또는 점토질 토양, 수위 상승하더라도 유속을 경험하지 않는 곳, 줄-매자기군집의 서식처보다 부영양화 수준이 낮은 곳, 우포늪 지역에서는 드물게 관찰되며, 소벌 북쪽의 토평천이 통과하는 구간 내에 소규모 군락이 분포.
동태	Dynamics:	범람의 영향을 직접 경험하는 수로를 따라 발달하는 지속군락으로 그늘에는 발달하지 않는다. 도루박이는 줄기 끝이 길어져서 땅바닥에 도로 박히는 형국이 되고, 거기에서 뿌리를 내리고 줄기를 뻗어서 새로운 개체로 성장하는 독특한 번식전략 덕택에 항상 분반(分班, patch)으로 생육한다. 우리나라에서 개체군 크기는 진연안대 고경초본 식물군락 가운데 그 규모가 가장 작은 식생형으로 특히 남부지방에서 더욱 드문, 대륙성(大陸性) 냉온대(冷溫帶) 습지 다년생 초본 식생형이다. 식물체의 덩이뿌리(塊莖)는 겨울 철새들의 중요한 먹이자원이다.
하위단위	Subunits:	미기재
상급단위	Upper units:	갈대군강(Phragmitetea Tx. et Prsg. 1942), 갈대군목(Phragmitetalia Tx. et Prsg. 1942), 갈대군단(Phragmition W. Koch 1926).
감시등급	Vegetation class:	[III] (5) 주요감시대상 식물군락 (자연기원-국지적-일반식물자원-단기복원성)

• 관찰 장소와 환경

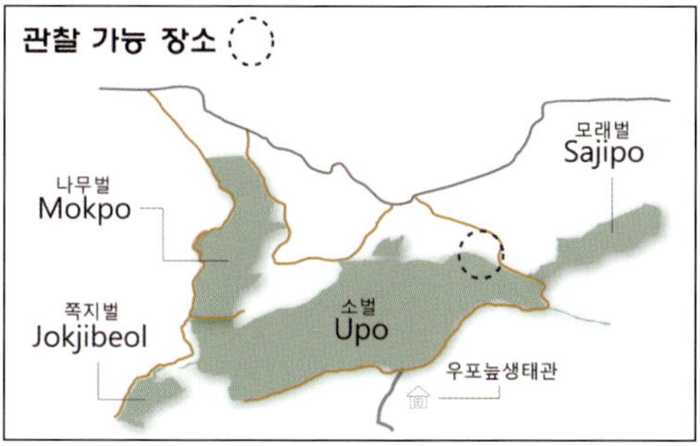

수분조건 (moisture condition): 과습 | ■ | 중용 | □ | 과건

토성 (soil texture): 점토 | ■ | 모래 | ■ | 자갈

수위 (water level): 저수위 | ■ | 중수위 | □ | 고수위

대연생 화본형 고경 초본 식물사회

13. 이삭사초군집 Caricetum dimorpholepidis Ahn 2009
Ephemeral perennial sedge vegetation on the marsh in the seasonally flooding and dry wetland

과거 경작이 이루어진 습지내 평탄지에 형성 된 이삭사초군집 (2007.5.14)
Caricetum dimorpholepidis occuring on the flatland of high-water level land by the wetland. These physiognomy are very similar with tussock on high moor.

• 삶터 Microhabitat

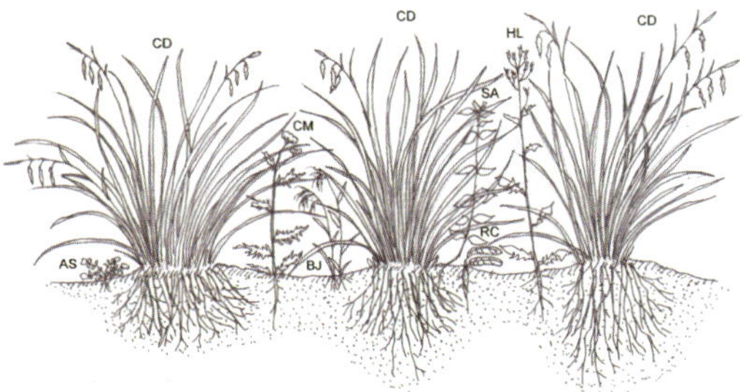

CD:	이삭사초	*Carex dimorpholepis* Steud.
AS:	자운영	*Astragalus sinicus* L.
CM:	벌사상자	*Cnidium monnieri* (L.) Cusson
BJ:	참새귀리	*Bromus japonicus* Thunb.
SA:	쇠별꽃	*Stellaria aquatica* (L.) Scop.
RC:	소리쟁이	*Rumex crispus* L.
HL:	지칭개	*Hemistepta lyrata* Bunge

• 식물사회 구성멤버 Species composition

Occurrence species	출현종	상대기여도
Carex dimorpholepis Steud.	이삭사초	100.0
Stellaria aquatica (L.) Scop.	쇠별꽃	27.8
Bromus japonicus Thunb.	참새귀리	16.7
Cnidium monnieri (L.) Cusson	벌사상자	14.4
Calystegia hederacea Wallich	애기메꽃	11.9
Hemistepta lyrata Bunge	지칭개	10.4
Eleocharis equisetiformis (Meinsh.) B. Fedtschenko	까락골	7.8
Geranium carolinianum L.	미국쥐손이	7.8
Persicaria japonica (Meisn.) H. Gross	흰꽃여뀌	7.4
Carex neurocarpa Maxim.	괭이사초	5.6
Persicaria perfoliata (L.) H. Gross	며느리배꼽	5.6

Galium spurium var. *echinospermon* (Wallr.) Hayek	갈퀴덩굴	**3.7**
Carex laevissima Nakai	애괭이사초	**3.3**
Agropyron tsukusinense var. *transiens* (Hack.) Ohwi	개밀	**3.0**
Echinochloa crus-galli (L.) Beauv.	돌피	**3.0**
Astragalus sinicus L.	자운영	**3.0**
Rumex crispus L.	소리쟁이	**1.5**
Vicia tetrasperma (L.) Moench	얼치기완두	**1.5**
Vicia amoena Fischer	갈퀴나물	**0.7**
Vicia anguste-pinnata Nakai	가는갈퀴나물	**0.7**
Beckmannia syzigachne (Steud.) Fernald	개피	**0.7**

• 군락생태 Synecology

진단종	Diagnostic species:	이삭사초(c), 흰꽃여뀌(c)
상관	Physiognomy:	이삭사초의 다발식물체(tussock)가 우점하는 습지초원 다년생 식물군락
구조	Structure:	초본 1층, 초본 2층의 구조
조성	Composition:	초본 1층은 이삭사초 다발식물체가 우점하며, 초본 2층에는 이삭사초 다발식물체 사이사이에 다양한 농촌 경작지 잡초 식물종(segetal species; 별사상자, 며느리배꼽, 참새귀리, 애기메꽃, 쇠별꽃, 지칭개 등)이 출현한다.
입지	Habitat:	미사질토 및 점토가 우세한 토양 조건에서 발달하며, 주기적인 범람과 침수로 인한 풍부한 유기물이 공급되는 입지, 평탄한 미지형과 기울기가 거의 없는 충적대지, 격렬한 물 흐름에 의한 물리적 교란압(攪亂壓)이 발생하지 않는 저습지(低濕地), 우포에는 소벌과 쪽지벌 사이에서 전형적인 서식처가 발달하고 있으며, 우포늪 습지를 모니터링하기 위한 훌륭한 장기생태연구 후보 입지이다.
동태	Dynamics:	일시적이지만 이삭사초군집이 발달하고 있는 입지는 경작지로 이용된 바가 있으나, 습지 보호구역에 편입된 이후에 전형적인 다년생 습지초원 식물군락으로 천이된 식생이다. 현재의 수리수문 패턴(주기적인 범람과 침수 양식)이 유지된다면 본 군집은 지속군락으로 유지된다. 수리수문의 변화는 갈대군락 또는 선버들 및 왕버들에 의한 소택림으로 식생이 변천하게 된다. 8~9월의 태풍 및 집중 강우 기간 동안에 범람을 경험하면서 지상부 대부분의 잎들이 고사(枯死)하게 되는데, 계절적(seasonal) 군락으로 나도미꾸리에 의해 식피가 우점되는 식생이 일시적으로 발달하기도 한다. 따라서 이삭사초군집은 우리나라 저층습원에서 생육기간동안 침수(洪水期)와 노출(渴水期)을 반복하는 입지에서 발달하는 지속군락이면서 '순간 다년생 습지초원 식생'(ephemeral perennial herbaceous marsh vegetation)으로 특징지어진다. 즉 홍수기와 갈수기의 주기적인 반복에서 존재하는 입지에서의 다년생 습지 초원 식생형이다.
하위단위	Subunits:	전형아군집(typicum), 까락골아군집(eleocharicetosum equisetiformis)
상급단위	Upper units:	미결정
감시등급	Vegetation class:	[III] (5) 주요감시대상 식물군락 (자연기원-국지적(현재 이 군집 상태에서)-일반식물-단기복원성)

• 관찰 장소와 환경

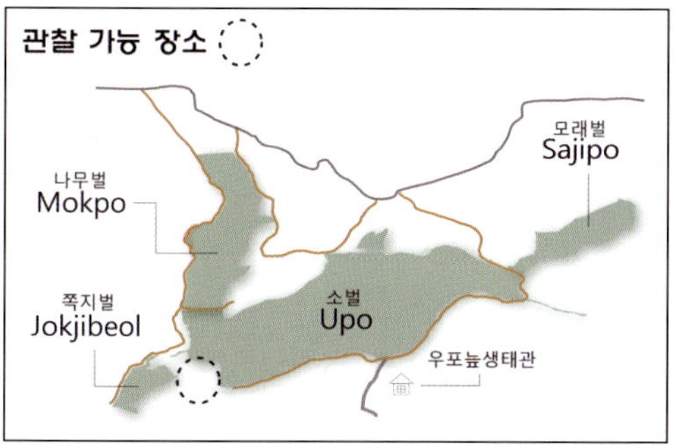

14. 뚝사초군락 *Carex thunbergii* var. *appendiculata* community Perennial procumbent sedge community on the marsh

우포늪에서는 드물게 관찰되는 뚝사초군락 (2007. 7. 2). 최성기 이후의 뚝사초는 길고 부드러운 잎의 형태적 특성 때문에 지면을 덮듯이 누워서 생육하고, 이삭사초처럼 다발식물체(tussock, 사초기둥)의 형상이 뚜렷하지 않는 것으로부터 쉽게 구분된다.
Carex thunbergii var. *appendiculata* community, extremely rare community in the Upo wetland. Its physiognomy is to grow procumbent along the ground, particularly after flood.

• 삶터 Microhabitat

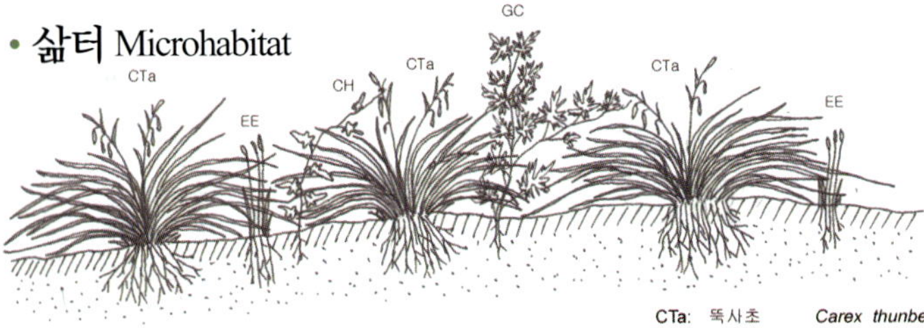

CTa: 뚝사초 *Carex thunbergii* var. *appendiculata* (Trautv.) Ohwi
EE: 까락골 *Eleocharis equisetiformis* (Meinsh.) B. Fedtschenko
CH: 애기메꽃 *Calystegia hederacea* Wallich
GC: 미국쥐손이 *Geranium carolinianum* L.

• 식물사회 구성멤버 Species composition

Occurrence species	출현종	상대기여도
Carex thunbergii var. *appendiculata* (Trautv.) Ohwi	뚝사초	**100.0**
Geranium carolinianum L.	미국쥐손이	**12.4**
Calystegia hederacea Wallich	애기메꽃	**9.2**
Eleocharis equisetiformis (Meinsh.) B. Fedtschenko	까락골	**8.3**
Bromus japonicus Thunb.	참새귀리	**4.1**
Stellaria aquatica (L.) Scop.	쇠별꽃	**4.1**
Hemistepta lyrata Bunge	지칭개	**3.7**
Galium spurium var. *echinospermon* (Wallr.) Hayek	갈퀴덩굴	**2.8**
Vicia tetrasperma (L.) Moench	얼치기완두	**2.8**
Cnidium monnieri (L.) Cusson	벌사상자	**2.1**
Carex neurocarpa Maxim.	괭이사초	**1.4**
Vicia angustifolia L.	가는살갈퀴	**1.4**

Agropyron tsukusinense var. *transiens* (Hack.) Ohwi	개밀	**0.9**
Rumex crispus L.	소리쟁이	**0.9**
Persicaria maackiana (Regel) Nakai	나도미꾸리	**0.7**
Acorus calamus var. *angustatus* Besser	창포	**0.7**
Ranunculus sceleratus L.	개구리자리	**0.5**
Carex dimorpholepis Steud.	이삭사초	**0.2**
Persicaria hydropiper (L.) Spach	여뀌	**0.2**
Vicia amoena Fischer	갈퀴나물	**0.2**
Potentilla supina L.	개소시랑개비	**0.2**
Rorippa islandica (Oeder) Borbas	속속이풀	**0.2**
Persicaria perfoliata (L.) H. Gross	며느리배꼽	**0.2**

• 군락생태 Synecology

진단종	Diagnostic species:	뚝사초(d)
상관	Physiognomy:	뚝사초가 우점하는 다년생 초본식물군락. 최성기(最盛期)에 뚝사초의 잎은 지면(地面)을 피복하듯이 누워서 생육하는데, 잎이 길고 유연한 덕택이다. 이에 반하여 이삭사초는 침수 시에만 일시적으로 지면에 퍼지는 상관을 가지면서 다발식물체(tussock) 형상을 뚜렷하게 유지함으로써 상관적으로 두 식물사회는 쉽게 구분할 수 있다.
구조	Structure:	초본 1층, 초본 2층 구조
조성	Composition:	초본 1층에서 뚝사초 우점, 초본 2층에 다양한 농촌형 잡초가 낮은 피도와 빈도로 출현
입지	Habitat:	우포늪 범람원 입지 속에서 과거 경작이 이루어졌던 곳으로 이삭사초군집과 유사한 서식처 조건이다. 하지만, 범람 시에는 물에 저수되는 시간이 더욱 긴 입지이다. 즉 이삭사초군집의 서식처에 비하여 더욱 과습(過濕)하다는 의미이다. 이삭사초군집은 우포늪 일대에서 넓은 면적으로 관찰되지만, 뚝사초군락은 매우 좁은 면적으로 발달하고 있다. 뚝사초는 냉온대 중부·산지 식생대 및 냉온대 북부·고산 식생대에 분포 중심을 가지고 있는 대륙성의 북부요소(northern element)이기 때문에 한반도 남부 지역에서는 드물게 관찰되고 있는 다년생 습지 식물종이다.
동태	Dynamics:	이삭사초군집이 발달하는 서식처 일부분을 차지하고 있는데, 8~9월의 태풍 및 집중강우에 의한 범람을 경험하면서 이 시기에 지상부의 대부분에 잎들이 고사하고, 지상부가 사라졌다가 이듬해에 재생한다. 이삭사초군집은 지속군락으로 관찰되지만, 뚝사초군락은 입지의 안정성과 기후온난화의 영향으로부터 갈대가 우점하는 식물사회와 선버들 및 왕버들에 의한 소택림으로 천이가 진행될 것으로 추정되고 있다.
하위단위	Subunits:	미기재
상급단위	Upper units:	갈대군강(Phragmitetea Tx. et Prsg. 1942), 군목과 군단 미결정.
감시등급	Vegetation class:	[III] (5) 주요감시대상 식물군락 (야생기원-국지적-일반식물자원-단기복원성)

• 관찰 장소와 환경

수분조건 (moisture condition)	과습	■	중용	□	과건
토성 (soil texture)	점토	■	모래	□	자갈
수위 (water level)	저수위	■	중수위	□	고수위

15. 갈풀–미나리군락

Oenanthe javanica-Phalaris arundinacea community

Perennial grass vegetation on the marsh in the seasonally flooded and dry exposed sites

우포늪의 유입부 물길주변에서 드물게 관찰되는 갈풀–미나리군락 (2008.7.16)

Oenanthe javanica-Phalaris arundinacea community occurring rarely in the Upo wetland. The habitat is occasionally and gently influenced by stream flow.

• 삶터 Microhabitat

PA: 갈풀 *Phalaris arundinacea* L.

SA: 쇠별꽃 *Stellaria aquatica* (L.) Scop.

OJ: 미나리 *Oenanthe javanica* (Bl.) DC.

HS: 한삼덩굴 *Humulus scandens* (Lour.) Me

• 식물사회 구성멤버 Species composition

Occurrence species	출현종	피도값
Phalaris arundinacea L.	갈풀	**9**
Oenanthe javanica (Bl.) DC.	미나리	**2**
Stellaria aquatica (L.) Scop.	쇠별꽃	**4**
Humulus scandens (Lour.) Merr.	한삼덩굴	**3**

Bromus japonicus Thunb.	참새귀리	**2**
Microstegium vimineum (Trinius) A. Camus	나도바랭이새	**2**
Agropyron tsukusinense var. *transiens* (Hack.) Ohwi	개밀	**1**
Rumex crispus L.	소리쟁이	**1**
Astragalus sinicus L.	자운영	**1**
Achyranthes japonica (Miquel) Nakai	쇠무릅	**1**
Veronica didyma var. *lilacina* (Hara) Yamazaki	개불알풀	**1**
Chenopodium serotinum L.	좀명아주	**1**
Rumex nipponicus Fr. et Sav.	좀소리쟁이	**1**

• 군락생태 Synecology

진단종	Diagnostic species:	갈풀(d), 미나리(d)
상관	Physiognomy:	갈풀이 우점하는 습지초원 다년생 식물군락.
구조	Structure:	초본 1층, 초본 2층의 이층구조.
조성	Composition:	초본 1층은 갈풀이 우점하며, 초본 2층에는 구분종 미나리와 습생형 농촌 잡초(segetal weed)인 쇠별꽃과 자운영이 출현한다.
입지	Habitat:	점토가 많이 함유된 사질 또는 미사질토가 우세한 곳에서 주기적인 범람과 침수로 인하여 풍부한 유기물이 공급되는 입지이다. 우포 늪으로 직접 유입되는 소하천(평지천) 및 토평천 같이 항상 물 흐름이 있는 장소이지만, 미지형의 기울기가 거의 없는 평탄 충적대지이며, 격렬한 물 흐름에 의한 물리적 교란압(攪亂壓)이 발생하지 않는 저습지(低濕地)이다. 본 군락은 우포늪 상류 유입부에서 관찰되며, 군락의 크기는 매우 제한적이고 드물다.
동태	Dynamics:	습지 보호구역에 편입된 이후에 습지초지 식생으로 발달하였으나, 이삭사초군집의 서식처와 일부 중첩되고 있다. 현재의 수리수문 패턴(주기적인 범람과 침수 양식)이 유지되면서, 계속적인 풀베기 및 방목 등의 인위적인 간섭이 이루어지지 않을 경우, 갈대, 물억새, 달뿌리풀 등의 고경초본식물군락으로 천이가 진행된다.
하위단위	Subunits:	미기재.
상급단위	Upper units:	군강 미결정, 갈풀군목, 갈풀-물억새군단에 포함되는 식물사회로서 하천의 갈풀군집과 대응되는 식물군락이다. 습지로 유입되는 하천주변에 발달하는 식물군락으로 하천과는 달리 정수에 의한 토양층의 부영양화로 인해 미나리와 같은 호질소성 식물이 함께 출현한다.
감시등급	Vegetation class:	[III] (5) 주요감시대상 식물군락 (자연기원-국지적-일반식물-단기복원성)

• 관찰 장소와 환경

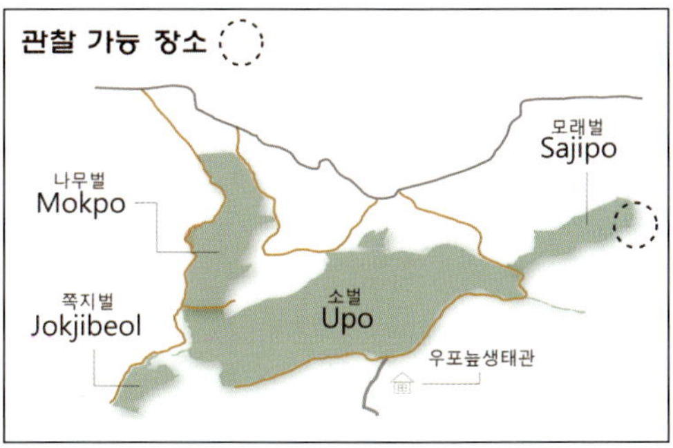

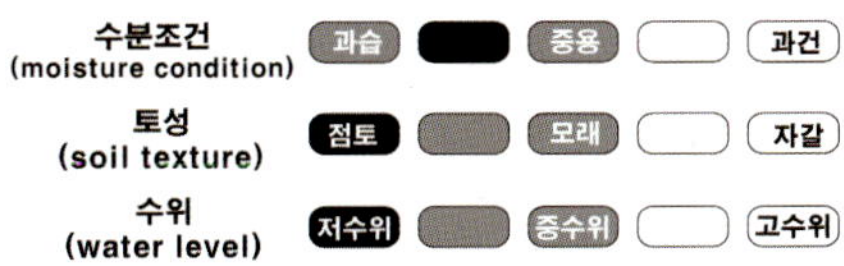

16. 쇠치기풀군락

Hemarthria sibirica community
Perennial roadside vegetation on the littoral zone of the Upo wetland

우포늪 습지 연안대 구간 속에서 드물게 관찰되는 쇠치기풀군락 (2011. 6. 24)
Hemarthria sibirica community rarely found in the Upo wetland.

• 삶터 Microhabitat

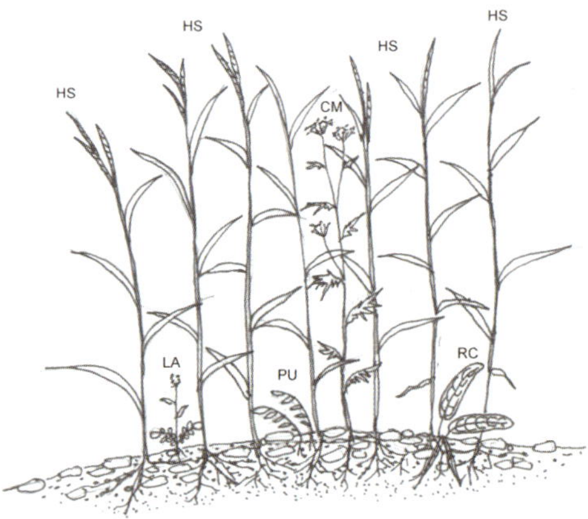

HS: 쇠치기풀 *Hemarthria sibirica* (Gondoger) Ohwi
LA: 다닥냉이 *Lepidium apetalum* Will.
PU: 여우주머니 *Phyllanthus ussuriensis* Rupr. et Maxim.
CM: 벌사상자 *Cnidium monnieri* (L.) Cusson
RC: 소리쟁이 *Rumex crispus* L.

• 식물사회 구성멤버 Species composition

Occurrence species	출현종	피도값
Hemarthria sibirica (Gondoger) Ohwi	쇠치기풀	**100.0**
Phyllanthus ussuriensis Rupr. et Maxim.	여우주머니	**38.9**
Cnidium monnieri (L.) Cusson	벌사상자	**13.9**
Bromus japonicus Thunb.	참새귀리	**8.3**
Acalypha australis L.	깨풀	**8.3**
Astragalus sinicus L.	자운영	**2.8**
Lepidium apetalum Will.	다닥냉이	**2.8**
Rumex crispus L.	소리쟁이	**2.8**
Rumex nipponicus Fr. et Sav.	좀소리쟁이	**2.8**
Chenopodium serotinum L.	좀명아주	**2.8**
Persicaria lapathifolia (L.) S. F. Gray	흰여뀌	**2.8**
Viola patrini DC.	흰제비꽃	**2.8**

• 군락생태 Synecology

진단종	Diagnostic species:	쇠치기풀(d)
상관	Physiognomy:	습지연안대의 노방(路傍) 식물군락.
구조	Structure:	초본 1층(1.2m 이하)과 초본 2층(0.2m 이하)의 이층구조.
조성	Composition:	초본 1층에 쇠치기풀이 우점하고, 초본 2층에는 습지연안대 식물종인 다닥냉이, 벌사상자, 여우주머니 등이 출현한다.
입지	Habitat:	습지 연안대 속에 위치하는 완만하게 돌출된 둔덕 입지 및 노방(路傍) 입지에 분반(patch)상으로 분포한다. 유수(流水)에 의하여 자갈 퇴적량이 많은 사질토양으로 연중 2~3회의 관수를 경험한다. 약건(弱乾)에서 중용의 토양 수분환경을 가지고 있다.
동태	Dynamics:	조립질 토양의 퇴적이 지속되면, 연안대 고경초본식물군락(물억새군락, 갈대군락 등)으로 천이가 진행된다.
하위단위	Subunits:	미기재
상급단위	Upper unit:	미결정
감시등급	Vegetation class:	[III] (5) 주요감시대상 식물군락 (자연기원-국지적-일반식물자원-단기복원성).

• 관찰 장소와 환경

연목림 식생

17. 선버들-자운영군락 *Astragalus-Salix subfragilis* community Summergreen broad-leaved fragile-willow shrubbery on floodplain

선버들-자운영군락의 이른 봄 숲바닥(林相) 구조 (2008.5.27). Ground vegetation of the *Astragalus-Salix subfragilis* community in eary spring.

이삭사초군집으로 포위되어 있는 선버들-자운영군락(2007.4.20) *Astragalus-Salix subfragilis* community surrounded by Carice dimorpholepidis.

• 삶터 Microhabitat

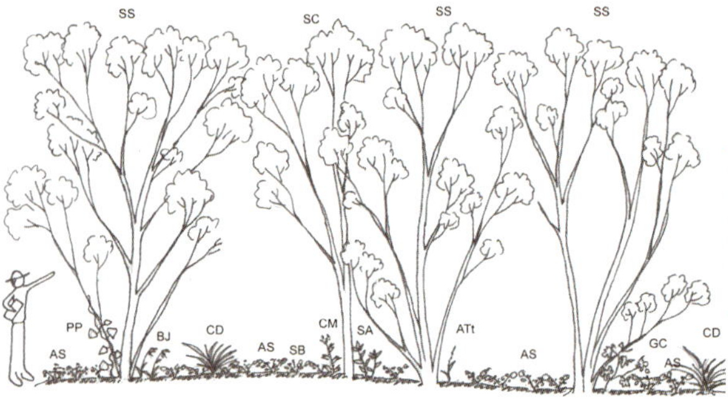

SS:	선버들	*Salix subfragilis* Anderson
AS:	자운영	*Astragalus sinicus* L.
PP:	며느리배꼽	*Persicaria perfoliata* (L.) H. Gross
BJ:	참새귀리	*Bromus japonicus* Thunb.
CD:	이삭사초	*Carex dimorpholepis* Steud.
ATt:	개밀	*Agropyron tsukusinense* var. *transiens* (Hack.) Ohw
SB:	말똥비름	*Sedum bulbiferum* Makino
CM:	벌사상자	*Cnidium monnieri* (L.) Cusson
SA:	쇠별꽃	*Stellaria aquatica* (L.) Scop.
SC:	왕버들	*Salix chaenomeloides* Kimura
GC:	미국쥐손이	*Geranium carolinianum* L.

• 식물사회 구성멤버 Species composition

Occurrence species	출현종	상대기여도
Salix subfragilis Anderson	선버들	**100.0**
Salix chaenomeloides Kimuraiii	왕버들	**36.7**
Carex dimorpholepis Steud.	이삭사초	**34.0**
Astragalus sinicus L.	자운영	**32.0**
Stellaria aquatica (L.) Scop.	쇠별꽃	**20.0**
Agropyron tsukusinense var. *transiens* (Hack.) Ohwi	개밀	**15.0**
Hemistepta lyrata Bunge	지칭개	**9.3**
Bromus japonicus Thunb.	참새귀리	**8.0**
Galium spurium var. *echinospermon* (Wallr.) Hayek	갈퀴덩굴	**8.0**
Geranium carolinianum L.	미국쥐손이	**7.0**
Cnidium monnieri (L.) Cusson	벌사상자	**6.0**
Persicaria perfoliata (L.) H. Gross	며느리배꼽	**4.0**

Sedum bulbiferum Makino	말똥비름	**4.0**
Carex thunbergii var. *appendiculata* (Trautv.) Ohwi	뚝사초	**4.0**
Miscanthus sacchariflorus (Maxim.) Bentham	물억새	**2.7**
Acorus calamus var. *angustatus* Besser	창포	**2.0**
Eleocharis equisetiformis (Meinsh.) B. Fedtschenko	까락골	**2.0**
Rumex crispus L.	소리쟁이	**1.3**
Humulus scandens (Lour.) Merr.	한삼덩굴	**1.3**
Persicaria maackiana (Regel) Nakai	나도미꾸리	**1.3**
Calystegia hederacea Wallich	애기메꽃	**1.3**
Vicia angustifolia L.	살갈퀴	**1.0**
Vicia amoena Fischer	갈퀴나물	**0.7**

• 군락생태 Synecology

진단종	Diagnostic species:	선버들(d), 자운영(d)
상관	Physiognomy:	선버들 우점의 하록활엽수 관목숲(shrubbery)
구조	Structure:	교목성 관목층(6m 내외), 초본층의 2층 구조
조성	Composition:	군락 지붕층(林冠)은 선버들이 우점하고, 왕버들, 버드나무 등이 낮은 빈도로 섞여남, 드물게 임연 선구식물종인 산뽕나무, 찔레나무 등이 출현하고, 초본층에 자운영과 쇠별꽃 같은 농촌 습생 경작지 1년생 잡초가 높은 피도와 빈도로 출현함.
입지	Habitat:	물(공유수면) 가장자리(水邊)와 인접한 넓은 평탄 지형에서 증수기에 관수의 빈도가 빈번한 입지이면서도 연중 물 밖으로 노출되어 있는 입지로서 대부분 과거 경작지로 사용되었다가 방치된 곳이다. 토양은 통기성이 불량한 입자가 아주 고은 점토가 우세하지만, 선버들과 왕버들 수목 개체에서 생산된 다량의 낙엽이 섞여 있음으로써 통기성이 원활하며 비옥하다. 이른 봄(3월 하순~4월 중순), 콩과식물인 자운영은 군락 수관층이 밀폐되기 전에 일제히 발아, 개엽, 개화의 생명환을 완성한다.
동태	Dynamics:	선버들-자운영군락은 우포늪에서 연안대 배후에 연결되는 평탄 범람원(upland)에서 가장 넓게 발달하고 있는 소택관목림(swamp shrubbery)이다. 본 군락은 그러한 평탄 범람 입지에서 우포늪의 수리수문 환경에 발달하는 독특한 식물사회이며, 현재 수준의 범람과 침수 패턴이 지속될 경우 유지되는 일종의 지속군락이다. 하지만, 보다 안정적인 수리수문의 패턴으로 변화된다면, 본 군락은 궁극적으로 왕버들이 우점하는 식물사회로 천이할 것이다. 우포늪에서 기록되고 있는 선버들 개체군의 평균연령은 16년±8.4년이지만, 본 군락에서는 모두 10년 이하로 측정되었으며, 우포늪 보호지역내에서 휴경(休耕)이 시작된 시기와 일치한다(이창우 2009, 경남발전연구원 2007).
하위단위	Subunits:	전형하위군락(Typical subunit), 버드나무하위군락(*Salix koreensis* subunit).
상급단위	Upper units:	군강 미결정, 선버들 군목(Lee 2005), 선버들-갈풀군단(Lee 2005).
감시등급	Vegetation class:	[II] (4) 일반감시대상 식물군락

• 관찰 장소와 환경

18. 왕버들군락 *Salix chaenomeloides* community Summergreen broad-leaved King's willow forests on floodplain

나무벌(목포)의 습지 가장자리 범람원에 발달하고 있는 왕버들군락 (2007. 4. 20)
Remnant forest of *Salix chaenomeloides* community on upland floodplain in Namu-Peol(Mokpo).

• 삶터 Microhabitat

SC: 왕버들 *Salix chaenomeloides* Kimura
ATt: 개밀 *Agropyron tsukusinense* var. *transiens* (Hack.
PC: 갈대 *Phragmites communis* Trinius
RC: 소리쟁이 *Rumex crispus* L.
CD: 삿갓사초 *Carex dispalata* Boott
SA: 쇠별꽃 *Stellaria aquatica* (L.) Scop.
PP: 며느리배꼽 *Persicaria perfoliata* (L.) H. Gross

• 식물사회 구성멤버 Species composition

Occurrence species	출현종	상대기여도
Salix chaenomeloides Kimura	왕버들	**100.0**
Agropyron tsukusinense var. *transiens* (Hack.) Ohwi	개밀	**22.2**
Persicaria perfoliata (L.) H. Gross	며느리배꼽	**22.2**
Stellaria aquatica (L.) Scop.	쇠별꽃	**14.6**
Cnidium monnieri (L.) Cusson	벌사상자	**6.9**
Persicaria maackiana (Regel) Nakai	나도미꾸리	**5.6**
Carex dispalata Boott	삿갓사초	**4.9**
Astragalus sinicus L.	자운영	**4.9**

Carex dimorpholepis Steud.	이삭사초	**4.2**
Phragmites communis Trinius	갈대	**4.2**
Sedum bulbiferum Makino	말똥비름	**2.8**
Rumex crispus L.	소리쟁이	**2.8**
Rosa multiflora Thunb.	찔레나무	**2.8**
Actinostemma lobatum (Maxim.)	뚜껑덩굴	**2.8**
Morus bombycis Koidz.	산뽕나무	**2.8**
Bromus japonicus Thunb.	참새귀리	**2.1**
Achyranthes japonica (Miquel) Nakai	쇠무릅	**2.1**
Calystegia hederacea Wallich	애기메꽃	**2.1**
Torilis japonica (Houttuyn) DC.	사상자	**2.1**
Hemistepta lyrata Bunge	지칭개	**1.4**
Galium spurium var. *echinospermon* (Wallr.) Hayek	갈퀴덩굴	**1.4**
Capsella bursa-pastoris (L.) Medicus	냉이	**1.4**
Viola patrini DC.	흰제비꽃	**1.4**
Humulus scandens (Lour.) Merr.	한삼덩굴	**0.7**
Carex bostrichostigma Maxim.	길뚝사초	**0.7**
Ixeris polycephala Cass.	벌씀바귀	**0.7**

• 군락생태 Synecology

진단종	Diagnostic species:	왕버들(d), 삿갓사초(d)
상관	Physiognomy:	왕버들 우점의 하록활엽수 교목림
구조	Structure:	교목층, 관목층, 초본층의 3층, 교목층 최고 23m에 달하기도 함
조성	Composition:	교목층에 왕버들 단순 우점, 관목층에 산뽕나무, 찔레나무 등의 임연 선구식물 출현, 초본층에 농촌형 소매군락 진단종인 쇠별꽃, 며느리배꼽, 별사상자 등이 출현.
입지	Habitat:	연 1~2회 관수(冠水)가 일어나는 입지, 나무벌(목포)의 물가장자리(水邊) 범람원에서 흔하게 잔존함. 주로 제방 사면의 중간 부분보다 위쪽에서 출현, 소벌(우포)과 나무벌(목포)에 단편적으로 관찰, 점토와 실트가 우세한 토양, 상하로의 수직적인 수위 변화가 우세한 입지이다.
동태	Dynamics:	우포늪에서 가장 안정된 입지에 출현하는 버드나무류 식물사회, 한반도 남부 · 저산지 식생대에서 저층습원의 잠재자연식생, 외부 토양의 유입정도 및 미지형 변화에 따라 입지의 육화(陸化; 뭍으로의 변화) 정도를 나타내는 종조성 차이가 발생, 저층습원의 호소성(湖沼性) 배후습지의 식생단위(이율경 1999; 이율경, 김종원, 2005; 안경환, 2009)이다.
하위단위	Subunits:	전형하위군락(typical subunit), 삿갓사초하위군락(*Carex dispalta* subunit)
상급단위	Higher units:	군강 미결정, 선버들군목, 버드나무군단(이율경, 김종원, 2005), 일본의 사할린버드나무군강, 선버들-말똥비름군목, 선버들군단(Miyawaki *et al*. 1994)에 대응.
감시등급	Vegetation class:	[IV] (6) 중대감시대상 식물군락

• 관찰 장소와 환경

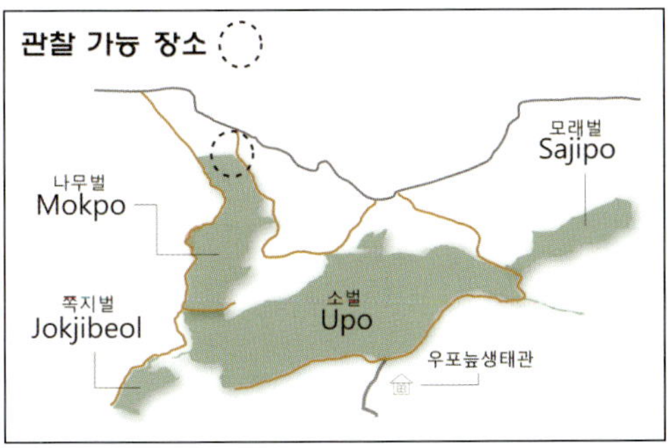

수분조건 (moisture condition)	과습	■	중용	□	과건
토성 (soil texture)	점토	■	모래	□	자갈
수위 (water level)	저수위	■	중수위	□	고수위

19. 참오글잎버들-갈대군락 *Phragmites communis-Salix siuzevii* commu

Summergreen broad-leaved Siuzev-willow shrubbery along ditch

소벌(우포) 주변의 물길을 따라 발달하고 있는 참오글잎버들-갈대군락 (2011. 6. 24)
Siuzev-willow shrubbery rarely occurring along the ditch in the Upo wetland.

• 숲터 Microhabitat

SS:	참오글잎버들	*Salix siuzevii* O. Seem.
SB:	말똥비름	*Sedum bulbiferum* Makino
SA:	쇠별꽃	*Stellaria aquatica* (L.) Scop.
PP:	며느리배꼽	*Persicaria perfoliata* (L.) H. Gross
ATt:	개밀	*Agropyron tsukusinense* var. *transiens* (H (Hack.) Ohwi
RC:	소리쟁이	*Rumex crispus* L.
SSu:	선버들	*Salix subfragilis* Anderson
PC:	갈대	*Phragmites communis* Trinius

• 식물사회 구성멤버 Species composition

Occurrence species	출현종	피도값
Salix siuzevii O. Seem.	참오글잎버들	**9**
Stellaria aquatica (L.) Scop.	쇠별꽃	**7**
Salix subfragilis Anderson	선버들	**3**
Persicaria perfoliata (L.) H. Gross	며느리배꼽	**3**
Achyranthes japonica (Miquel) Nakai	쇠무릅	**3**
Agropyron tsukusinense var. *transiens* (Hack.) Ohwi	개밀	**2**
Cnidium monnieri (L.) Cusson	벌사상자	**2**
Sedum bulbiferum Makino	말똥비름	**2**
Miscanthus sacchariflorus (Maxim.) Bentham	물억새	**2**
Rumex crispus L.	소리쟁이	**1**
Bromus japonicus Thunb.	참새귀리	**1**
Rosa multiflora Thunb.	찔레나무	**1**
Calystegia hederacea Wallich	애기메꽃	**1**
Actinostemma lobatum (Maxim.)	뚜껑덩굴	**1**
Phragmites communis Trinius	갈대	**1**
Stellaria alsine var. *undulata* (Thunb.) Ohwi	벼룩나물	**1**
Clematis apiifolia DC.	사위질빵	**1**

• 군락생태 Synecology

진단종	Diagnostic species:	참오글잎버들(d), 갈대(d)
상관	Physiognomy:	참오글잎버들 우점의 관목 식생
구조	Structure:	관목층(4m 이하)과 초본층의 2층 구조
조성	Composition:	관목층에 참오글잎버들 단순 우점, 관목층에 찔레나무가 드물게 섞여남, 초본층에 쇠별꽃이 높은 피도로 생육
입지	Habitat:	대대제방으로 이어지는 우포 관측로를 따라 굴토(掘土)에 의해 만들어진 물길을 따라 좁은 면적으로 발달
동태	Dynamics:	과거 굴토에 의해 형성된 사질(砂質)의 토양환경에서 참오글잎버들이 발아할 기회를 가짐으로써 이루어진 식분(植分)으로, 평탄지의 수로 인근에서 수고 약 4m, 기저부(基底部) 직경 약 10cm의 일제히 생성된 관목 울타리를 만들고 있음, 수령 15년 미만의 어린 개체군, 우포 생태 탐방로가 개설되고 주변 산지로부터 공급되는 토양이 퇴적됨으로써 서식처가 육화되고 있음, 우포늪 일대에서 매우 희귀한 식물사회.
하위단위	Subunits:	없음
상급단위	Upper units:	선버들군목, 선버들-갈풀군단(이율경, 2005)
감시등급	Vegetation class:	[IV] (6) 중대감시대상 식물군락

• 관찰 장소와 환경

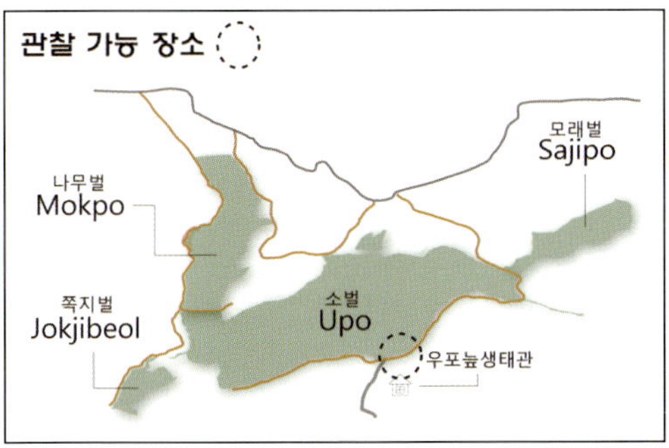

수분조건 (moisture condition)	과습	■	중용	□	과건
토성 (soil texture)	점토	■	모래	□	자갈
수위 (water level)	저수위	■	중수위	□	고수위

연목림 식생

20. 이태리포푸라군락

Populus euramericana community
Exotic poplar plantation

습지 가장자리에 인공적으로 조성되어 있는 이태리포푸라군락 (2008.7.8)
Populus euramericana community found along the wetland rim. This exotic poplar plantation will be potentially substituted by *Salix chaenomeloides* community.

• 삶터 Microhabitat

PE:	이태리포푸라	*Populus euramericana* Guinier
PC:	갈대	*Phragmites communis* Trinius
CTa:	뚝사초	*Carex thunbergii* var. *appendiculata* (Trautv.)
CS:	팽나무	*Celtis sinensis* Pers.

• 식물사회 구성멤버 Species composition

Occurrence species	출현종	피도값
Populus euramericana Guinier	이태리포푸라	**8**
Phragmites communis Trinius	갈대	**8**
Carex thunbergii Steud. var. *appendiculata* (Trautv.) Ohwi	뚝사초	**6**
Celtis sinensis Pers.	팽나무	**5**
Humulus scandens (Lour.) Merr.	한삼덩굴	**4**
Persicaria perfoliata (L.) H. Gross	며느리배꼽	**3**
Stellaria aquatica (L.) Scop.	쇠별꽃	**2**
Achyranthes japonica (Miquel) Nakai	쇠무릅	**2**
Miscanthus sacchariflorus (Maxim.) Bentham	물억새	**2**
Morus bombycis Koidz.	산뽕나무	**2**
Rosa multiflora Thunb.	찔레나무	**1**
Artemisia princeps Pamp.	쑥	**1**
Rumex crispus L.	소리쟁이	**1**
Phytolacca americana L.	미국자리공	**1**
Metaplexis japonica (Thunb.) Makino	박주가리	**1**
Solanum lyratum Thunb.	배풍등	**1**
Persicaria lapathifolia (L.) S. F. Gray	흰여뀌	**1**
Diospyros lotus L.	고욤나무	**1**

• 군락생태 Synecology

진단종	Diagnostic species:	이태리포푸라(d)
상관	Physiognomy:	수관층(樹冠層, canopy)에 이태리푸포라가 우점하는 하록활엽수 인공림.
구조	Structure:	교목층, 관목층, 초본층의 3층 구조.
조성	Composition:	교목층(20m 이하)에 인공적으로 식재된 이태리포푸라(양버들과 미류의 잡종)에 의해 단순 우점되며, 관목층에 산뽕나무, 싸리나무가 매우 드물게 출현하고, 초본층에는 고경초본인 갈대, 물억새가 출현.
입지	Habitat:	우포늪의 습지 가장자리 및 습지 내부의 수로 주변에 인공적으로 식재.
동태	Dynamics:	인공적으로 식재된 식분으로 식물체 상부의 부피 생장에 따라 태풍에 쓰러질 위험성이 있다. 식재된 입지는 습지 연목림의 서식처이며, 이태리포푸라군락은 인공적으로 관리되지 않고 방치된다면, 향후 왕버들과 선버들이 우점하는 식생으로 대체될 것임.
하위단위	Subunits:	미기재
상급단위	Upper units:	해당사항 없음
감시등급	Vegetation class:	[I] (0) 비감시대상 식물군락 (인공(육림) 식생)

• 관찰 장소와 환경

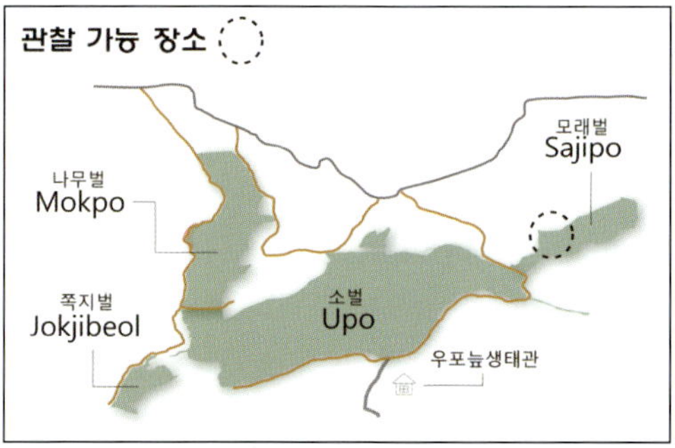

수분조건 (moisture condition)	과습	■	중용	□	과건
토성 (soil texture)	점토	■	모래	□	자갈
수위 (water level)	저수위	■	중수위	□	고수위

우포늪 외곽 산지 언저리에서 관찰되는 '사위질빵(Clematis apiifolia DC.)'은 본래 아름다운 우리 이름 '수레나물'이 이었다. (『한국 식물사회 생태도감』제 2 권 참조)

■ 마른 땅의 식물사회

• 우포늪의 식생체계 Syntaxonomical hierarchy

<table>
<tr><th>군강
Class</th><th>군목
Order</th><th>군단
Alliance</th><th>군집
Association</th><th>군락
Community</th></tr>
<tr><td>질경이군강</td><td>질경이군목</td><td>미결정</td><td></td><td>질경이-
여우주머니군락</td></tr>
<tr><td>쑥군강</td><td colspan="2">미결정</td><td></td><td>강아지풀군락</td></tr>
<tr><td>억새군강</td><td colspan="2">미결정</td><td></td><td>억새군락</td></tr>
<tr><td>꼬리고사리군강</td><td colspan="2">미결정</td><td></td><td>꼬리고사리군락</td></tr>
<tr><td colspan="2">미결정</td><td>부처손군단</td><td></td><td>부처손-
애기석위군락</td></tr>
<tr><td>찔레꽃군강</td><td colspan="2">미결정</td><td></td><td>찔레나무군락</td></tr>
<tr><td rowspan="2">신갈나무-
너도밤나무군강</td><td rowspan="2">신갈나무-
철쭉나무군목</td><td>미결정</td><td></td><td>굴참나무-
그늘사초군락</td></tr>
<tr><td>신갈나무-
생강나무군단</td><td></td><td>상수리나무군락</td></tr>
<tr><td colspan="3" rowspan="14">상급단위 미결정</td><td>참느릅나무군집</td><td></td></tr>
<tr><td></td><td>괭이사초군락</td></tr>
<tr><td></td><td>능수참새그령군락</td></tr>
<tr><td></td><td>개지치군락</td></tr>
<tr><td></td><td>거미일엽초군락</td></tr>
<tr><td></td><td>기린초-
좀깨잎나무군락</td></tr>
<tr><td></td><td>반들가시나무군락</td></tr>
<tr><td></td><td>묏대추-흰대극군락</td></tr>
<tr><td></td><td>등나무군락</td></tr>
<tr><td></td><td>은사시나무군락</td></tr>
<tr><td></td><td>아까시나무-
쇠무릅군락</td></tr>
<tr><td></td><td>리기다소나무-
소나무군락</td></tr>
<tr><td></td><td>낙엽송군락</td></tr>
<tr><td></td><td>왕대군락</td></tr>
</table>

21. 질경이-여우주머니군락

Plantago asiatica-Phyllanthus ussuriensis community
Trampled perennial community on the reclaimed road in the wetland

우포늪에서 드물게 관수(冠水) 영향을 받는 답압식생, 질경이-여우주머니군락 (2008.9.22)
Plantago asiatica-Phyllanthus ussuriensis community on a trampled site in the Upo wetland.

• 삶터 Microhabitat

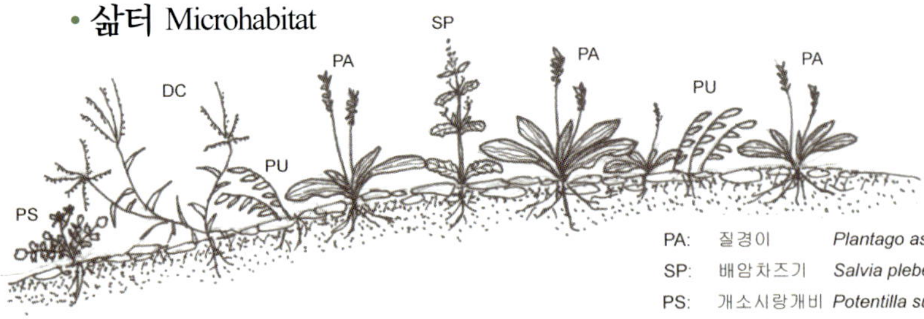

PA:	질경이	*Plantago asiatica* L.
SP:	배암차즈기	*Salvia plebeia* R. Brown
PS:	개소시랑개비	*Potentilla supina* L.
DC:	바랭이	*Digitaria ciliaris* (Retz.) Koel.
PU:	여우주머니	*Phyllanthus ussuriensis* Rupr. et Maxim

• 식물사회 구성멤버 Species composition

Occurrence species	출현종	피도
Plantago asiatica L.	질경이	**8**
Phyllanthus ussuriensis Rupr. et Maxim.	여우주머니	**4**
Digitaria ciliaris (Retz.) Koel.	바랭이	**2**
Acalypha australis L.	깨풀	**2**
Potentilla supina L.	개소시랑개비	**2**
Salvia plebeia R. Brown	배암차즈기	**1**
Erigeron canadensis L.	망초	**1**
Lepidium apetalum Will.	다닥냉이	**1**
Rumex crispus L.	소리쟁이	**1**
Cardamine flexuosa With.	황새냉이	**1**

• 군락생태 Synecology

진단종	Diagnostic species:	질경이(d), 여우주머니(d)
상관	Physiognomy:	질경이가 우점하는 노상초본식생
구조	Structure:	단층 초본군락
조성	Composition:	질경이가 우점하고, 여우주머니가 낮은 피도로 출현한다.
입지	Habitat:	습지 주변의 산지대 하부 농로(農路)에서, 또는 아주 드물게 관수의 경험하지만 신속하게 물이 배수되는 곳에서 자갈을 포함한 미사질토 또는 식양토의 토양이 발달한 입지이다. 길 위(路上)에서 답압의 영향에 의해 발달하는 식물사회이지만, 질경이가 우점하는 답압식물사회 가운데 답압의 빈도가 가장 낮은 입지이다.
동태	Dynamics:	답압에 의해 유지되는 지속군락이지만, 보호구역으로 설정된 우포늪 지역에서는 답압의 영향을 받는 서식처가 제한되어 있기 때문에 질경이가 우점하는 식물사회는 드물게 관찰된다. 본 군락과 유사한 식물사회는 자동차 등의 답압 영향을 경험한 바가 있는 모래 자갈이 퇴적된 강바닥(riverbed)에서도 관찰된다.
하위단위	Subunits:	미기재
상급단위	Upper units:	질경이군강(Plantaginetea Tx. et Prsg. 1950), 질경이군목(Plantaginetalia asiaticae Miyawaki 1964), 군단 미결정.
감시등급	Vegetation class:	[I] (1) 비감시대상 식물군락 (인공기원-지역적-일반식물자원-단기복원성)

• 관찰 장소와 환경

길위, 길가 식물사회

22. 괭이사초군락

Carex neurocarpa community
Perennial sedge community on the foot-trodden track in the Upo wetland

과거 농로였던 곳에 다져진 장소를 중심으로 발달한 괭이사초군락(2008.7.8)
Carex neurocarpa community occurring at the old farm road.

• 삶터 Microhabitat

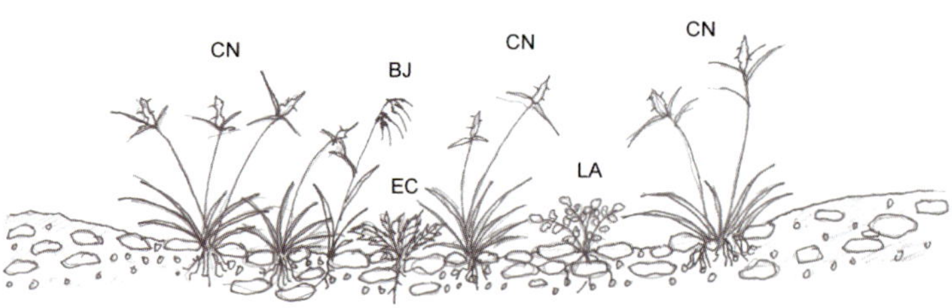

CN:	괭이사초	*Carex neurocarpa* Maxim.
BJ:	참새귀리	*Bromus japonicus* Thunb.
EC:	망초	*Erigeron canadensis* L.
LA:	다닥냉이	*Lepidium apetalum* Will.

• 식물사회 구성멤버 Species composition

Occurrence species	출현종	피도
Carex neurocarpa Maxim.	괭이사초	**8**
Bromus japonicus Thunb.	참새귀리	**5**
Lepidium apetalum Will.	다닥냉이	**2**
Geranium carolinianum L.	미국쥐손이	**2**
Eleocharis equisetiformis (Meinsh.) B. Fedtschenko	까락골	**2**
Stellaria aquatica (L.) Scop.	쇠별꽃	**2**
Erigeron canadensis L.	망초	**1**
Potentilla supina L.	개소시랑개비	**1**
Vicia anguste-pinnata Nakai	가는갈퀴나물	**1**

• 군락생태 Synecology

진단종	Diagnostic species:	괭이사초(d)
상관	Physiognomy:	습지의 연안대 속에서 괭이사초가 우점하는 노상(路上) 적지(跡地) 초지식생
구조	Structure:	초본 1 층의 단층구조
조성	Composition:	초본층에 하천변의 노상노방식생을 대표하는 괭이사초가 우점하며, 낮은 피도로 참새귀리, 미국쥐손이, 개소시랑개비 등이 출현한다.
입지	Habitat:	습지 연안대 속에서 중수위 이상의 범람 수준에서 관수를 경험하는 곳이며, 자갈이 포함된 사질토양이 다져진 입지인데, 과거 경작지 진입로로 이용되었던 길(踏壓 跡地)이다.
동태	Dynamics:	과거 경작지 진입로로 이용되었던 길에서 이차적으로 발달한 식물사회이며, 현재는 매우 드물게 답압의 영향을 받는다. 따라서 그 생육 면적은 점점 축소될 것이며, 고경초본식물종(물억새, 이삭사초 등)에 의하여 조간대 식물군락으로 대체될 것이다.
하위단위	Subunits:	미기재
상급단위	Upper units:	미결정
감시등급	Vegetation class:	[I] (2) 비감시대상 식물군락 (인공기원-국지적-일반식물자원-단기복원성)

• 관찰 장소와 환경

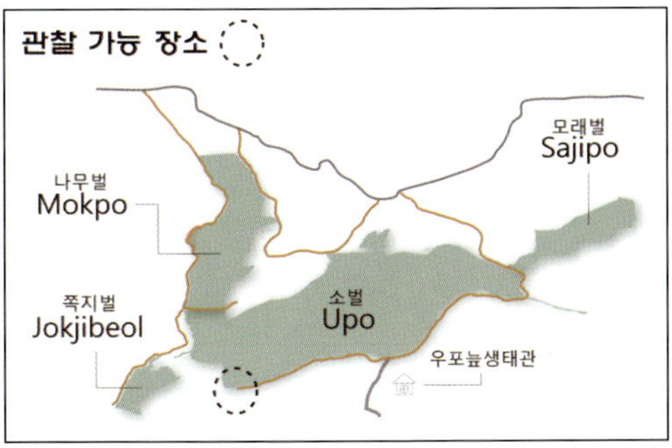

23. 강아지풀군락 *Setaria viridis* community Annual ruderal plant community on the roadside

우리나라 C4 계절형의 길가(路傍) 초본식생, 강아지풀군락 (2007.8.30)

Setaria viridis community, C4 seasonal and ruderal vegetation at the verge of a road in the rural area.

• 삶터 Microhabitat

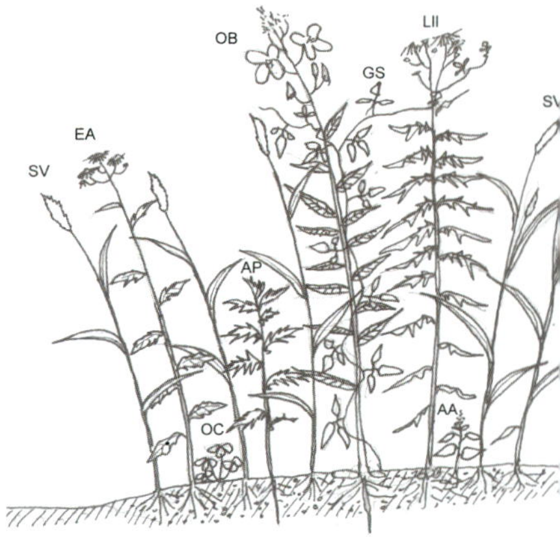

SV: 강아지풀 *Setaria viridis* (L.) Beauv.
EA: 개망초 *Erigeron annuus* (L.) Pers.
OC: 괭이밥 *Oxalis corniculata* L.
AP: 쑥 *Artemisia princeps* Pamp.
OB: 달맞이꽃 *Oenothera biennis* L.
GS: 돌콩 *Glycine soja* Sieb. Et Zucc.
LII: 왕고들빼기 *Lactuca indica* var. *laciniata*
AA: 깨풀 *Acalypha australis* L.

• 식물사회 구성멤버 Species composition

Occurrence species	출현종	상대기여도
Setaria viridis (L.) Beauv.	강아지풀	**100.0**
Oenothera biennis L.	겹달맞이꽃	**23.6**
Bidens bipinnata L.	도깨비바늘	**15.0**
Acalypha australis L.	깨풀	**14.5**
Erigeron canadensis L.	망초	**14.5**
Artemisia princeps Pamp.	쑥	**9.5**
Erigeron annuus (L.) Pers.	개망초	**9.5**
Kummerowia stipulacea (Maxim.) Makino	둥근매듭풀	**4.5**
Rumex crispus L.	소리쟁이	**4.1**
Lactuca indica L. var. *laciniata* (O. Kuntze) Hara	왕고들빼기	**3.6**
Trifolium repens L.	토끼풀	**2.7**
Metaplexis japonica (Thunb.) Makino	박주가리	**2.7**
Euphorbia maculata L.	큰땅빈대	**2.3**
Clematis apiifolia DC.	사위질빵	**2.3**
Salvia plebeia R. Brown	배암차즈기	**1.8**
Lepidium apetalum Will.	다닥냉이	**1.8**

Amphicarpaea trisperma (Miq.) Baker	새콩	**1.8**
Glycine soja Sieb. Et Zucc.	돌콩	**1.4**
Cleistogenes hackelii (Honda) Honda	대새풀	**0.9**
Leonurus japonicus Houttuyn	익모초	**0.9**
Cosmos bipinnatus Cav.	코스모스	**0.9**
Plantago asiatica L.	질경이	**0.5**
Polygonum aviculare L.	마디풀	**0.5**
Portulaca oleracea L.	쇠비름	**0.5**
Vigna angularis var. *nipponensis* (Ohwi) Ohwi & Ohashi	새팥	**0.5**
Humulus scandens (Lour.) Merr.	한삼덩굴	**0.5**
Festuca arundinacea Schreb.	큰김의털	**0.5**
Kummerowia striata (Thunb.) Schnoeider	매듭풀	**0.5**
Oxalis corniculata L.	괭이밥	**0.5**

• 군락생태 Synecology

진단종	Diagnostic species:	강아지풀(d)
상관	Physiognomy:	일년생 노방 초본식생으로 장마 이후의 C4계절형(안경환, 김종원 2005)의 상관이다.
구조	Structure:	초본 1층(0.7m 이하), 초본 2층(0.2m 이하)의 이층구조
조성	Composition:	초본 1층에 강아지풀이 단연 우세하며, 망초가 드물게 섞여난다. 초본 2층에는 낮은 피도로 큰땅빈대, 마디풀, 둥근매듭풀 등의 농촌잡초 식물종이 출현하고 있다. 출현종의 75% 이상이 일이년생 초본종이다.
입지	Habitat:	농촌 길가에서 빈번한 인간간섭이 미치는 불안정한 서식처이다. 약건(弱乾)의 사질 양토에서 발달하고, 침수의 영향이 없는 곳이다.
동태	Dynamics:	연중 수차례의 풀베기 및 비주기적인 답압에 의해서 유지되는 식생으로, 인간간섭을 중지할 경우는 임연식생 및 이차초원식생으로 천이가 진행된다. 전형적인 C4계절형 노방식생이다.
하위단위	Subunits:	미기재
상급단위	Upper units:	쑥군강(Artemisietea principis Miyawaki et Okuda 1972), 군목 및 군단은 미결정.
감시등급	Vegetation class:	[I] (0) 비감시대상 식물군락 (인공기원-광역적-일반식물자원-단기복원성)

• 관찰 장소와 환경

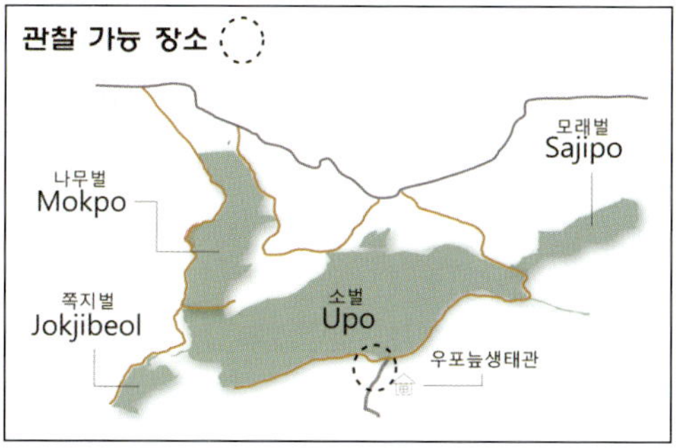

수분조건 (moisture condition)	과습		중용	■	과건
토성 (soil texture)	점토		모래	■	자갈
수위 (water level)	저수위		중수위	■	고수위

24. 억새군락 *Miscanthus sinensis* for. *purpurascens* community Secondary meadow vegetation on the dry sites in the Upo wetland

건생이차초지식생으로 총생하는 억새군락 (2006.10.13)
Miscanthus sinensis for. *purpurascens* community indicative of the dry site. The habitat of this community is located at roadside of bank and disturbed mountain.

• 삶터 Microhabitat

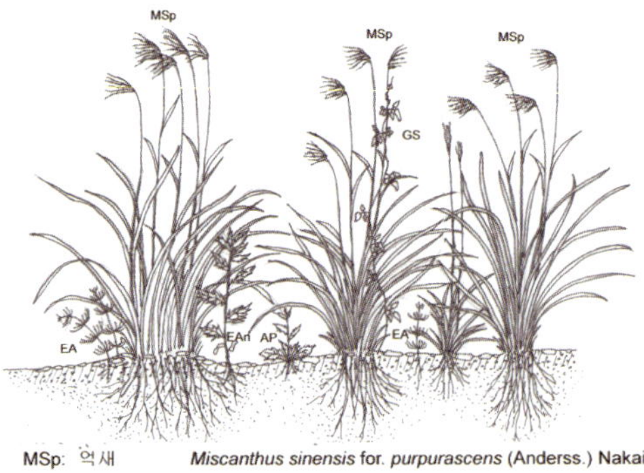

MSp: 억새 *Miscanthus sinensis* for. *purpurascens* (Anderss.) Nakai
EA: 쇠뜨기 *Equisetum arvense* L.
EAN: 개망초 *Erigeron annuus* (L.) Pers.
AP: 쑥 *Artemisia princeps* Pamp.
GS: 돌콩 *Glycine soja* Sieb. Et Zucc.

• 식물사회 구성멤버 Species composition

Occurrence species	출현종	피도
Miscanthus sinensis for. *purpurascens* (Anderss.) Nakai	억새	9
Artemisia princeps Pamp.	쑥	2
Equisetum arvense L.	쇠뜨기	1
Erigeron canadensis L.	망초	1
Erigeron annuus (L.) Pers.	개망초	1
Humulus scandens (Lour.) Merr.	한삼덩굴	1
Glycine soja Sieb. Et Zucc.	돌콩	1
Persicaria perfoliata (L.) H. Gross	며느리배꼽	1
Cleistogenes hackelii (Honda) Honda	대새풀	1

• 군락생태 Synecology

진단종	Diagnostic species:	억새(d)
상관	Physiognomy:	억새가 우점하는 건생이차초원
구조	Structure:	초본 1층과 초본 2층의 이층 구조
조성	Composition:	초본 1층에 억새가 단순 우점 함으로써 초본 2층에는 출현종의 다양성이 빈약한 것이 특징이며, 쑥, 쇠뜨기, 망초, 개망초 등이 자주 출현하고 있다.
입지	Habitat:	제방의 상부(上部), 산지대의 돌출입지, 무덤가 주변 등의 장소에서 건생(乾生) 입지를 중심으로 과건(過乾)에서 중용(中庸)의 토양 수분환경을 가지고 있다. 주로 조립질(組立質) 토양을 기반으로 발달하기 때문에 세립질(細粒質)이 우세한 우포늪 지역에서는 군락의 규모도 작고 그 출현빈도도 낮다.
동태	Dynamics:	주기적인 풀베기(刈取)와 불지르기(火入)에 의하여 지속되는 식물사회로서 그러한 관리가 중지되면, 임연식생(林緣植生)으로의 천이가 진행된다.
하위단위	Subunits:	미기재.
상급단위	Upper units:	억새군강(Miscanthetea sinensis Miyawaki et Ohba 1970), 군목과 군단은 미결정.
감시등급	Vegetation class:	[I] (1) 비감시대상 식물군락 (인공기원-지역적-일반식물자원-단기복원성)

• 관찰 장소와 환경

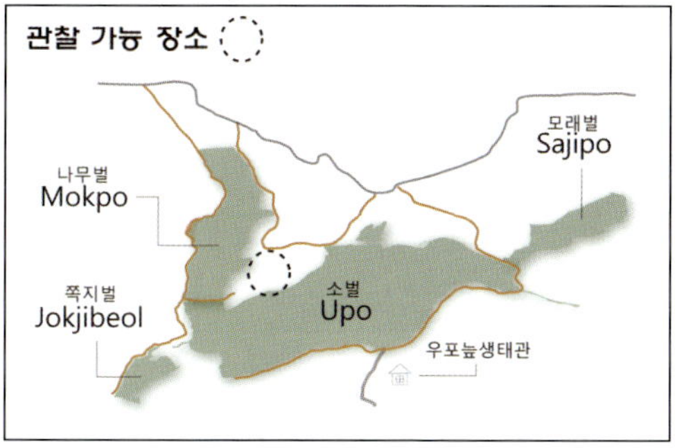

수분조건 (moisture condition)	과습		중용		과건
토성 (soil texture)	점토		모래		자갈
수위 (water level)	저수위		중수위		고수위

이차 건생초지 식물사회

25. 능수참새그령군락

Eragrostis curvula community
Hay meadow vegetation on the bank

건생이차초지식생으로 분류되는 인공적으로 조성된 능수참새그령군락 (2008.9.28)
Eragrostis curvula community artificially introduced on the bank between Namu-Peol(Mokpo) and Jjokji-peol.

• 삶터 Microhabitat

EC: 능수참새그령 *Eragrostis curvula* Nees
CH: 대새풀 *Cleistogenes hackelii* (Honda) Honda
KS: 둥근매듭풀 *Kummerowia stipulacea* (Maxim.) Makino
ECa: 망초 *Erigeron canadensis* L.
AP: 쑥 *Artemisia princeps* Pamp.
LC: 비수리 *Lespedeza cuneata* (Dumont d. Cours.) G. Don
SV: 강아지풀 *Setaria viridis* (L.) Beauv.
VA: 새팥 *Vigna angularis* var. *nipponensis* (Ohwi) Ohwi &

• 식물사회 구성멤버 Species composition

Occurrence species	출현종	상대기여도
Eragrostis curvula Nees	능수참새그령	**100.0**
Erigeron canadensis L.	망초	**17.6**
Kummerowia stipulacea (Maxim.) Makino	둥근매듭풀	**17.6**
Artemisia princeps Pamp.	쑥	**14.7**
Lespedeza cuneata (Dumont d. Cours.) G. Don	비수리	**11.8**
Setaria viridis (L.) Beauv.	강아지풀	**8.8**
Vigna angularis (Willd.) Ohwi & Ohashi var. *nipponensis* (Ohwi) Ohwi & Ohashi	새팥	**8.8**
Rosa multiflora Thunb.	찔레나무	**8.8**
Hemarthria sibirica (Gondoger) Ohwi	쇠치기풀	**5.9**
Acalypha australis L.	깨풀	**5.9**
Oenothera biennis L.	겹달맞이꽃	**5.9**
Bidens parviflora Willd.	까치발	**5.9**
Cleistogenes hackelii (Honda) Honda	대새풀	**5.9**
Polygonum aviculare L.	마디풀	**2.9**
Potentilla supina L.	개소시랑개비	**2.9**

Metaplexis japonica (Thunb.) Makino	박주가리	**2.9**
Euphorbia maculata L.	큰땅빈대	**2.9**
Amphicarpaea trisperma (Miq.) Baker	새콩	**2.9**
Sonchus asper (L.) Hill	큰방가지똥	**2.9**
Aristolochia contorta Bunge	쥐방울	**2.9**
Corchoropsis tomentosa (Thunberg) Makino	수까치깨	**2.9**

• 군락생태 Synecology

진단종	Diagnostic species:	능수참새그령(d), 비수리(d)
상관	Physiognomy:	인공(人工) 조성(造成)의 건생(乾生) 이차초지식생(二次草地植生)
구조	Structure:	초본 1층, 초본 2층의 이층 구조
조성	Composition:	초본 1층의 능수참새그령, 비수리, 망초, 겹달맞이꽃, 찔레나무, 초본 2층에 둥근매듭풀이 출현한다. 특히 제방 보수 공사 이후 지피식물로서 인공적으로 외래식물종인 능수참새그령(남아프리카 원산)을 이용하여 조성된 것으로부터 유래하는 식물사회이다.
입지	Habitat:	나무벌(목포)과 쪽지벌 사이 제방 상부(上部) 가장자리를 따라 관찰되는데, 직사광선에 노출되어 있으며, 매우 건조한 환경조건이다. 주기적인 관리(刈草 또는 태우기 (火入) 이외에 토지적 서식환경은 매우 안정적이다.
동태	Dynamics:	주기적인 관리(예초, hay)에 의하여 유지되는 건생(乾生) 이차초지(二次草地, secondary meadow)로서 안정된 서식환경이다. 따라서 다년생 초본의 구성비가 높고, 심지어는 임연성(林緣性) 목본종(찔레 또는 반들가시나무)이 섞여나기도 한다. 현재 수준의 관리가 지속된다면 능수참새그령군락의 제방에 건생이차초지를 대표하는 억새군강(Miscanthetea sinensis Miyawaki et Ohba 1970)에 속하는 다년생 식물군락 비노리-쑥군락으로 대체될 것이다. 우포늪 지역에서 능수참새그령군락은 인공적으로 조성된 지역 이외의 장소에서 그 분포가 아직 확산되지 않고 있는 것으로 관찰되었다. 하지만 우포늪처럼 생태계 보호지역 속에서 외래 식물자원을 이용한 생태계 관리는 매우 반생태적이라는 것을 주지해야 한다.
하위단위	Subunits:	미기재
상급단위	Upper units:	미결정
감시등급	Vegetation class:	[I] (1) 비감시대상 식물군락 (인공기원-지역적-일반식물자원-단기복원성)

• 관찰 장소와 환경

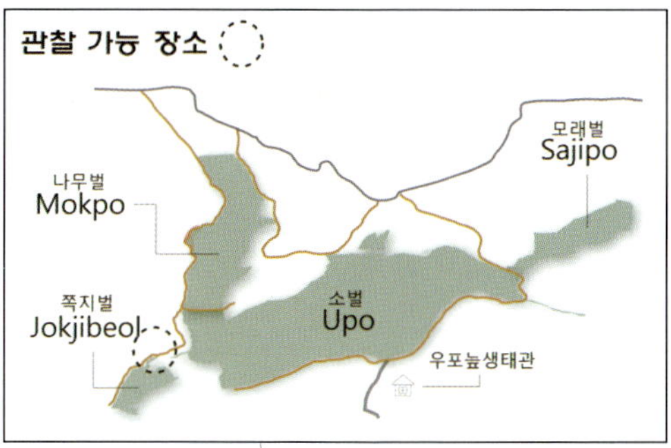

26. 개지치군락

Lithospermum arvense community
Segetal biannual community at an old field in the Upo wetland

세일쇄설토양에 형성된 개지치군락 (2007.4.20)
Lithospermum arvense community, seasonal and ruderal vegetation at the verge of a field and road in the Upo wetland.

• 삶터 Microhabitat

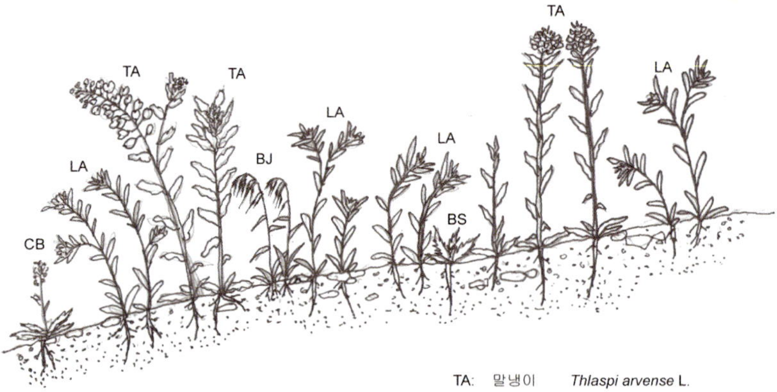

CB:	냉이	*Capsella bursa-pastoris* (L.) Medicus	TA:	말냉이	*Thlaspi arvense* L.
LA:	개지치	*Lithospermum arvense* L.	BJ:	참새귀리	*Bromus japonicus* Thunb.
			BS:	조뱅이	*Breea segeta* (Bunge) Kitamura

• 식물사회 구성멤버 Species composition

Occurrence species	출현종	피도
Lithospermum arvense L.	개지치	8
Thlaspi arvense L.	말냉이	6
Capsella bursa-pastoris (L.) Medicus	냉이	2
Bromus japonicus Thunb.	참새귀리	2
Vicia anguste-pinnata Nakai	가는갈퀴나물	2
Erigeron annuus (L.) Pers.	개망초	1
Veronica didyma var. *lilacina* (Hara) Yamazaki	개불알풀	1
Torilis japonica (Houttuyn) DC.	사상자	1
Cardamine flexuosa With.	황새냉이	1
Draba nemorosa L.	꽃다지	1
Vicia amoena Fischer	갈퀴나물	1
Vicia tetrasperma (L.) Moench	얼치기완두	1
Stellaria alsine var. *undulata* (Thunb.) Ohwi	벼룩나물	1
Lamium amplexicaule L.	광대나물	1
Breea segeta (Bunge) Kitamura	조뱅이	2

• 군락생태 Synecology

진단종	Diagnostic species:	개지치(d)
상관	Physiognomy:	개지치가 우점하는 일이년생 초본식생
구조	Structure:	초본 1층의 단층구조
조성	Composition:	초본층에 개지치가 우점하며, 밭경작지 잡초 식물종(segetal species)이 낮은 피도로 함께 출현한다.
입지	Habitat:	습지 연안대 가운데 고수위 이상의 범람 수준에서 관수를 경험하는 곳이며, 과거 밭경작지로 이용되었던 토지이다. 셰일 풍화토와 파편이 섞인 입지로 표토의 이동이 관찰되는 곳이다.
동태	Dynamics:	휴경작 밭에서 이차적으로 발달한 식물사회이지만, 표토의 이동과 주기적 범람에 의하여 유지되는 식물사회이다. 그래서 식물사회의 크기(면적)는 매우 제한적일 수밖에 없으며, 그러한 토지 환경에서 지속되는 식물군락이다. 매우 희귀한 식물사회이며, 우포늪의 절벽아래에서 잘게 쪼개진 셰일파편(岩碎土)이 쌓여진 곳 또는 유사한 토양환경을 가지는 길가에서 드물게 관찰되고 있다.
하위단위	Subunits:	미기재
상급단위	Upper units:	미결정
감시등급	Vegetation class:	[III] (5) 주요감시대상 식물군락 (자연기원-국지적-일반식물자원-단기복원성)

• 관찰 장소와 환경

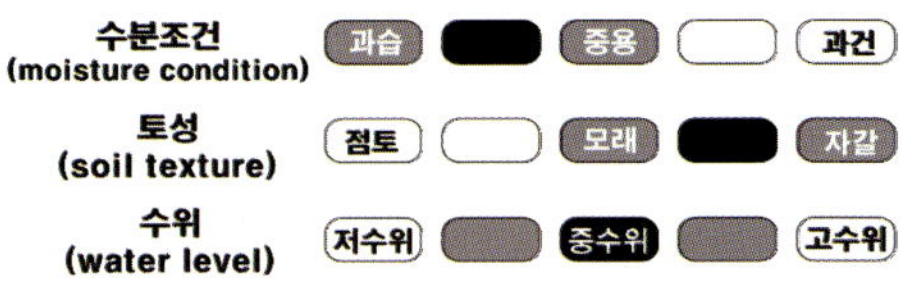

암벽식물사회

27. 거미일엽초군락

Camptosorus sibiricus community
vegetation on rock pocket of cliff around Upo wetland

그늘이지는 돌틈 또는 암낭(rock pocket)의 음습한 서식처에서 분포하는 거미일엽초군락 (2009.7.25)
Camptosorus sibiricus community occupied in the rock pocket. The habitat of this community are shadow and humidity site.

• 삶터 Microhabitat

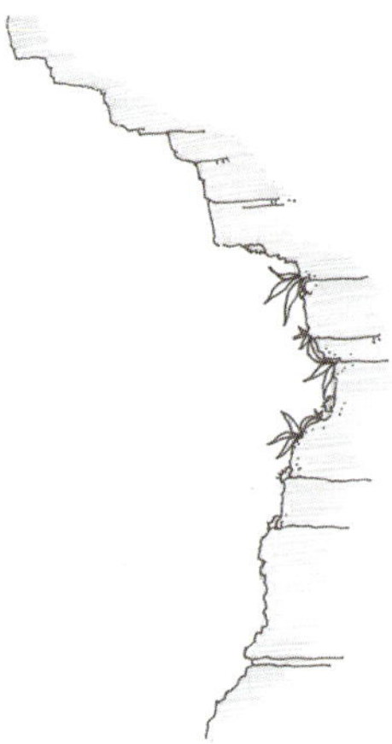

• 식물사회 구성멤버 Species composition

Occurrence species	출현종	피도값
Camptosorus sibiricus Rupr.	거미일엽초	9
Sedum kamtschaticum Fischer	기린초	1

• 군락생태 Synecology

진단종	Diagnostic species:	거미일엽초
상관	Physiognomy:	돌틈에 착생하여 서식하는 소형초본식물군락
구조	Structure :	초본층에 의한 단층구조
조성	Composition:	초본층에 거미일엽초가 성글게 출현하며, 때때로 기린초, 말똥비름 등의 다육식물이 출현하기도 하지만, 일반적으로 거미일엽초 한 종만이 단순 출현한다. 우포늪 지역의 식생 가운데 가장 독립적인 종조성과 서식처 특성을 가진 식물사회이다.
입지	Habitat:	우포의 형성과정에서 만들어진 하식애 및 일부 산지대 하부의 절벽에서 출현하며, 반음지 또는 음지의 상대적으로 어두운 입지에서 출현한다. 미소서식처적으로 습윤한 환경을 형성하며, 연중 수분스트레스를 경험하지 않는 입지에서 출현한다.
동태	Dynamics:	서식처의 변형(절벽의 탈락, 상관(canopy)의 제거)이 일어나지 않는 한 유지되는 지속식물군락(perpetual plant community)이다.
하위단위	Subunits:	미기재
상급단위	Upper units:	미결정
감시등급	Vegetation class:	[II] (4) 일반감시대상 식물군락(자연기원-지역적-일반식물자원-단기복원성)

• 관찰 장소와 환경

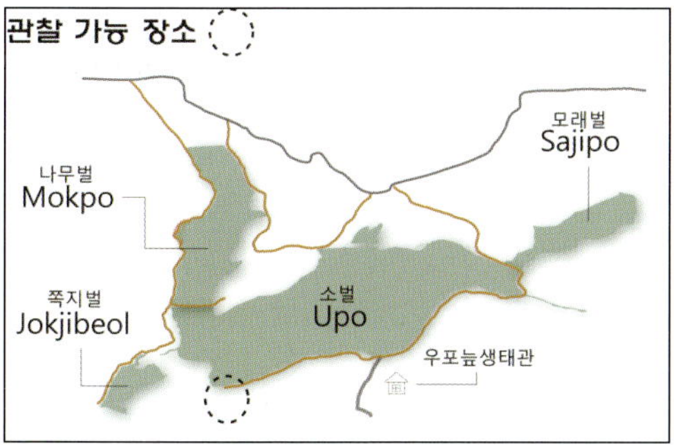

수분조건 (moisture condition)	과습		중용		과건
토성 (soil texture)	점토		모래		자갈
수위 (water level)	저수위		중수위		고수위

암벽식물사회

28. 기린초-좀깨잎나무군락

Boehmeria spicata-Sedum kamtschaticum community
Perennial herbaceous vegetation on rock crevice

우포늪 외곽산지의 북벽(北壁) 암극(岩隙)에 발달하고 있는 기린초-좀깨잎나무군락 (2008.5.20)
Boehmeria spicata-Sedum kamtschaticum community found at rock crevices in the northern cliff.

• 삶터 Microhabitat

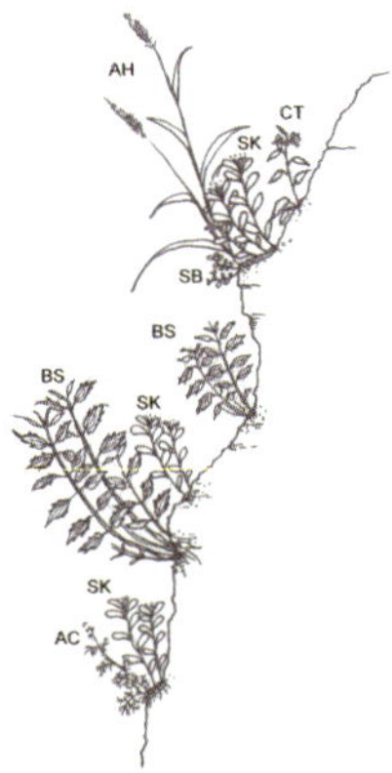

CT: 수까치깨 *Corchoropsis tomentosa* (Thunb.) Makino
SK: 기린초 *Sedum kamtschaticum* Fischer
AH: 새 *Arundinella hirta* (Thunb.) C. Tanaka
SB: 말똥비름 *Sedum bulbiferum* Makino
BS: 좀깨잎나무 *Boehmeria spicata* (Thunb.) Thunb.
AC: 사철쑥 *Artemisia capillaris* Thunb.

• 식물사회 구성멤버 Species composition

Occurrence species	출현종	피도값
Sedum kamtschaticum Fischer	기린초	100 .0
Boehmeria longispica Steud.	왜모시풀	58.8
Securinega suffruticosa (Pallas) Rehder	광대싸리	41.2
Celastrus flagelliaris Rupr.	푼지나무	35.3
Bidens frondosa L.	미국가막사리	35.3
Bidens bipinnata L.	도깨비바늘	29.4
Thalictrum aquilegifolium var. *sibiricum* Regel & Tiling	꿩의다리	11.8

Youngia japonica (L.) DC.	뽀리뱅이	**11.8**
Boehmeria spicata (Thunb.) Thunb.	좀깨잎나무	**11.8**
Zanthoxylum schinifolium Sieb. & Zucc.	산초나무	**11.8**
Dryopteris saxifraga H. Ito	바위족제비고사리	**11.8**
Artemisia capillaris Thunb.	사철쑥	**8.8**
Agropyron tsukusinense var. *transiens* (Hack.) Ohwi	개밀	**8.8**
Arenaria serpyllifolia L.	벼룩이자리	**8.8**
Rosa multiflora Thunb.	찔레나무	**5.9**
Sedum bulbiferum Makino	말똥비름	**5.9**
Youngia denticulata (Houttuyn) Kitamura	이고들빼기	**5.9**
Cocculus trilobus (Thunb.) DC.	댕댕이덩굴	**5.9**
Acalypha australis L.	깨풀	**5.9**
Commelina communis L.	닭의장풀	**5.9**
Arundinella hirta (Thunb.) C. Tanaka	새	**5.9**
Leptorumohra miqueliana (Maxim.) H. Ito	왁살고사리	**2.9**
Euphorbia esula L.	흰대극	**2.9**
Cheilanthes argentea (Gmel.) Kuntze	부싯깃고사리	**2.9**
Celtis sinensis Pers.	팽나무	**2.9**
Humulus scandens (Lour.) Merr.	한삼덩굴	**2.9**
Sonchus oleraceus L.	방가지똥	**2.9**

• 군락생태 Synecology

진단종	Diagnostic species:	기린초(d), 왜모시풀(d), 좀깨잎나무(d)
상관	Physiognomy:	기린초가 우점하는 암극 다년생 초본 식생.
구조	Structure:	초본 1층의 단층 구조.
조성	Composition:	초본층에 기린초가 단연 우점하고, 쐐기풀속(*Boehmeria* spp.)의 왜모시풀과 좀깨잎나무가 특징적으로 함께 난다.
입지	Habitat:	우포늪을 둘러싸고 있는 외곽 산비탈의 북사면 급경사(평균 80°내외) 암벽의 틈바구니(岩隙)를 따라 나타나고 있다. 하식애 어깨(上部) 위치에 발달한 숲에 의하여 직사광선이 차단되는 반음지(半陰地, half-shadow)의 서식처이다. 적습(適濕)과 약습(弱習)의 수분조건을 유지하고 있으며, 붉은점모시나비에게 필수 서식처를 제공한다.
동태	Dynamics:	급경사 암극에 퇴적되어 있는 제한된 토양 환경은 식생 천이를 제한하기 때문에 지속군락으로 유지한다.
하위단위	Subunits:	미기재
상급단위	Upper units:	미결정
감시등급	Vegetation class:	[III] (5) 주요감시대상 식물군락 (자연기원-국지-일반식물자원-단기복원성).

• 관찰 장소와 환경

암벽식물사회

29. 꼬리고사리군락

Asplenium incisum community
Perennial evergreen fern community in the rock pocket

바위주머니 미지형 속에서 관찰되는 꼬리고사리군락 (2011. 6. 24)
Asplenium incisum community occurring in the microhabitat of rock pocket.

• 삶터 Microhabitat

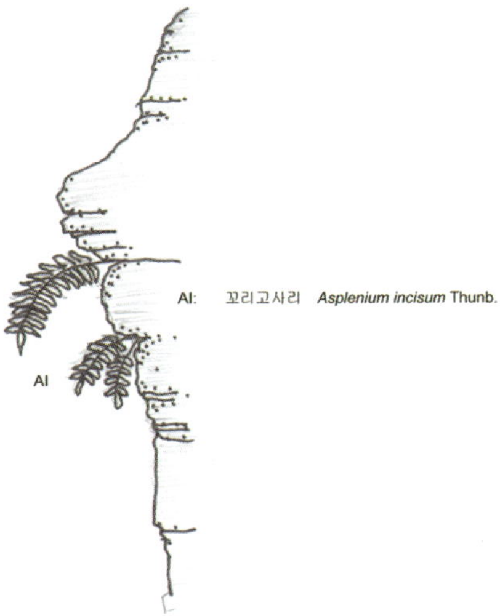

• 식물사회 구성멤버 Species composition

Occurrence species	출현종	피도
Asplenium incisum Thunb.	꼬리고사리	8

• 군락생태 Synecology

진단종	Diagnostic species:	꼬리고사리(d)
상관	Physiognomy:	꼬리고사리가 우점하는 암벽주머니(rock pocket) 상록다년생 양치식물군락.
구조	Structure:	초본층의 단층구조.
조성	Composition:	초본층에 꼬리고사리가 단순 우점한다.
입지	Habitat:	우포늪 외곽 산지의 암벽 틈바구니에 발달하며, 주로 암벽주머니(움푹 들어간 바위틈이나 작은 동굴 입구) 내에서 발달한다. 우포늪에서는 매우 드물게 난온대성 상록 양치식물인 봉의꼬리가 본 군락에서 충분한 빛 환경 조건을 가진 서식처에서 함께 출현하기도 한다.
동태	Dynamics:	미세 서식처 환경의 특성으로부터 지속군락으로 유지되며, 식물사회의 종조성이나 그 크기(면적)는 매우 작게 발달한다.
하위단위	Subunits:	미기재
상급단위	Upper units:	꼬리고사리군강(Asplenietea H. Meyer et Br.-Bl. 1934). 군목과 군단은 미결정.
감시등급	Vegetation class:	[II] (3) 일반감시대상 식물군락 (자연기원-광역적(면적은 작지만)-일반식물자원-단기복원성).

• 관찰 장소와 환경

암벽식물사회

30. 부처손-애기석위군락

Pyrrosia petiolosa-Selaginella tamariscina community
Epiphyte by pteridophyte on the shoulder of the old river cliff

우포늪을 둘러싸고 있는 외곽산지 가운데 물가에 위치하는 절벽에서 발달하고 있다. (2007.8.28)

Pyrrosia petiolosa-Selaginella tamariscina community occurring in the humidity sites of the old river cliff. The community is Korean endemic community.

• 삶터 Microhabitat

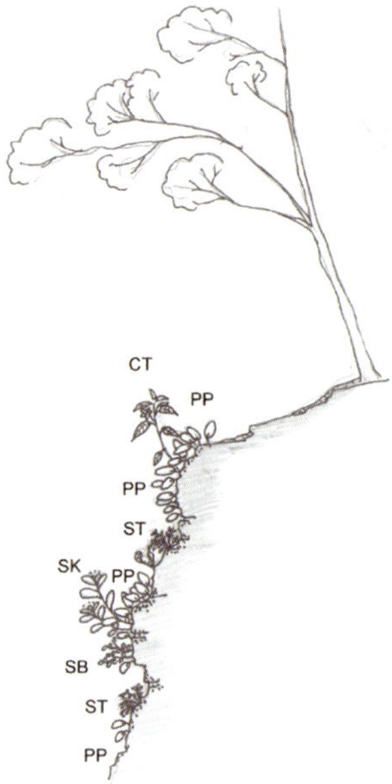

PP:	애기석위	*Pyrrosia petiolosa* (Christ et Baroni)
CT:	수까치깨	*Corchoropsis tomentosa* (Thunb.) M
ST:	부처손	*Selaginella tamariscina* (Beauv.) Sp
SK:	기린초	*Sedum kamtschaticum* Fischer
SB:	말똥비름	*Sedum bulbiferum* Makino

• 식물사회 구성멤버 Species composition

Occurrence species	출현종	상대기여도
Pyrrosia petiolosa (Christ et Baroni) Ching	애기석위	**100.0**
Selaginella tamariscina (Beauv.) Spring	부처손	**86.7**
Sedum kamtschaticum Fischer	기린초	**60.0**
Securinega suffruticosa (Pallas) Rehder	광대싸리	**53.3**
Arundinella hirta (Thunb.) C. Tanaka	새	**26.7**
Celtis sinensis Pers.	팽나무	**20.0**
Youngia denticulata (Houttuyn) Kitamura	이고들빼기	**20.0**
Commelina communis L.	닭의장풀	**20.0**

Kalimeris integrifolia Turcz.	가는쑥부쟁이	**20.0**
Boehmeria longispica Steud.	왜모시풀	**16.7**
Boehmeria spicata (Thunb.) Thunb.	좀깨잎나무	**13.3**
Bidens frondosa L.	미국가막사리	**10.0**
Asplenium incisum Thunb.	꼬리고사리	**6.7**
Sedum bulbiferum Makino	말똥비름	**3.3**
Leptorumohra miqueliana (Maxim.) H. Ito	왁살고사리	**3.3**
Acalypha australis L.	깨풀	**3.3**
Celastrus flagelliaris Rupr.	푼지나무	**3.3**

• 군락생태 Synecology

진단종	Diagnostic species:	애기석위(d), 부처손(d)
상관	Physiognomy:	양치식물인 애기석위와 부처손에 의해 우점되는 암상식물군락
구조	Structure:	초본층에 의한 단층구조이지만, 상관을 형성하지 않는 관목이 드물게 출현하기도 함
조성	Composition:	초본층에 부처손, 애기석위가 높은 빈도로 출현하며, 상대적으로 토심이 발달한 돌틈을 따라 기린초, 새, 이고들빼기, 닭의장풀 등이 출현하기도 한다. 상관을 형성하지 않을 정도의 낮은 피도로 관목종인 광대싸리, 팽나무 등이 출현하기도 한다.
입지	Habitat:	우포늪의 형성과정에서 만들어진 하식애지역의 노출된 암벽의 중/상부에서 출현한다. 습윤한 환경조건을 유지하는 입지인 습지 인근지역 또는 하천 인근지역에서 출현한다. 우포늪에서는 북향의 절벽에서만 제한적으로 출현한다.
동태	Dynamics:	서식처환경이 유지되는 경우 지속되거나 천이의 속도가 매우 느리게 진행되는 지속군락이다. 수환경의 변화 및 절벽경사의 변형 등에 의해 신속하게 훼손될 수 있는 민감한 식물군락이다.
하위단위	Subunits:	미기재
상급단위	Upper units:	군강, 군목 미결정, 부처손군단(Selaginellion tamariscinae Kim 2008
감시등급	Vegetation class:	[III] (5) 주요감시대상 식물군락(자연기원-지소적-일반식물자원-단기복원성)

• 관찰 장소와 환경

암벽식물사회

31. 반들가시나무군락

Rosa wichuraiana community
Half-evergreen mantle-like-hem community on the sedimentary rock fragments

퇴적암 풍화 파편이 집적된 곳을 덮고 있는 반들가시나무군락 (2008.7.1)
Rosa wichuraiana community occurring in the sedimentary rock fragments of the warmer sites.

• 삶터 Microhabitat

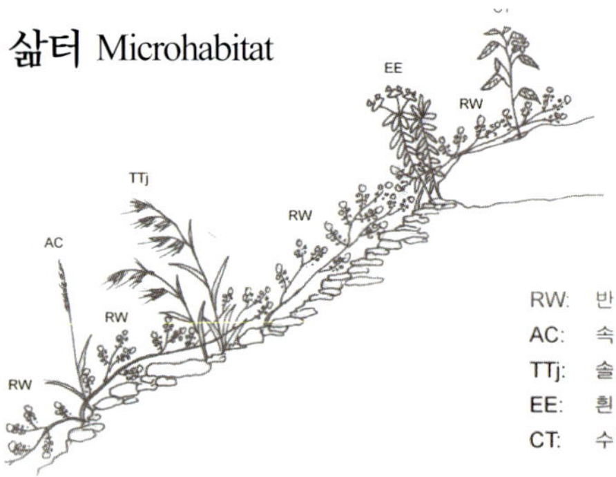

RW: 반들가시나무 *Rosa wichuraiana* Crepin
AC: 속털개밀 *Agropyron ciliare* (Trin.) Fr.
TTj: 솔새 *Themeda triandra* var. *japonica* (Willd.) Makino
EE: 흰대극 *Euphorbia esula* L.
CT: 수까치깨 *Corchoropsis tomentosa* (Thunb.) Makino

• 식물사회 구성멤버 Species composition

Occurrence species	출현종	상대기여도
Rosa wichuraiana Crepin	반들가시나무	**100.0**
Themeda triandra var. *japonica* (Willd.) Makino	솔새	**37.5**
Euphorbia esula L.	흰대극	**30.0**
Celastrus flagelliaris Rupr.	푼지나무	**13.3**
Dianthus chinensis L.	패랭이꽃	**11.7**
Artemisia princeps Pamp.	쑥	**10.0**
Cleistogenes hackelii (Honda) Honda	대새풀	**8.3**
Bromus japonicus Thunb.	참새귀리	**8.3**

Cocculus trilobus (Thunb.) DC.	댕댕이덩굴	**8.3**
Youngia denticulata (Houttuyn) Kitamura	이고들빼기	**7.5**
Erigeron canadensis L.	망초	**7.5**
Acalypha australis L.	깨풀	**5.0**
Oxalis corniculata L.	괭이밥	**5.0**
Euphorbia maculata L.	큰땅빈대	**5.0**
Bidens frondosa L.	미국가막사리	**3.3**
Bidens parviflora Willd.	까치발	**3.3**
Lespedeza virgata (Thunb.) DC.	좀싸리	**2.5**
Pinus densiflora Sieb. et Zucc.	소나무	**1.7**
Orostachys japonicus (Maxim.) A. Berger	바위솔	**0.8**
Metaplexis japonica (Thunb.) Makino	박주가리	**0.8**
Clematis mandshurica Rupr.	으아리	**0.8**
Sonchus oleraceus L.	방가지똥	**0.8**
Oenothera odorata Jacquin	달맞이꽃	**0.8**
Cymbopogon tortilis var. *goeringii* (Steud.) Hand. Mazz.	개솔새	**0.8**
Agropyron ciliare (Trin.) Fr.	속털개밀	**0.8**
Youngia sonchifolia (Bunge) Maxim.	고들빼기	**0.8**

• 군락생태 Synecology

진단종	Diagnostic species:	반들가시나무(d), 푼지나무(d)
상관	Physiognomy:	반들가시나무가 우점하는 반상록(半常綠, half-evergreen) 임연성(林緣性) 소매군락(mantle-like-hem community)
구조	Structure:	초본층의 단층구조
조성	Composition:	지면(地面)을 반들가시나무가 단연 우점하면서 드물게는 완전 피복하는 경우도 있으나, 우포늪의 경우는 솔새, 흰대극, 수까치깨 등이 낮은 피도로 출현하고 있다.
입지	Habitat:	산지나 구릉지의 삼림 식생 가장자리, 돌출 암각지, 도로 절개지에서 셰일 암석 풍화 파편의 이동에 의하여 식생이 정착할 수 없는 곳이다. 빈영양(貧榮養)과 직사광선에 노출된 곳으로 극단적인 건조 환경이다. 하지만, 미지형적으로 온난한 곳에서만 발달한다. 우포지역에서는 사면 하부에 위치하며 연중 1~2회 관수를 경험한다.
동태	Dynamics:	임연성 소매군락을 대표하는 식물사회이다. 반들가시나무군락은 기능적으로는 소매군락의 역할을 감당하지만, 목본이 우점하고 군락의 지속성(6년 이상)에서는 망토군락의 특성을 가지고 있기 때문이다. 반들가시나무군락은 수평적으로 난온대 식생지역에 분포 중심을 두고 있다.
하위단위	Subunits:	미기재
상급단위	Upper units:	미결정
감시등급	Vegetation class:	[III] (5) 주요감시대상 식물군락 (인공기원(빛조건)-지역적-주요식물자원-중기복원성).

• 관찰 장소와 환경

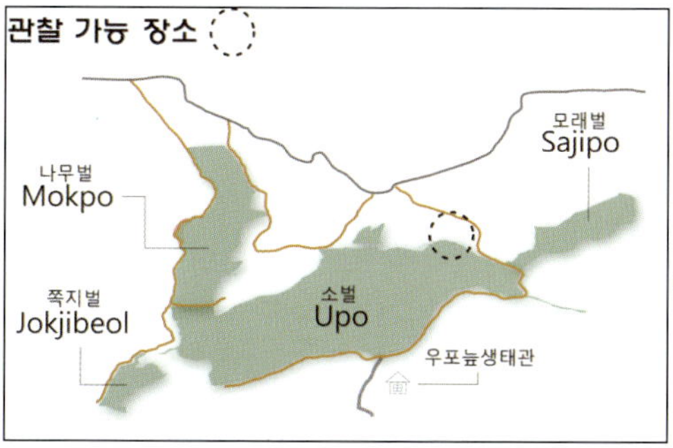

암벽식물사회

32. 묏대추-흰대극군락

Euphorbia esula-Zizyphus jujuba community

Sparsely-wooded thermophilic jujube community on the shoulder of the old river cliff

지역 특성의 식물사회(regional plant community)인 묏대추-흰대극군락이 우포늪 습지를 둘러싸고 있는 외곽산지에서 극단적으로 건조한 입지에 지속군락으로 발달하고 있다. (2008.7.20)

Euphorbia esula-Zizyphus jujuba community, a regional syntaxon occurring in the extremely dry sites of the old river cliff. Several thermophilic species are characteristically found in the community.

• 삶터 Microhabitat

CP:	까치깨	*Corchoropsis psilocarpa* Harms et Loesner
SV:	강아지풀	*Setaria viridis* (L.) Beauv.
RW:	반들가시나무	*Rosa wichuraiana* Crepin
FD:	닭의덩굴	*Fallopia dumetorum* (L.) Holub.
DC:	패랭이꽃	*Dianthus chinensis* L.
OJ:	바위솔	*Orostachys japonicus* (Maxim.) A. Berger
LV:	좀싸리	*Lespedeza virgata* (Thunb.) DC.
ZZ:	묏대추나무	*Zizyphus jujuba* Miller
EE:	흰대극	*Euphorbia esula* L.

• 식물사회 구성멤버 Species composition

Occurrence species	출현종	상대기여도
Zizyphus jujuba Miller	묏대추나무	**100.0**
Euphorbia esula L.	흰대극	**28.6**

Rosa wichuraiana Crepin	반들가시나무	**28.6**
Themeda triandra Forsk var. *japonica* (Willd.) Makino	솔새	**25.4**
Lespedeza virgata (Thunb.) DC.	좀싸리	**22.2**
Bromus japonicus Thunb.	참새귀리	**19.0**
Cocculus trilobus (Thunb.) DC.	댕댕이덩굴	**12.7**
Fallopia dumetorum (L.) Holub.	닭의덩굴	**9.5**
Orostachys japonicus (Maxim.) A. Berger	바위솔	**6.3**
Asplenium incisum Thunb.	꼬리고사리	**4.8**
Acalypha australis L.	깨풀	**4.8**
Bidens frondosa L.	미국가막사리	**4.8**
Artemisia capillaris Thunb.	사철쑥	**4.8**
Celastrus orbiculatus Thunb.	노박덩굴	**4.8**
Lespedeza tomentosa (Thunb.) Sieb.	개싸리	**4.8**
Agropyron tsukusinense (Honda) Ohwi var. *transiens* (Hack.) Ohwi	개밀	**3.2**

• 군락생태 Synecology

진단종	Diagnostic species:	묏대추(d), 흰대극(d)
상관	Physiognomy:	성글게 출현하는 묏대추 소관목(疎灌木) 군락(sparsely-wooded wild jujube community)
구조	Structure:	관목층과 초본층의 이층 구조.
조성	Composition:	관목층(3m 이하)에 묏대추가 매우 성글게(낮은 피도) 출현하고 있으며, 초본층에 다년생 초본으로 흰대극, 솔새, 임연성 소매군락(김종원, 2006)의 주요 종인 반들가시나무, 산지대 초지에 출현하는 왜생 관목인 좀싸리 등이 특징적으로 섞여 나고 있다. 묏대추-흰대극군락은 우포늪 지역에서 보고되는 독특한 지역식물사회(regional syntaxon)이다.
입지	Habitat:	산지 및 구릉지를 통과하는 구(舊) 하천과 계곡의 곡벽(谷壁)이나 하식애(河蝕崖) 어깨(上部) 부분에서 토심이 매우 얕아서 셰일 암석권이 노출된 입지, 연중 매우 건조한 환경이며, 수분스트레스가 빈번하게 발생할 수 있는 곳으로 남서향(SE, SW, W)을 향한 입지에 제한된다.
동태	Dynamics:	산불이나 벌채에 의한 인간간섭으로 인하여 교란된 이후에 열악한 서식처 환경 조건으로 말미암아 천이가 중지되거나 매우 느리게 천이되고 있는 지속군락(perpetual plant community)이다. 천이가 진행된다면, 궁극적으로 굴참나무가 우점하는 토지적 극상림으로 대체될 수도 있다. 본 군락은 절대감시대상의 독특한 식생형으로 주변의 리기다소나무 또는 소나무에 의한 조림사업이나 환경조건에 변화를 야기할 수 있는 관리는 지양되어야 한다.
하위단위	Subunits:	미기재
상급단위	Upper units:	미결정
감시등급	Vegetation class:	[V] (9) 절대감시대상 식물군락 (자연기원-국지적-주요(묏대추, 희귀종)식물자원-중기복원성).

• 관찰 장소와 환경

수분조건 (moisture condition)	과습		중용		과건
토성 (soil texture)	점토		모래		자갈
수위 (water level)	저수위		중수위		고수위

33. 찔레나무군락 *Rosa multiflora* community Rural mantle-vegetation of mutliflora rosa

농촌형 망토군락을 대표하는 찔레나무군락 (2009.5.20)
Rosa multiflora community as a representative rural mantle-vegetation in the Upo region.

• 삶터 Microhabitat

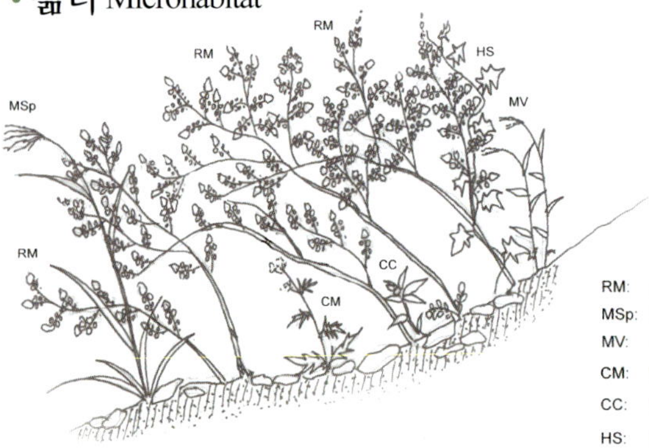

RM:	찔레나무	*Rosa multiflora* Thunb.
MSp:	억새	*Miscanthus sinensis* for. *purpurascens* (Anderss.) Na
MV:	나도바랭이새	*Microstegium vimineum* (Trinius) A. Camus
CM:	벌사상자	*Cnidium monnieri* (L.) Cusson
CC:	닭의장풀	*Commelina communis* L.
HS:	한삼덩굴	*Humulus scandens* (Lour.) Merr.

• 식물사회 구성멤버 Species composition

Occurrence species	출현종	상대기여도
Rosa multiflora Thunb.	찔레나무	**100.0**
Miscanthus sinensis for. *purpurascens* (Anderss.) Nakai	억새	**10.9**
Amorpha fruticosa L.	족제비싸리	**5.5**
Rubus parvifolius L.	멍석딸기	**5.5**
Humulus scandens (Lour.) Merr.	한삼덩굴	**5.5**
Bromus japonicus Thunb.	참새귀리	**4.5**
Cocculus trilobus (Thunb.) DC.	댕댕이덩굴	**4.5**
Persicaria senticosa (Meisn.) H. Gross	며느리밑씻개	**4.1**
Sedum sarmentosum Bunge	돌나물	**3.6**
Ailanthus altissima (Mill.) Swingle	가중나무	**3.2**

Dioscorea tokoro Makino	도고로마	**2.7**
Microstegium vimineum (Trinius) A. Camus	나도바랭이새	**2.7**
Commelina communis L.	닭의장풀	**1.8**
Torilis japonica (Houttuyn) DC.	사상자	**1.8**
Erigeron canadensis L.	망초	**1.8**
Sedum bulbiferum Makino	말똥비름	**1.8**
Clematis apiifolia DC.	사위질빵	**1.8**
Artemisia princeps Pamp.	쑥	**1.8**
Cleistogenes hackelii (Honda) Honda	대새풀	**1.8**
Celastrus orbiculatus Thunb.	노박덩굴	**1.4**
Urtica laetevirens Maxim.	애기쐐기풀	**1.4**

• 군락생태 Synecology

진단종	Diagnostic species:	찔레나무(d)
상관	Physiognomy:	덩굴성 관목식물인 찔레나무에 의해 우점하는 임연식물군락.
구조	Structure:	관목층(灌木層)과 초본층의 이층 구조.
조성	Composition:	관목층에 농촌형 망토식물사회를 대표하는 찔레나무가 우점하며, 초본층에는 임연식생(망토군락과 소매군락)에서 흔하게 출현하는 다양한 임연식물종이 섞여 난다. 덩굴성 초본식물종인 한삼덩굴, 며느리밑씻개, 사위질빵 등은 찔레나무를 의지하여 관목층까지 생육하면서 군락 지붕(canopy)을 형성하고 있기 때문에 초본층 속의 피도는 매우 빈약하다. 초본층에는 습지 영역에서 발달하고 있는 군락임을 반증하는 습지성 소매군락 및 노방식물군락의 구성종인 사상자, 말똥비름, 참새귀리 등이 낮은 빈도로 출현하고 있다.
입지	Habitat:	우포 습지의 가장자리 전역(全域)에서 가장 흔하게 관찰되는 망토 식물사회이다. 수분조건이 양호한 곳으로 건조한 곳에서는 분포하지 않는다. 드물게 연중(年中) 관수(冠水; 3회 이하)를 경험하는 곳도 있지만, 유수(流水)의 물리적 힘이 작용하는 곳에서는 관찰되지 않으며, 망토식물사회 가운데 서식처의 안정성이 높은 곳이다.
동태	Dynamics:	찔레나무 우점 식물사회는 인간의 간섭이 없는 원시 자연적인 서식처에서는 분포하지 않으며, 반드시 가까이에 인간의 토지이용이 진행되는 장소에만 살아간다. 우리나라 중남부 지방의 농촌형 망토식물사회를 대표하는데, 산지형 망토식물사회인 칡 우점 군락(Dioscoreo-Puerarietalia lobatae Ohba 1973; 정용규, 김종원 1998; 정용규, 김원 2001)과 대조된다. 인간간섭이 중지된다면, 서식처의 수분구배에 따라 다양한 식생형으로 천이되어 가는데, 일반적으로 충적 구릉지의 삼림식생으로 대체된다. 우포늪 지역에서 육상 영역 내에 울타리 식물사회로 이용할 수 있는 자원식물사회이다.
하위단위	Subunits:	미기재
상급단위	Upper units:	찔레꽃군강(Rosetea multiflorae Ohba, Miyawaki et Tx. 1973), 군목 및 군단 미결정.
감시등급	Vegetation class:	[I] (1) 비감시대상 식물군락 (인공기원-광역적-일반식물자원-중기복원성).

• 관찰 장소와 환경

숲가장자리 식물사회

34. 등나무군락

Wisteria floribunda community
Wisteria plantation for erosion control on an steep slope

도로 절개지(법면)에 조성된 등나무군락 (2008.5.20)
Wisteria floribunda community, an introduced plant community on an steep slope. A native mantle vegetation of *Pueraria lobata* community competes potentially against this community.

• 삶터 Microhabitat

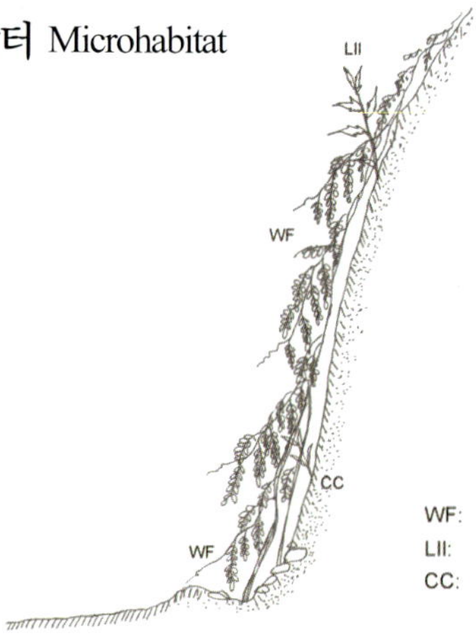

WF: 등나무 *Wisteria floribunda* (Will.) DC.
LII: 왕고들빼기 *Lactuca indica* var. *laciniata* (O. Kuntze) Hara
CC: 닭의장풀 *Commelina communis* L.

• 식물사회 구성멤버 Species composition

Occurrence species	출현종	상대기여도
Wisteria floribunda (Will.) DC.	등나무	**100.0**
Pueraria lobata (Willd.) Ohwi	칡	**27.2**
Humulus scandens (Lour.) Merr.	한삼덩굴	**9.9**
Lactuca indica L. var. *laciniata* (O. Kuntze) Hara	왕고들빼기	**4.9**
Rosa maximowicziana Regel	용가시나무	**2.5**
Commelina communis L.	닭의장풀	**2.5**
Justicia procumbens L.	쥐꼬리망초	**2.5**
Ampelopsis brevipedunculata (Maxim.) Trautz.	개머루	**2.5**
Persicaria perfoliata (L.) H. Gross	며느리배꼽	**1.2**

• 군락생태 Synecology

진단종	Diagnostic species:	등나무(d)
상관	Physiognomy:	덩굴성 목본식물인 등나무에 의해 우점되는 망토식물군락(mantle community)
구조	Structure:	관목층과 초본층의 이층 구조
조성	Composition:	관목층에 하록의 덩굴성 목본식물(木本植物)인 등나무가 우점하고, 부분적으로 칡이 엉켜서 군락의 지붕은 완전히 밀폐된다. 따라서 초본층의 종다양성은 매우 낮으며, 대부분 군락의 가장자리에서 한삼덩굴, 왕고들빼기, 닭의장풀 등의 터주식물종이 낮은 피도로 출현한다.
입지	Habitat:	우포늪 지역에서 관찰되는 등나무군락은 도로 절개지(법사면)의 급경사면에 녹화사업의 일환으로 식재되어 있는 인공 식분(植分, stand)이다. 등나무의 현존 지리분포는 한반도에서 현재 최남단의 남해안 일대와 해안을 따라 온난한 입지를 중심으로 분포하는 유(U) 자형 분포를 보이지만, 대부분 인공 기원의 식분에서 유래한다. 입지의 수분조건이 양호하고, 수분스트레스가 발생하지 않는 곳에 발달한다.
동태	Dynamics:	우포늪의 등나무군락의 기원은 인공 식분이다. 하지만, 현재의 자연환경 조건(지역 기후와 지질 및 토지 조건)에서 유효한 망토식물사회이다. 즉 난온대(暖溫帶, warm-temperate zone) 상록활엽수림대의 망토식생 가운데 전형적인 해양성 망토 식물사회(oceanic type)로서 기후변화에 따라 생육 분포 영역이 크게 확장되고 있음을 보여주고 있다. 부분적으로 열악한 토지환경 조건, 즉 보다 건조한 입지에서는 칡군락으로 대체되는 경향이 있다.
하위단위	Subunits:	미기재
상급단위	Upper units:	미결정
감시등급	Vegetation class:	[I] (0) 비감시대상 식물군락 (인공(육림) 식생)

• 관찰 장소와 환경

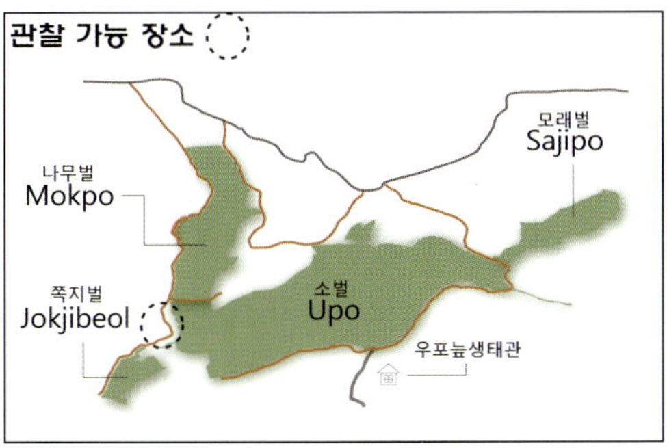

산지삼림 식물사회

35. 은사시나무군락

Populus tomentiglandulosa community
Plantation near the rural village mountain.

저해발 산지의 골짜기부에 발달하고 있는 은사시나무군락 (2006.8.30).
Populus tomendiglantulosa community occupied in the cove of rural village mountain.

• 삶터 Microhabitat

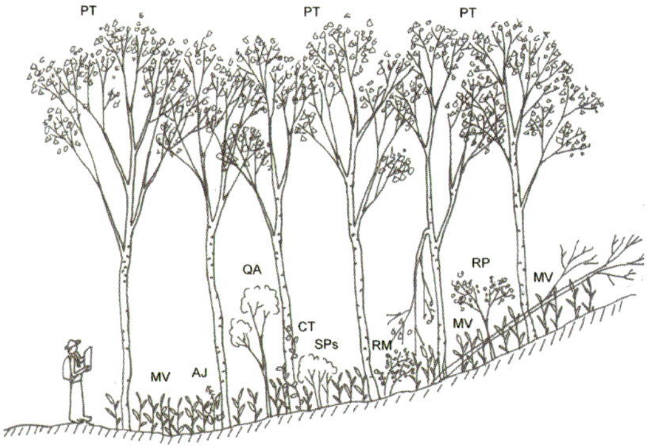

PT:	은사시나무	*Populus tomentiglandulosa* T. Lee
AJ:	쇠무릅	*Achyranthes japonica* (Miquel) Nakai
CT:	댕댕이덩굴	*Cocculus trilobus* (Thunb.) DC.
MV:	나도바랭이새	*Microstegium vimineum* (Trinius) A. Camus
QA:	상수리나무	*Quercus acutissima* Carr.
SPs:	조팝나무	*Spiraea prunifolia* for. *simpliciflora* Nakai
RM:	찔레나무	*Rosa multiflora* Thunb.
RP:	아까시나무	*Robinia pseudoacacia* L.

• 식물사회 구성멤버 Species composition

Occurrence species	출현종	피도
Populus tomentiglandulosa T. Lee	은사시나무	**8**
Microstegium vimineum (Trinius) A. Camus	나도바랭이새	**9**
Achyranthes japonica (Miquel) Nakai	쇠무릅	**3**
Robinia pseudoacacia L.	아까시나무	**2**
Quercus acutissima Carr.	상수리나무	**1**
Cocculus trilobus (Thunb.) DC.	댕댕이덩굴	**1**
Rubus parvifolius L.	멍석딸기	**1**
Rosa multiflora Thunb.	찔레나무	**1**
Acalypha australis L.	깨풀	**1**
Spiraea prunifolia for. *simpliciflora* Nakai	조팝나무	**1**
Persicaria longiseta (De Bruyn) kitagawa	개여뀌	**1**
Persicaria perfoliata (L.) H. Gross	며느리배꼽	**1**
Lespedeza cuneata (Dumont d. Cours.) G. Don	비수리	**1**

• 군락생태 Synecology

진단종	Diagnostic species:	은사시나무(d)
상관	Physiognomy:	수관층(樹冠層, canopy)에 은사시나무가 우점하는 하록활엽수조림식생
구조	Structure:	교목층, 관목층, 초본층의 3층 구조.
조성	Composition:	교목층(15m 이하)에 인공 식재종인 은사시나무가 우점하며, 아까시나무와 상수리나무가 낮은 피도로 출현한다. 수관하층으로 빛이 쉽게 통과하는 상관특성에 의해 관목층에 찔레나무, 댕댕이덩굴, 멍석딸기 등이 출현하며, 습윤한 입지환경을 반영하는 나도바랭이새, 쇠무릅, 며느리배꼽, 개여뀌 등이 출현한다.
입지	Habitat:	우포늪 일대에 식재된 조림식생으로 좁은 면적이 남아있음. 저해발 산지의 골짜기부에 분포하고 있으며, 습윤한 환경을 가진 산지대에서 소규모의 군락이 분반상으로 출현함. 분록색의 잎과 밝은 색 수피로 인해 상관적으로 쉽게 관찰할수 있다.
동태	Dynamics:	과거 산지녹화를 위해 식재된 조림식생으로 현재는 오랫동안 관리되지 않고 방치되어 있다. 은사시나무는 속성수로서 신속한 성장을 이루지만 성목(成木)은 근계의 발달이 빈약하여 쉽게 쓰러지는 특성을 가지고 있다. 습윤한 토양환경에 의해 식물종 다양성이 높으며, 도목(倒木)에 의해 밝아진 숲 바닥을 중심으로 임연식물군락이 쉽게 형성되지만, 최종적으로는 산지대 극상수림인 졸참나무림으로 천이되어져 갈 것으로 고려된다.
하위단위	Subunits:	미기재
상급단위	Upper units:	해당사항 없음
감시등급	Vegetation class:	[I] (0) 비감시대상 식물군락 (인공(육림) 식생)

• 관찰 장소와 환경

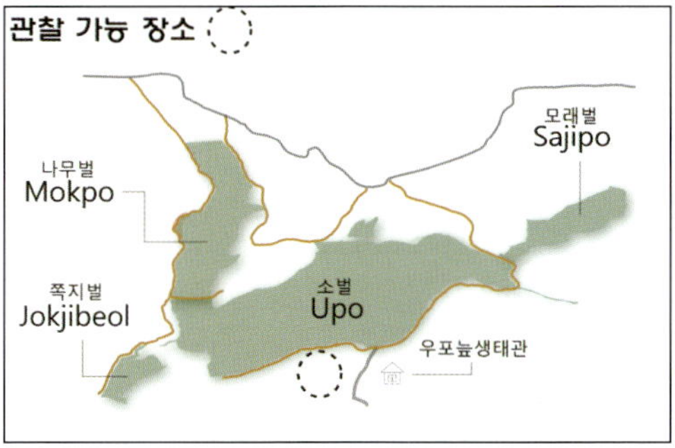

수분조건 (moisture condition)	과습		중용		과건
토성 (soil texture)	점토		모래		자갈
수위 (water level)	저수위		중수위		고수위

산지삼림 식물사회

36. 아까시나무-쇠무릅군락

Achyranthes japonica-Robinia pseudoacacia community
Black locust Plantation

마을에 인접한 산지에 좁은 면적으로 식재된 아까시나무-쇠무릅군락 (2008.5.9)
Blooming physiognomy of Achyranthes japonica-Robinia pseudoacacia community.

• 삶터 Microhabitat

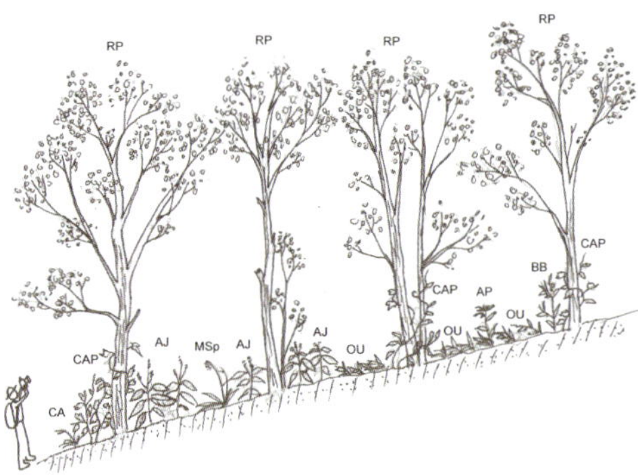

AJ:	쇠무릅	*Achyranthes japonica* (Miquel) Nakai
MSp:	억새	*Miscanthus sinensis* for. *purpurascens* (Anderss.) Nakai
OU:	주름조개풀	*Oplismenus undulatifolius* (And.) Beauv.
RP:	아까시나무	*Robinia pseudoacacia* L.
CA:	실새풀	*Calamagrostis arundinacea* (L.) Roth
CAP:	사위질빵	*Clematis apiifolia* DC.
AP:	쑥	*Artemisia princeps* Pamp.
BB:	도깨비바늘	*Bidens bipinnata* L.

• 식물사회 구성멤버 Species composition

Occurrence species	출현종	피도값
Robinia pseudoacacia L.	아까시나무	9
Clematis apiifolia DC.	사위질빵	8
Achyranthes japonica (Miquel) Nakai	쇠무릅	4
Artemisia princeps Pamp.	쑥	7
Oplismenus undulatifolius (And.) Beauv.	주름조개풀	5
Erigeron canadensis L.	망초	4
Miscanthus sinensis Andersson for. *purpurascens* (Anderss.) Nakai	억새	3
Bidens bipinnata L.	도깨비바늘	3
Calamagrostis arundinacea (L.) Roth	실새풀	2
Duchesnea chrysantha (Zoll. et Mor.) Miquel	뱀딸기	2
Spodiopogon sibiricus Trinius	큰기름새	2
Rubus parvifolius L.	멍석딸기	1
Stellaria aquatica (L.) Scop.	쇠별꽃	1
Humulus scandens (Lour.) Merr.	한삼덩굴	1

• 군락생태 Synecology

진단종	Diagnostic species:	아까시나무(d), 쇠무릅(d), 사위질빵(d).
상관	Physiognomy:	수관층에 아까시나무가 우점하는 하록활엽수림
구조	Structure:	교목층(아교목층 포함), 관목층, 초본층의 3 층 구조.
조성	Composition:	교목층에 아까시나무(북미 원산)가 우점하며, 관목층에는 멍석딸기와 사위질빵이, 초본층에는 농촌형 소매군락 구성종인 사위질빵과 쇠무릅이 높은 피도로 출현하고 있다. 본 군락에서 출현하고 있는 구성종 대부분은 훼손된 장소에서 서식하는 인위식물종 및 터주식물종 그리고 임연 식물종들로 이루어져 있다. 즉 건전한 삼림식생을 구성하는 요소는 나타나지 않고 있다.
입지	Habitat:	우포늪 일대의 농촌 인가에 인접한 산지에 녹화 및 밀원(蜜源) 획득을 위하여 인공적으로 조성된 숲이다. 척박하지만 토양 수분환경이 양호하고, 빛 환경이 좋은 개방된 곳에서 왕성하게 발달하고 있다.
동태	Dynamics:	우포늪의 아까시나무-쇠무릅군락은 농촌형 아까시나무 우점림으로서 도시형 아까시나무 우점림인 아까시나무-닭의장풀군집(조광진, 김종원 2005)에 대응된다. 아까시나무 우점림은 냉온대 남부 저산지형의 기후적 극상림으로 고려되는 졸참나무 우점림으로 천이를 예상할 수 있으나, 일반적으로 아까시나무는 천이를 방해하는 게릴라전략의 교목으로서 삼림생태계의 질적 저하를 초래한다. 그 결과는 위의 종조성에서 잘 나타나고 있다.
하위단위	Subunits:	미기재
상급단위	Upper units:	해당사항 없음
감시등급	Vegetation class:	[I] (0) 비감시대상 식물군락 (인공(육림) 식생)

• 관찰 장소와 환경

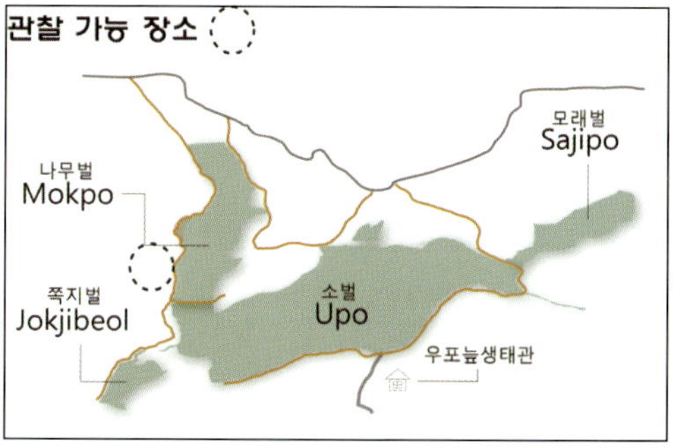

수분조건 (moisture condition): 과습 / ■ / **중용** / ■ / 과건

토성 (soil texture): 점토 / ■ / **모래** / ■ / 자갈

수위 (water level): 저수위 / □ / 중수위 / ■ / **고수위**

산지삼림 식물사회

37. 리기다소나무-소나무군락

Pinus rigida-densiflora community
Evergreen coniferous afforestation in the mountain zone of the Upo region

우포늪 일대에서 지역 생태계의 질적 쇠퇴를 야기하는 리기다소나무-소나무군락 (2008.8.13)
Pinus rigida-densiflora community. This *Pinus rigida* afforestation is not favorable at all for native ecosystem of the Upo region.

• 삶터 Microhabitat

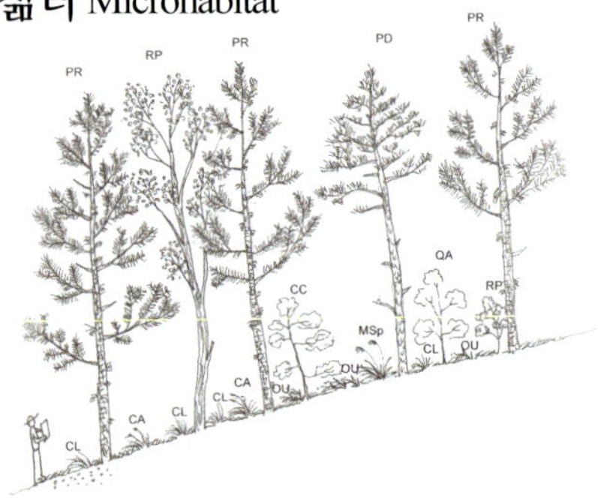

RP:	멍석딸기	*Rubus parvifolius* L.
QA:	상수리나무	*Quercus acutissima* Carr.
PD:	소나무	*Pinus densiflora* Sieb. et Zucc.
MSp:	억새	*Miscanthus sinensis* for. *purpurascens* (Anderss.) Nakai
PR:	리기다소나무	*Pinus rigida* Mill.
CL:	그늘사초	*Carex lanceolata* Boott
CA:	실새풀	*Calamagrostis arundinacea* (L.) Roth
RP:	아까시나무	*Robinia pseudoacacia* L.
CC:	밤나무	*Castanea crenata* Sieb. et Zucc.
OU:	주름조개풀	*Oplismenus undulatifolius* (And.) Beauv.

• 식물사회 구성멤버 Species composition

Occurrence species	출현종	상대기여도
Pinus rigida Mill.	리기다소나무	**100 .0**
Pinus densiflora Sieb. et Zucc.	소나무	**91.3**
Robinia pseudoacacia L.	아까시나무	**60.9**
Carex lanceolata Boott	그늘사초	**43.5**
Miscanthus sinensis for. *purpurascens* (Anderss.) Nakai	억새	**39.1**
Calamagrostis arundinacea (L.) Roth	실새풀	**29.0**
Oplismenus undulatifolius (And.) Beauv.	주름조개풀	**23.2**
Castanea crenata Sieb. et Zucc.	밤나무	**17.4**
Rubus parvifolius L.	멍석딸기	**17.4**
Quercus acutissima Carr.	상수리나무	**11.6**
Cocculus trilobus (Thunb.) DC.	댕댕이덩굴	**11.6**

Carex humilis var. *nana* (Lev. et Van.) Ohwi	산거울	**11.6**
Rosa wichuraiana Crepin	반들가시나무	**11.6**
Themeda triandra var. *japonica* (Willd.) Makino	솔새	**11.6**
Zanthoxylum schinifolium Sieb. & Zucc.	산초나무	**8.7**
Asplenium incisum Thunb.	꼬리고사리	**8.7**
Morus bombycis Koidz.	산뽕나무	**8.7**
Parthenocissus tricuspidata (Sieb. et Zucc.) Planchon	담쟁이덩굴	**8.7**
Lespedeza virgata (Thunb.) DC.	좀싸리	**8.7**
Ampelopsis brevipedunculata (Maxim.) Trautz.	개머루	**5.8**
Corchoropsis tomentosa (Thunb.) Makino	수까치깨	**5.8**
Viola mandshurica W. Becker	제비꽃	**5.8**
Artemisia princeps Pamp.	쑥	**5.8**
Clematis apiifolia DC.	사위질빵	**4.3**
Cleistogenes hackelii (Honda) Honda	대새풀	**4.3**

• 군락생태 Synecology

진단종	Diagnostic species:	리기다소나무(d), 소나무(d), 억새(d)
상관	Physiognomy:	수관층(樹冠層, canopy)에 리기다소나무와 소나무가 섞여서 우점하는 상록침엽수림
구조	Structure:	교목층(아교목층 포함), 관목층, 초본층의 3층 구조.
조성	Composition:	교목층(10m 이하)에 리기다소나무(북미 원산)와 소나무가 우점하며, 아까시나무도 드물게 섞여난다. 관목층에는 선구성 및 임연성 관목 식물종들과 아까시나무, 밤나무 등의 유목들이 뒤섞여 나고 있다. 초본층에는 억새가 높은 빈도와 피도로 출현하고 있다.
입지	Habitat:	본 군락은 우포늪을 둘러싸고 있는 외곽 산지에서 넓게 분포하고 있는데, 조림과 육림으로부터 발달한 식생이다. 일반적으로 리기다소나무와 소나무는 산불이나 벌채 이후에 조림용으로 이용되었으며, 특히 소나무는 리기다소나무를 식재하는 데에 섞여 심겨진 경우와 주변에 잔존하는 소나무림의 종자강우(seed rain)로부터 유래하는 개체도 포함한다.
동태	Dynamics:	1960년대 중반 이후 산지녹화 사업의 일환으로 대규모로 식재되고 육림된 식생형이다. 산불과 벌채에 의하여 황폐화된 농촌 산지에 대하여 서식처 환경 조건의 구분없이 관리되고 있었던 숲이다. 하지만, 1990년대 들어서 이들 산지 침엽수림에 대한 방치로 숲의 구조는 잡목림(雜木林)으로 대체되고 있는 실정이다. 리기다소나무가 우점하는 삼림은 생물종(식물종, 동물종) 다양성이 매우 낮은 생물학적 사막 수준의 숲인데, 리기다소나무의 독특한 생태형질 때문에 지역 자연환경조건에 대응하는 고유 식생으로의 발달은 기대하기 어렵다. 따라서 리기다소나무가 우점하는 숲은 장기적으로 지역의 고유식생(잠재자연식생)으로 대체될 수 있도록 생태학적 관리가 절실하게 요구된다.
하위단위	Subunits:	미기재
상급단위	Upper units:	해당사항 없음
감시등급	Vegetation class:	[I] (0) 비감시대상 식물군락 (인공(육림) 식생)

• 관찰 장소와 환경

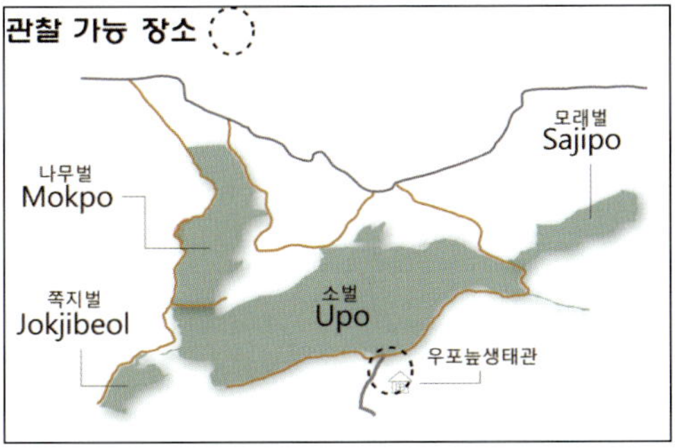

수분조건 (moisture condition)	과습		중용		과건
토성 (soil texture)	점토		모래		자갈
수위 (water level)	저수위		중수위		고수위

산지삼림 식물사회

38. 낙엽송군락

Larix leptolepis community
Summergreen coniferous afforestation in the mountain zone of the Upo region

우포늪 지역에서 드물게 조림되어 있는 낙엽송군락(2006.8.1)
Larix leptolepis community, a rare afforestation in the Upo region. The community appears the richer plant species diversity.

• 삶터 Microhabitat

CL:	그늘사초	*Carex lanceolata* Boott
LL:	낙엽송	*Larix leptolepis* (Sieb. et Zucc.) Gordon
CHn:	산거울	*Carex humilis* var. *nana* (Lev. et Van.) Ohwi
EAs:	회잎나무	*Euonymus alatus* for. *striatus* (Thunb.) Makino
LE:	비목나무	*Lindera erythrocarpa* Makino
RJ:	붉나무	*Rhus javanica* L.
CO:	노박덩굴	*Celastrus orbiculatus* Thunb.
SS:	큰기름새	*Spodiopogon sibiricus* Trinius
ZS:	산초나무	*Zanthoxylum schinifolium* Sieb. & Zucc.
JR:	노간주나무	*Juniperus rigida* Sieb. et Zucc.
CC:	밤나무	*Castanea crenata* Sieb. et Zucc.
QS:	졸참나무	*Quercus serrata* Thunb.

• 식물사회 구성멤버 Species composition

Occurrence species	출현종	피도
Larix leptolepis (Sieb. et Zucc.) Gordon	낙엽송	**100.0**
Castanea crenata Sieb. et Zucc.	밤나무	**80.0**
Smilax china L.	청미래덩굴	**60.0**
Quercus serrata Thunb.	졸참나무	**60.0**
Euonymus alatus for. *striatus* (Thunb.) Makino	회잎나무	**53.3**
Lindera erythrocarpa Makino	비목나무	**46.7**
Oplismenus undulatifolius (And.) Beauv.	주름조개풀	**40.0**
Zanthoxylum schinifolium Sieb. & Zucc.	산초나무	**40.0**
Celastrus orbiculatus Thunb.	노박덩굴	**40.0**

Rhus javanica L.	붉나무	**40.0**
Lindera glauca (Sieb. et Zucc.) Blume	백동백나무	**40.0**
Calamagrostis arundinacea (L.) Roth	실새풀	**33.3**
Juniperus rigida Sieb. et Zucc.	노간주나무	**33.3**
Pinus densiflora Sieb. et Zucc.	소나무	**26.7**
Diospyros lotus L.	고욤나무	**26.7**
Asplenium incisum Thunb.	꼬리고사리	**26.7**
Ampelopsis brevipedunculata (Maxim.) Trautz.	개머루	**26.7**
Dioscorea tokoro Makino	도고로마	**26.7**
Celtis sinensis Pers.	팽나무	**26.7**
Cocculus trilobus (Thunb.) DC.	댕댕이덩굴	**20.0**
Rhus tricocarpa Miquel	개옻나무	**20.0**
Carex lanceolata Boott	그늘사초	**16.7**
Carex humilis var. *nana* (Lev. et Van.) Ohwi	산거울	**13.3**
Rubus parvifolius L.	멍석딸기	**10.0**
Spodiopogon sibiricus Trinius	큰기름새	**10.0**
Quercus variabilis Blume	굴참나무	**6.7**
Rosa multiflora Thunb.	찔레나무	**6.7**
Pueraria lobata (Willd.) Ohwi	칡	**6.7**

• 군락생태 Synecology

진단종	Diagnostic species:	낙엽송(d)
상관	Physiognomy:	수관층에 낙엽송이 우점하는 하록침엽조림식생(夏綠針葉造林植生).
구조	Structure:	교목층(아교목층 포함), 관목층, 초본층의 3층 구조.
조성	Composition:	교목층(14m 이하)에 인공 식재종인 낙엽송(일본 원산)이 단순 우점하며, 관목층(5.5m 이하)에 입지의 잠재자연식생을 구성하는 주요종인 졸참나무, 팽나무, 회잎나무, 비목나무, 백동백나무 등과 호광성 임연식물종인 붉나무, 멍석딸기, 산초나무 등이 섞여나고 있다. 초본층에는 개머루, 노박덩굴, 청미래덩굴, 댕댕이덩굴 등의 다년생 덩굴식물종이 높은 빈도로 출현하고 있다.
입지	Habitat:	우포늪 일대에 식재한 조림식생으로 작은 면적으로 남아 있는데, 적습(適濕)에서 약습(弱習)의 수분 환경을 가진 산지 입지에서 발달하고 있다. 낙엽송은 한랭한 입지에서 선구적으로 살아가는 종으로 우포늪 일대처럼 온난한 지역에서는 서식에 매우 불리하다. 우포늪에서는 북동(北東, NE) 사면에 조림되어 잔존하고 있다.
동태	Dynamics:	조림 식생이지만, 오랫동안 관리하지 않고 방치한 관계로 토지의 잠재자연식생 요소들이 재생되고 있으며, 냉온대 남부 · 저산지 식생대(졸참나무-작살나무아군단 식생지역)의 낙엽활엽수림으로 천이가 진행되고 있다. 일반적으로 낙엽송 조림 식생은 인공 조림 식생 가운데 식물종 다양성이 가장 높은 것이 특징이다.
하위단위	Subunits:	미기재
상급단위	Upper units:	해당사항 없음
감시등급	Vegetation class:	[I] (0) 비감시대상 식물군락 (인공(육림) 식생)

• 관찰 장소와 환경

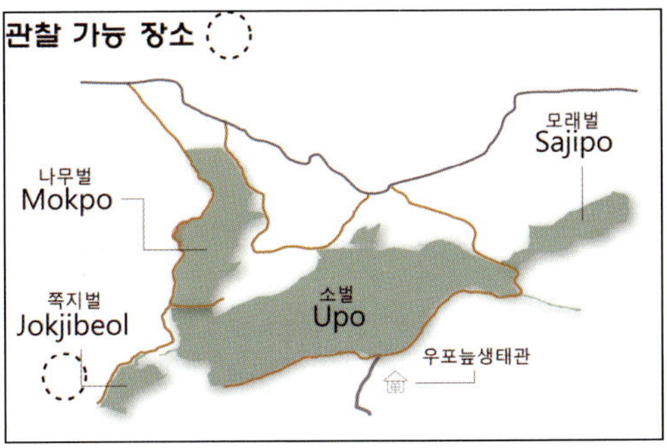

수분조건 (moisture condition)	과습		중용	■	과건
토성 (soil texture)	점토		모래	■	자갈
수위 (water level)	저수위		중수위		고수위

산지삼림 식물사회

39. 왕대군락

Phyllostachys bambusoides community
Bamboo plantation

마을 뒤편에 흔히 식재된 왕대군락, 생필품의 제조를 위해 관리되는 우리나라 고유의 경관(2006.5.13).
Phyllostachys bambusoides community planted in the backyard of rural village near the Upo wetland.

• 삶터 Microhabitat

PB:	왕대	*Phyllostachys bambusoides* Sieb. et Zucc.
QA:	상수리나무	*Quercus acutissima* Carr.
EAs:	회잎나무	*Euonymus alatus* for. *striatus* (Thunb.) Makino
DL:	고욤나무	*Diospyros lotus* L.

• 식물사회 구성멤버 Species composition

Occurrence species	출현종	피도
Phyllostachys bambusoides Sieb. et Zucc.	왕대	9
Quercus acutissima Carr.	상수리나무	2
Diospyros lotus L.	고욤나무	1
Lindera glauca (Sieb. et Zucc.) Blume	백동백나무	1
Euonymus alatus for. *striatus* (Thunb.) Makino	회잎나무	1

• 군락생태 Synecology

진단종	Diagnostic species:	왕대(d)
상관	Physiognomy:	교목층에 상록(常綠) 대나무가 우점하는 인공 죽림(竹林).
구조	Structure:	수관층과 초본층의 2층 구조.
조성	Composition:	교목층(13m 이하)은 왕대에 의해 단순 우점하면서 수관층의 피도 95% 이상으로 완전한 울폐(鬱閉) 구조이며, 초본층(0.5m 이하)에 매우 낮은 피도로 상수리나무, 고욤나무, 회잎나무 등이 출현한다. 일반적으로 수관층의 밀폐와 근경(根莖)에 의한 게릴라번식 전략으로 말미암아 군락의 종조성은 매우 빈약하다.
입지	Habitat:	우포늪 인근의 마을이나 인가 후방에 식재한 것으로부터 유래하는 식분이다. 주로 바람막이(防風)의 기능을 고려한 위치에 조성되어 있기 때문에 식분위치가 특정 방위에 한정되어 있지는 않다.
동태	Dynamics:	근경에 의한 게릴라번식 전략과 수관층의 밀폐 구조 때문에 식생의 천이는 적용될 수 없다. 왕대는 생명환(life cycle) 속에서 한번 개화하고, 일제히 고사(枯死)하는 경향을 가진 단개화식물종(monocarphic species)이다. 지금까지 왕대군락으로부터의 천이 정보는 알려진 바가 없다.
하위단위	Subunits:	미기재
상급단위	Upper units:	해당사항 없음
감시등급	Vegetation class:	[I] (0) 비감시대상 식물군락 (인공(육림) 식생)

• 관찰 장소와 환경

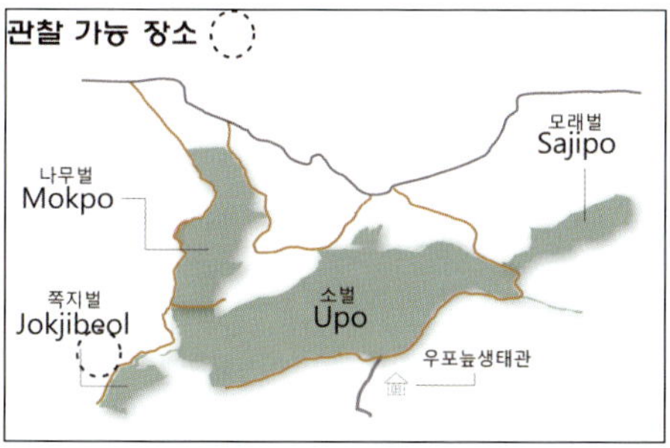

산지삼림 식물사회

40. 참느릅나무군집

Ulmetum parvifoliae Ahn 2009
Thermophilic elm forests on the sedimentary rocky slope of old river cliff

우포늪 외곽 산지에서 관찰되는 유일한 잠재자연식생의 유존 식물군락, 참느릅나무군집의 이른 봄의 상관 (2007.4.20)

Early spring physiognomy of the Ulmetum parvifoliae(Ahn 2009) on the thermophilic slopes of old river cliff in the Upo area. This association is merely a remnant stand of the potential natural vegetation in the terrestrial area of the Upo region.

• 삶터 Microhabitat

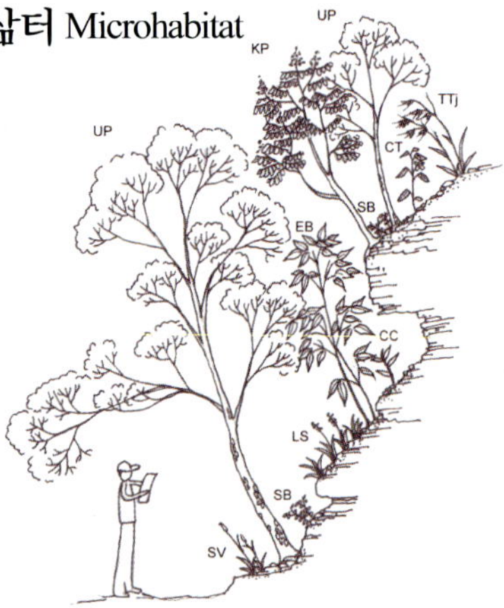

UP: 참느릅나무 *Ulmus parvifolia* Jacq.
SV: 강아지풀 *Setaria viridis* (L.) Beauv.
SB: 말똥비름 *Sedum bulbiferum* Makino
LS: 개맥문동 *Liriope spicata* (Thunb.) Lour.
EB: 좀참빗살나무 *Euonymus bungeanus* Maxim.
CC: 닭의장풀 *Commelina communis* L.
KP: 모감주나무 *Koelreuteria paniculata* Laxmann
CT: 수까치깨 *Corchoropsis tomentosa* (Thunb.) Makino
TTj: 솔새 *Themeda triandra* var. *japonica* (Willd.) Makino

• 식물사회 구성멤버 Species composition

Occurrence species	출현종	상대기여도
Ulmus parvifolia Jacq.	참느릅나무	**100.0**
Euonymus bungeanus Maxim.	좀참빗살나무	**14.3**
Rubus parvifolius L.	멍석딸기	**23.2**
Liriope spicata (Thunb.) Lour.	개맥문동	**10.2**
Rosa multiflora Thunb.	찔레나무	**9.0**

Cleistogenes hackelii (Honda) Honda	대새풀	**4.1**
Themeda triandra var. *japonica* (Willd.) Makino	솔새	**3.3**
Corchoropsis tomentosa (Thunb.) Makino	수까치깨	**3.3**
Sedum bulbiferum Makino	말똥비름	**3.3**
Celastrus flagelliaris Rupr.	푼지나무	**2.7**
Celastrus orbiculatus Thunb.	노박덩굴	**2.7**
Zizyphus jujuba Miller	묏대추나무	**2.2**
Setaria viridis (L.) Beauv.	강아지풀	**2.0**
Bromus japonicus Thunb.	참새귀리	**1.9**
Crataegus pinnatifida Bunge	산사나무	**1.8**
Commelina communis L.	닭의장풀	**1.6**
Persicaria perfoliata (L.) H. Gross	며느리배꼽	**1.6**
Viola patrini DC.	흰제비꽃	**1.4**
Clematis mandshurica Rupr.	으아리	**1.4**
Acalypha australis L.	깨풀	**1.2**
Cocculus trilobus (Thunb.) DC.	댕댕이덩굴	**1.2**
Agropyron tsukusinense var. *transiens* (Hack.) Ohwi	개밀	**1.2**
Oplismenus undulatifolius (And.) Beauv.	주름조개풀	**1.0**
Koelreuteria paniculata Laxmann	모감주나무	**0.6**

• 군락생태 Synecology

진단종	Diagnostic species:	참느릅나무(c), 좀참빗살나무(c)
상관	Physiognomy:	참느릅나무가 우점하는 하록활엽수림(夏綠闊葉樹林).
구조	Structure:	교목층, 관목층, 초본층의 3층 구조.
조성	Composition:	교목층에 참느릅나무, 관목층에 좀참빗살나무, 모감주나무, 묏대추나무, 초본층에 개맥문동, 대새풀, 수까치깨 등이 출현한다.
입지	Habitat:	하식애(河蝕崖) 퇴적암 노출지의 사면(斜面, slope)에 발달하고 있으며, 일부 서식처는 산지 비탈 하부에 위치함으로써 연중 1~2회 증수의 영향을 받는 입지이다. 국지적으로 온난한 곳으로서 좀참빗살나무, 개맥문동이 비교적 높은 빈도로 출현하고 있는 것이 특징적이다. 보다 건조하고 토심이 얕은 입지에는 묏대추나무의 출현 빈도가 증가한다. 본 군락은 우포늪 외곽산지의 중요한 잠재자연식생 자원이다.
동태	Dynamics:	토지적 극상림으로 천이가 진행되고 있는 식분이다. 산불과 벌채에 의한 훼손과 범람에 의한 침식 영향으로 참느릅나무의 수관층이 매우 빈약한 숲 구조를 가지고 있다. 하지만 그 종조성에서는 입지의 잠재자연식생 구성요소라 할 수 있는 모감주나무가 출현하고 있다. 우포늪 외곽 산지, 구유로, 하식애일대에서 매우 드물게 관찰되는 잠재자연식생으로서 보존의 가치가 매우 높은 고유식생자원이다.
하위단위	Subunits:	전형아군집(typicum), 대새풀아군집(cleistogenetosum hackelii), 좀참빗살나무아군집(euonymoretosum bungeanri) (안경환, 2009)
상급단위	Upper units:	미결정.
감시등급	Vegetation class:	[V] (10) 절대감시대상 식물군락 (자연기원-국지적-주요식물자원-장기복원성).

• 관찰 장소와 환경

산지삼림 식물사회

41. 굴참나무-그늘사초군락

Carex lanceolata-Quercus variabilis community
Temperate summergreen broad-leaved forest on the mountain

상대적으로 급한 경사입지에 형성된 굴참나무-그늘사초군락(2008.7.10)
Carex lanceolata-Quercus variabilis community.

• 삶터 Microhabitat

QV: 굴참나무 *Quercus variabilis* Blume
OU: 주름조개풀 *Oplismenus undulatifolius* (And.) Beauv.
AI: 꼬리고사리 *Asplenium incisum* Thunb.
CL: 그늘사초 *Carex lanceolata* Boott
CZI: 구절초 *Chrysanthemum zawadskii* var. *latilobum* (Maxim.) Kitamura
JR: 노간주나무 *Juniperus rigida* Sieb. et Zucc.
DL: 고욤나무 *Diospyros lotus* L.
SS: 광이싸리 *Securinega suffruticosa* (Pallas) Rehder
LG: 감태나무 *Lindera glauca* (Sieb. et Zucc.) Blume

• 식물사회 구성멤버 Species composition

Occurrence species	출현종	상대기여도
Quercus variabilis Blume	굴참나무	**100.0**
Carex lanceolata Boott	그늘사초	**50.0**
Oplismenus undulatifolius (And.) Beauv.	주름조개풀	**33.3**
Securinega suffruticosa (Pallas) Rehder	광대싸리	**33.3**
Zanthoxylum schinifolium Sieb. & Zucc.	산초나무	**27.8**
Diospyros lotus L.	고욤나무	**22.2**
Asplenium incisum Thunb.	꼬리고사리	**22.2**
Commelina communis L.	닭의장풀	**16.7**
Lindera glauca (Sieb. et Zucc.) Blume	백동백나무	**13.9**
Celtis sinensis Pers.	팽나무	**11.1**

Chrysanthemum zawadskii var. *latilobum* (Maxim.) Kitamura	구절초	**11.1**
Ampelopsis brevipedunculata (Maxim.) Trautz.	개머루	**8.3**
Morus bombycis Koidz.	산뽕나무	**8.3**
Juniperus rigida Sieb. et Zucc.	노간주나무	**8.3**
Broussonetia papyrifera (L.) L'Heritier	꾸지나무	**8.3**
Cheilanthes argentea (Gmel.) Kuntze	부싯깃고사리	**8.3**
Rubus parvifolius L.	멍석딸기	**5.6**
Calamagrostis arundinacea (L.) Roth	실새풀	**5.6**
Rhus javanica L.	붉나무	**5.6**
Smilax china L.	청미래덩굴	**5.6**
Pueraria lobata (Willd.) Ohwi	칡	**5.6**
Clematis apiifolia DC.	사위질빵	**5.6**
Lindera obtusiloba Blume	생강나무	**5.6**
Vicia nipponica Matsumura	네잎갈퀴	**5.6**
Athyrium nipponicum (Mett.) Hance	개고사리	**5.6**

• 군락생태 Synecology

진단종	Diagnostic species:	굴참나무(d), 그늘사초(d)
상관	Physiognomy:	굴참나무 우점의 하록활엽수림(夏綠闊葉樹林, summergreen broad-leaved forest).
구조	Structure:	교목층(아교목층 포함), 관목층, 초본층의 3 층 구조.
조성	Composition:	교목층(13m 이하)에 굴참나무가 우점하지만, 수관층 피도 80% 이하로 밝은 숲을 만들고 있다. 관목층(4m 이하)에 광대싸리, 산초나무, 백동백나무, 노간주나무 등 밝은 숲 속에 사는 종들이 출현하고 있다. 초본층에 그늘사초, 주름조개풀, 닭의장풀과 같은 적습(適濕)의 토양 환경에 사는 초본이 생육하고 있다.
입지	Habitat:	우포늪을 둘러싸고 있는 산지에서 과거 하천의 흐름(舊流路)에 의해서 만들어진 급경사 지형(河蝕崖) 및 산지 사면의 중상부(中上部) 급경사 입지에서 발달한다. 토양 수분환경조건은 약건(弱乾)에서 중용(中庸) 입지이며, 서식처는 모두 남서(南西) 방향을 향하고 있다.
동태	Dynamics:	급경사 입지의 서식처 환경 조건에서 지속되는 이차림 또는 위극상림(僞極相林)이다. 우포늪 일대에서 잔존하는 삼림식생형으로 고유식생은 굴참나무가 우점하는 본 군락이 대표적이기 때문에 중대감시대상 식물군락으로 평가된다.
하위단위	Subunits:	미기재.
상급단위	Upper units:	신갈나무-너도밤나무군강(Querco-Fagetea Miyawaki et al. 1968 em. J.-W. Kim 1992), 신갈나무아군강(Quercenea mongolicae J.-W. Kim 1992), 신갈나무-철쭉나무군목(Rhododendro-Quercetalia mongolicae J.-W. Kim 1990), 군단 미결정.
감시등급	Vegetation class:	[IV] (6) 중대감시대상 식물군락 (자연기원-지역적(우포에서)-일반식물자원-장기복원성).

• 관찰 장소와 환경

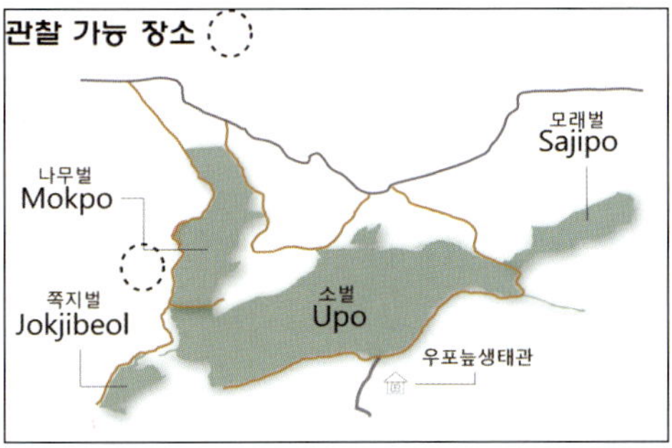

수분조건 (moisture condition)	과습		중용	■	과건
토성 (soil texture)	점토	■	모래		자갈
수위 (water level)	저수위		중수위	■	고수위

산지삼림 식물사회

42. 상수리나무군락 *Quercus acutissima* community
Soop-Jeung-E traditional oak-forests near the rural village

농촌마을 숲정이 삼림식생의 한 형태인 상수리나무군락의 전형하위군락 상관 (2008.10.4)
A physiognomy of the typical subunit of the *Quercus acutissima* community having been managed as the Soop-Jeung-E (traditional forests) in the rural area.

• 삶터 Microhabitat

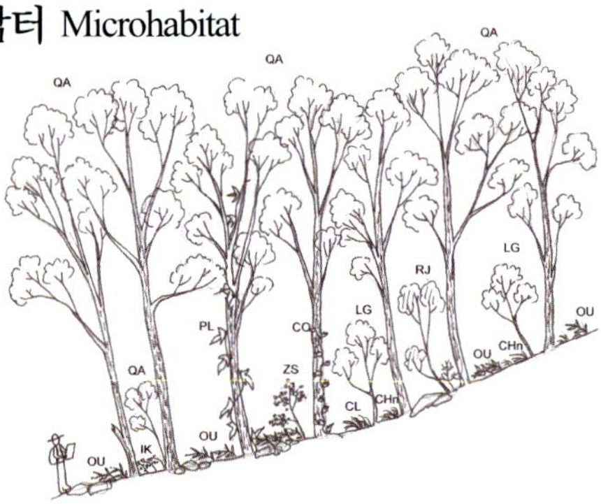

IK: 땅비싸리 *Indigofera kirilowii* Maxim
CO: 노박덩굴 *Celastrus orbiculatus* Thunb.
RJ: 붉나무 *Rhus javanica* L.
CL: 그늘사초 *Carex lanceolata* Boott
CHn: 산거울 *Carex humilis* var. *nana* (Lev. et Van.) Ohwi
QA: 상수리나무 *Quercus acutissima* Carr.
OU: 주름조개풀 *Oplismenus undulatifolius* (And.) Beauv.
PL: 칡 *Pueraria lobata* (Willd.) Ohwi
ZS: 산초나무 *Zanthoxylum schinifolium* Sieb. & Zucc.
LG: 백동백나무 *Lindera glauca* (Sieb. et Zucc.) Blume
AS: 비짜루 *Asparagus schoberioides* Kunth

• 식물사회 구성멤버 Species composition

Occurrence species	출현종	상대기여도
Quercus acutissima Carr.	상수리나무	**100.0**
Oplismenus undulatifolius (And.) Beauv.	주름조개풀	**37.5**
Zanthoxylum schinifolium Sieb. & Zucc.	산초나무	**37.5**
Cocculus trilobus (Thunb.) DC.	댕댕이덩굴	**37.5**
Calamagrostis arundinacea (L.) Roth	실새풀	**31.3**
Celastrus orbiculatus Thunb.	노박덩굴	**25.0**
Pueraria lobata (Willd.) Ohwi	칡	**25.0**
Rhus javanica L.	붉나무	**25.0**
Carex humilis Leyss. var. *nana* (Lev. et Van.) Ohwi	산거울	**21.9**
Pinus densiflora Sieb. et Zucc.	소나무	**18.8**

Cleistogenes hackelii (Honda) Honda	대새풀	**18.8**
Dioscorea tokoro Makino	도고로마	**18.8**
Lindera glauca (Sieb. et Zucc.) Blume	백동백나무	**15.6**
Robinia pseudoacacia L.	아까시나무	**12.5**
Rubus parvifolius L.	멍석딸기	**12.5**
Rosa wichuraiana Crepin	반들가시나무	**12.5**
Indigofera kirilowii Maxim	땅비싸리	**12.5**
Lindera obtusiloba Blume	생강나무	**12.5**
Asparagus schoberioides Kunth	비짜루	**9.4**
Ampelopsis brevipedunculata (Maxim.) Trautz.	개머루	**6.3**
Carex lanceolata Boott	그늘사초	**6.3**
Sophora flavescens Solander ex Aiton	고삼	**6.3**
Lactuca raddeana Maxim.	산씀바귀	**6.3**
Chrysanthemum zawadskii var. *latilobum* (Maxim.) Kitamura	구절초	**6.3**
Dryopteris lacera (Thunb.) Kuntze	비늘고사리	**6.3**

• 군락생태 Synecology

진단종	Diagnostic species:	상수리나무(d), 소나무(d)
상관	Physiognomy:	수관층(樹冠層, canopy)에 상수리나무가 우점하는 하록활엽수림(전형하위군락)과 소나무가 섞여나는 침활혼합림(針闊混合林; 소나무하위군락)으로 젊은 이차림(二次林)이다.
구조	Structure:	교목층(아교목층 포함), 관목층, 초본층의 3층 구조.
조성	Composition:	전형하위군락의 교목층에 상수리나무가 우점하며, 소나무하위군락의 교목층은 소나무와 상수리나무가 함께 우점하고 있다. 관목층에서의 종조성은 두 하위군락이 유사한데, 이차림의 밝은 숲을 특징짓는 산초나무, 붉나무, 백동백나무, 개옻나무 등의 선구식물 또는 임연식물이 다양하게 출현하고 있다. 초본층에서도 산거울, 대새풀, 개머루, 땅비싸리, 고삼, 멍석딸기, 도고로마 등이 낮은 피도이지만 높은 빈도로 출현하고 있다.
동태	Dynamics:	농촌 마을의 숲정이 식생의 한 형태이며, 땔감과 구황 자원으로 이용된 식생형으로 그 기원은 자연적 또는 인공적 숲이지만, 지속적인 관리에 의해 유지되는 육림(育林)의 대상식생(代償植生, substitute vegetation)이다. 방치하게 되면 천이가 진행되어 냉온대 남부·저산지 식생대의 기후적 극상림인 졸참나무가 우점하는 하록활엽수림으로 대체된다.
하위단위	Subunits:	전형하위군락, 소나무하위군락.
상급단위	Upper units:	신갈나무-너도밤나무군강(Querco-Fagetea Miyawaki et al. 1968 em. J.-W. Kim 1992), 신갈나무아군강(Quercenea mongolicae J.-W. Kim 1992), 신갈나무-철쭉나무군목(Rhododendro-Quercetalia mongolicae J.-W. Kim 1990), 신갈나무-생강나무군단(Lindero-Quercion mongolicae(J.-W. Kim 1990) J.-W. Kim 1992), 졸참나무-작살나무아군단(Callicarpo-Quercenion serratae(J.-W. Kim 1990) J.-W. Kim 1992).
감시등급	Vegetation class:	[II] (3) 일반감시대상 식물군락 (인공(육림)기원-지역적-일반식물자원-장기복원성).

• 관찰 장소와 환경

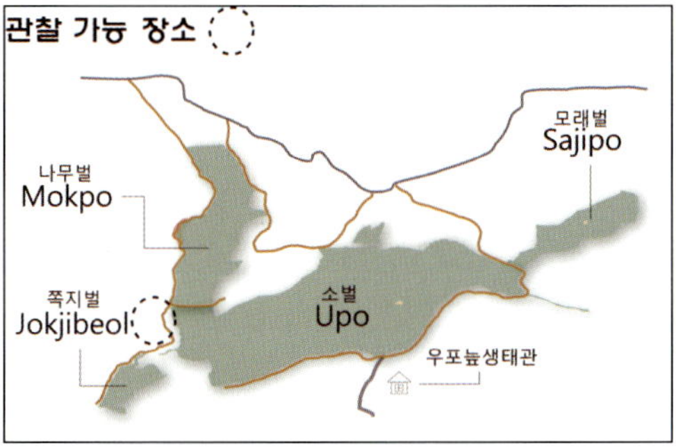

셋

모둠 셋

식물상

식물상 목록 Flora list

(1) 2009/2010 우포늪 식물상 목록 Floral database in 2010
(2) 2009/2010 우포늪 귀화식물종 및 외국식물종 목록 Alien species in 2010
(3) 선행 문헌에 기록된 식물종 가운데 2009/2010 미확인 종 목록
Unconfirmed and data deficient species previously ever-recorded until 2010

'연꽃'은 인도 고대 종교에서 무명(無明)을 깨치는 태양을 낳는 생명체이다. 하지만 우포와 같은 자연생태계보존지역에까지 식재(植栽)하는 것은 바람직하지 않다. (『한국 식물사회 생태도감』 제 2 권 참조)

(1) 우포늪 식물상

식물상(植物相, flora)은 일반적으로 어떤 특정 지역에 출현하는 식물종의 다양성(所産 식물상)을 목록화한 것으로 주로 계통분류학적 정보를 포함하고 있다. 이러한 식물상 정보는 지역 생태계를 관리하기 위한 최초 수단으로 매우 중요하다. 식물상 정보에는 두 가지 중요한 과학적이고 논리적 조건을 가지고 있다: (i) 해당 지역의 공간적 영역에 대한 구체적인 범위와 (ii) 지역 식물상 정보를 신뢰하기 위한 필수 전략으로 출현 식물종에 대한 정확한 분류와 동정.

본서에 수록된 우포늪의 식물상 정보는 우포늪의 습지 자체와 그것을 에워싸고 있는 외륜 산지의 우포늪을 향하는 지역을 포함하는 영역(참조: 75쪽의 현존식생도의 영역과 일치)으로부터 직접 현장조사에서 획득된 자료이다. 획득된 식물상을 중심으로 생태식물상에 대한 정보를 구축하였다. 또한 과거 선행 자료에 수록된 식물상 정보를 통합 정리하여 본서에서 획득된 정보와 비교 검토과정을 거쳤다. 이것은 식물종의 분포가 지역의 환경조건과 자연 역사를 반증하는 중요한 생물학적 증거이기 때문이다. '너도밤나무'라는 특산종이 울릉도 냉온대를 대표하는데, 신갈나무(*Quercus mongolica*)가 울릉도에 분포하고 있다고 식물도감에 버젓이 사진을 수록해 두었지만, 그것은 학술적 오류이며 자연역사의 결정적인 왜곡(사례: 울릉도 식물도감, 동아문화사 2002년)이 될수 있다. 1백년, 2백년 또는 수 천 년 후의 우리 후손들은 그 도감의 내용처럼 서기 2000년대에는 울릉도에 신갈나무가 분포하는 것으로 그렇게 거짓을 진실로 오해하고 말 것이다. 적어도 해양성 기후인 현재의 울릉도에는 신갈나무가 자생하지 않기 때문이다.

목록화 대상이 되는 식물종은 우포늪 식물상 조사 영역에 출현하는 모든 식물종을 대상으로 Engler 분류체계로 정리하였다(한글 순의 식물명은 색인을 참조하기). 우포늪의 식물상은 총 524종 (100과 305속)으로 이루어져 있다(아래 목록 참조). 목록화된 식물종들 가운데 외국식물종(동일 식물지리구계의 종이지만 원래부터 한국에 자생하지 않는 종), 귀화식물종(다른 식물지리구계에 속하지만 자생하는 종), 식재식물종(식재된 개체만 분포하는 종), 보호식물종(법제도적 보호 대상종) 등의 정보를 기입해 두었다. 이 가운데 귀화식물종은 총 **74**종이며, 법제도적으로 보호대상이 되는 식물종은 **6**종이다. 한편 총 **524**종 이외에 최근 주요 선행 자료에 포함되어 있으면서 본 연구팀에 의해서 그 생육이 확인 되지 않은 미확인종 **41**종의 목록을 따로 기재해 두었다. 따라서 우포늪 식물상은 크게 세 가지 목록으로 구성되어 있다.

(1) **2009/2010**년 우포늪 식물상(**524**종)

(2) **2009/2010**년 우포늪 귀화식물종 및 외국식물종의 목록(**74**종)

(3) 선행 문헌에 기재되어 있지만, **2009/2010**년에 미확인 식물종 목록(**41**종)

[우포늪 식물상에 대한 최근 선행 자료의 목록. 기호는 식물상 목록의 문헌 기호와 일치한다.]

기호	문헌정보
A	환경청. 1987. 우포늪, 주남저수지 생태계 조사. 212p. 60종류 (우포, 목포).
B	오경환. 1990. 수생관속식물이 호소생태계의 부영양화에 미치는 영향. 한국과학재단 연구보고서. 47p. 100종류 (우포늪 전 지역).
C	창녕군. 1997. 우포, 목포늪 생태계 보전 방향. 경남개발연구원. 396p. 168종류 (우포, 목포).
D	오경환, 손성곤. 1999. 우포늪 식물상 추가 조사. 36 종류 (우포늪 전 지역).
E	손성곤. 2000. 우포늪 식물상 추가 조사. 25종류 (우포늪 전 지역).
F	오경환. 2002. 국가장기생태연구 조사보고서(04~07년도). 34종류 (우포늪 전 지역).
G	건설교통부 부산지방국토관리청. 2003. 토평천 종합치수대책 수립보고서(2)-생태조사 보고서.
H	오경환. 2004~2006. 1~3차 국가장기생태연구 식물상.
I	김형민. 2006. 우포늪 식생에 관한 생태학적 연구. 석사학위논문. 창원대학교.
J	박기현. 2006. 계절변화에 따른 우포늪의 습생수생관속식물군락의 변화에 관한 생태학적 연구. 석사학위논문. 창원대학교.
K	강은영. 2007. 우포늪의 교란된 제방에서 식생 구조의 계절적 변화. 석사학위논문. 경상대학원.
L	안경환. 2010. 우포늪 식생의 유형분류와 공간분포 분석. 박사학위논문. 계명대학교.

(1) 2009 / 2010년 우포늪 식물상

식물계통분류학적 분류체계는 Engler A.(1954, 1964) 시스템을 바탕으로 정리하였다.

* 붉은 글씨의 식물종은 법제도적 감시대상의 식물종이며, 총 6종이다.
* 귀화식물종, 외국식물종, 식재식물종은 한글 식물명 옆에 (귀), (외), (식) 등으로 표기해 두었다.

과명	식물명	학명	선행자료 (238쪽 참조)											
			A	B	C	D	E	F	G	H	I	J	K	L
부처손과	부처손	*Selaginella tamariscina* (Beauv.) Spring	•	•	•	•	•	•	•	•	•	•	•	+
속새과	쇠뜨기	*Equisetum arvense* L.	•	+	+	•	•	•	+	+	+	+	+	+
속새과	속새	*Equisetum hyemale* L.	•	•	•	•	•	•	•	•	•	•	•	+
고사리과	부싯깃고사리	*Cheilanthes argentea* (Gmel.) Kunze	•	•	•	•	•	•	•	•	•	•	•	+
고사리과	봉의꼬리	*Pteris multifida* Poiret	•	•	•	•	•	•	•	•	•	•	•	+
넉줄고사리과	넉줄고사리	*Davallia mariesii* Moore	•	•	•	•	•	•	•	•	•	•	•	+
면마과	왁살고사리	*Arachniodes borealis* Seriz.	•	•	•	•	•	•	•	•	•	•	•	+
면마과	가는잎개고사리	*Athyrium iseanum* Rosenst	•	•	•	•	•	•	•	•	•	•	•	+
면마과	개고사리	*Athyrium niponicum* (Mett.) Hance	•	•	+	•	•	•	+	+	•	•	•	+
면마과	뱀고사리	*Athyrium yokoscense* (Fr. et Sav.) Christ	•	•	•	•	•	•	•	•	•	•	•	+
면마과	쇠고비	*Cyrtomium fortunei* J. Smith	•	•	•	•	•	•	•	•	•	•	•	+
면마과	가는잎족제비고사리	*Dryopteris chinensis* (Bak.) Koidz	•	•	•	•	•	•	•	•	•	•	•	+
면마과	비늘고사리	*Dryopteris lacera* (Thunb.) Kuntze	•	•	•	•	•	•	•	•	•	•	•	+
면마과	바위족제비고사리	*Dryopteris saxifraga* H.Ito	•	•	•	•	•	•	•	•	•	•	•	+
면마과	곰비늘고사리	*Dryopteris uniformis* (Makino) Makino	•	•	•	•	•	•	•	•	•	•	•	+
면마과	족제비고사리	*Dryopteris varia* (L.) O. Kuntze	•	•	+	•	•	•	•	•	•	•	•	•
면마과	애기족제비고사리	*Dryopteris varia var. sacrosancta* (Koidz.) Ohwi	•	•	•	•	•	•	•	•	•	•	•	+
꼬리고사리과	꼬리고사리	*Asplenium incisum* Thunb.	•	•	•	•	•	•	•	•	•	•	•	+
꼬리고사리과	거미일엽초	*Camptosorus sibiricus* Rupr.	•	•	•	•	•	•	+	•	•	•	•	+
고란초과	애기석위	*Pyrrosia petiolosa* (Christ et Baroni) Ching	•	•	•	•	•	•	+	+	•	•	•	+
생이가래과	생이가래	*Salvinia natans* (L.) Allioni.	+	+	+	•	•	•	+	+	+	+	•	+
소나무과	낙엽송(식)	*Larix kaempferi* (Lamb.) Carriere	•	•	•	•	•	•	•	•	•	•	•	+
소나무과	소나무	*Pinus densiflora* Sieb. et Zucc.	•	•	+	•	•	•	+	+	+	+	•	+
소나무과	리기다소나무(식)	*Pinus rigida* Mill.	•	•	•	•	•	•	•	+	+	+	•	+
소나무과	해송	*Pinus thunbergii* Parl.	•	•	+	•	•	•	+	•	•	•	•	+

과명	식물명	학명	선행자료 (238쪽 참조)											
			A	B	C	D	E	F	G	H	I	J	K	L
측백나무과	노간주나무	*Juniperus rigida* Sieb. et Zucc.	•	•	+	•	•	•	+	+	•	•	•	+
버드나무과	미류(식)	*Populus deltoides* Marsh.	+	+	+	•	•	•	+	•	•	•	•	•
버드나무과	이태리포푸라(식)	*Populus euramericana* Guinier	•	•	+	•	•	•	•	•	+	+	•	+
버드나무과	양버들(식)	*Populus nigra var. italica* (M?ench.) Koehne	•	•	•	•	+	•	•	+	•	•	•	+
버드나무과	은사시나무	*Populus tomentiglandulosa* T. Lee	+	•	+	•	•	•	•	+	+	+	•	+
버드나무과	떡버들	*Salix hallaisanensis* Leveille	•	•	•	•	•	•	+	•	•	•	•	+
버드나무과	왕버들	*Salix chaenomeloides* Kimura	•	+	+	•	•	•	+	+	+	+	•	+
버드나무과	갯버들	*Salix gracilistyla* Miquel	+	+	+	•	•	•	+	+	+	+	•	+
버드나무과	버드나무	*Salix koreensis* Andersson	•	•	•	•	+	•	•	+	•	•	•	+
버드나무과	키버들	*Salix koriyanagi* Kimura	•	•	•	•	•	•	+	+	•	•	•	+
버드나무과	운용버들(외)	*Salix matsudana* Koidzumi for. tortuosa Rehder	•	•	+	•	•	•	•	•	•	•	•	+
버드나무과	능수버들	*Salix pseudolasiogyne* Leveille	•	•	•	•	•	•	•	+	+	+	•	+
버드나무과	참오글잎버들	*Salix siuzevii* O. Seemen	•	•	•	•	•	•	•	•	•	•	•	+
버드나무과	선버들	*Salix subfragilis* Andersson	•	•	•	•	+	•	•	+	+	+	+	+
자작나무과	사방오리(식)	*Alnus firma* Sieb. et Zucc.	•	•	•	•	•	•	•	•	•	•	•	+
참나무과	밤나무	*Castanea crenata* Sieb. et Zucc.	•	•	•	•	•	•	•	+	+	+	•	+
참나무과	상수리나무	*Quercus acutissima* Carruthers	•	•	+	•	•	•	+	+	+	+	•	+
참나무과	졸참나무	*Quercus serrata* Thunb.	•	•	•	•	•	•	•	•	•	•	•	+
참나무과	굴참나무	*Quercus variabilis* Blume	•	•	•	•	•	•	•	+	+	+	•	+
느릅나무과	푸조나무	*Aphananthe aspera* (Thunb.) Planchon	•	•	+	•	•	•	•	•	•	•	•	•
느릅나무과	팽나무	*Celtis sinensis* Persoon	•	•	•	•	•	•	+	+	•	•	•	+
느릅나무과	당느릅나무	*Ulmus davidiana* Planchon	•	•	•	•	•	•	•	•	•	•	•	+
느릅나무과	느릅나무	*Ulmus davidiana* var. japonica (Rehder) Nakai	•	•	•	•	•	•	•	+	+	+	•	•
느릅나무과	참느릅나무	*Ulmus parvifolia* Jacguin	•	•	+	•	•	•	+	+	+	+	•	+
느릅나무과	느티나무	*Zelkova serrata* (Thunb.) Makino	•	•	•	•	•	•	•	•	+	+	•	•
뽕나무과	꾸지나무	*Broussonetia papyrifera* (L.) L'Heritier	•	•	•	•	•	•	•	•	•	•	•	+
뽕나무과	한삼덩굴	*Humulus scandens* (Lour.) Merr.	•	+	+	•	•	•	+	•	+	+	+	+
뽕나무과	뽕나무	*Morus alba* L.	•	•	•	•	•	•	+	+	+	+	•	+
뽕나무과	산뽕나무	*Morus bombycis* Koidzumi.	•	•	•	•	•	•	•	•	•	•	•	+
쐐기풀과	왜모시풀	*Boehmeria longispica* Steud.	•	•	•	•	•	•	•	•	•	•	•	+

과명	식물명	학명	선행자료 (238쪽 참조)											
			A	B	C	D	E	F	G	H	I	J	K	L
쐐기풀과	좀깨잎나무	*Boehmeria spicata* (Thunb.) Thunb.	•	•	•	•	•	•	•	•	•	•	•	+
쐐기풀과	애기쐐기풀	*Urtica laetevirens* Maxim	•	•	•	•	•	•	•	•	•	•	•	+
단향과	제비꿀	*Thesium chinense* Turczaninow	•	•	•	•	•	•	•	•	•	•	•	+
여뀌과	닭의덩굴(귀)	*Fallopia dumetorum* (L.) Holub.	•	•	•	+	•	•	•	•	•	•	•	+
여뀌과	물여뀌	*Persicaria amphibia* (L.) S. F. Gray	•	•	•	•	•	•	+	+	•	•	•	•
여뀌과	꽃여뀌	*Persicaria conspicua* (Nakai) Nakai	•	•	•	•	•	•	•	•	•	•	•	+
여뀌과	긴미꾸리낚시	*Persicaria hastato-sagittata* (Makino) Nakai	+	•	•	•	•	•	•	•	•	•	•	•
여뀌과	여뀌	*Persicaria hydropiper* (L.) Spach	+	+	+	•	•	•	+	+	+	+	+	+
여뀌과	흰꽃여뀌	*Persicaria japonica* (Meisn.) H. Gross	•	•	•	•	•	•	•	•	•	•	•	+
여뀌과	흰여뀌	*Persicaria lapathifolia* (L.) S. F. Gray	•	•	+	•	•	•	+	+	+	+	•	+
여뀌과	개여뀌	*Persicaria longiseta* (De Bruyn) kitagawa	+	•	+	•	•	•	+	+	•	•	•	+
여뀌과	나도미꾸리	*Persicaria maackiana* (Regel) Nakai	•	+	+	•	•	•	+	•	+	+	+	+
여뀌과	명아자여뀌	*Persicaria nodosa* (Persoon) Opiz	+	+	+	•	•	•	+	•	•	•	•	+
여뀌과	며느리배꼽	*Persicaria perfoliata* (L.) H. Gross	•	•	•	•	•	•	+	+	+	+	+	+
여뀌과	며느리밑씻개	*Persicaria senticosa* (Meisn.) H. Gross	+	•	+	•	•	•	+	+	+	+	•	+
여뀌과	미꾸리낚시	*Persicaria sieboldii* (Meisn.) Ohki	•	•	•	•	•	•	•	•	+	+	•	+
여뀌과	고마리	*Persicaria thunbergii* (Sieb. et Zucc.) H. Gross	•	•	•	+	•	•	+	+	+	+	•	+
여뀌과	기생여뀌	*Persicaria viscosa* (Hamilton) H. Gross	•	•	•	+	•	•	+	+	•	•	•	•
여뀌과	봄여뀌	*Persicaria vulgaris* Webb. et Moquin	•	+	•	•	•	•	•	+	+	+	•	•
여뀌과	마디풀	*Polygonum aviulare* L.	•	+	•	•	•	•	+	+	+	+	•	+
여뀌과	수영	*Rumex acetosa* L.	+	•	+	•	•	•	•	•	+	+	•	•
여뀌과	묵밭소리쟁이(귀)	*Rumex conglomeratus* Murr.	•	•	•	•	•	•	•	•	+	+	•	•
여뀌과	소리쟁이(귀)	*Rumex crispus* L.	+	+	+	•	•	•	+	+	+	+	+	+
여뀌과	참소리쟁이	*Rumex japonicus* Houtt	•	•	•	•	•	•	•	•	•	•	•	+
여뀌과	좀소리쟁이(귀)	*Rumex nipponicus* Fr. & Sav.	•	•	•	•	•	•	•	•	•	•	•	+
여뀌과	돌소리쟁이(귀)	*Rumex obtusifolius* L.	•	•	•	•	•	•	•	•	+	+	•	•
자리공과	미국자리공(귀)	*Phytolacca americana* L.	•	•	+	•	•	•	+	+	+	+	•	+
석류풀과	석류풀	*Mollugo pentaphylla* L.	•	•	•	•	•	•	+	+	•	•	•	•
석류풀과	큰석류풀(귀)	*Mollugo verticillata* Linne	•	•	•	•	•	•	•	•	•	•	•	+
쇠비름과	쇠비름	*Portulaca oleracea* L.	•	+	•	•	•	•	+	+	+	+	+	+

과명	식물명	학명	선행자료 (238쪽 참조)											
			A	B	C	D	E	F	G	H	I	J	K	L
석죽과	벼룩이자리	*Arenaria serpyllifolia* L.	•	•	•	•	•	•	+	+	•	•	•	+
석죽과	유럽점나도나물(귀)	*Cerastium glomeratum* Thuill	•	•	•	•	•	•	•	•	•	•	•	+
석죽과	점나도나물	*Cerastium holosteoides* var. *hallaisanense* (Nakai) Mizushima	•	•	•	•	•	•	•	+	+	+	•	+
석죽과	패랭이꽃	*Dianthus chinensis* L.	•	•	+	•	•	•	+	+	+	+	•	+
석죽과	개미자리	*Sagina japonica* (Swartz) Ohwi	•	•	•	•	•	•	•	+	•	•	•	•
석죽과	벼룩나물	*Stellaria alsine* var. *undulata* (Thunb.) Ohwi	•	•	•	+	•	•	•	+	+	+	+	+
석죽과	쇠별꽃	*Stellaria aquatica* (L.) Scopoli.	•	+	+	•	•	•	+	+	+	+	+	+
석죽과	별꽃	*Stellaria media* (L.) Villars	+	•	+	•	•	•	•	+	+	+	•	•
명아주과	명아주	*Chenopodium album* var. *centrorubrum* Makino	•	+	•	•	•	•	+	+	+	+	•	+
명아주과	청명아주	*Chenopodium bryoniaefolium* Bunge	•	•	•	•	•	•	•	•	•	•	•	+
명아주과	취명아주(귀)	*Chenopodium glaucum* L.	•	•	+	•	•	•	+	•	+	+	•	+
명아주과	좀명아주(귀)	*Chenopodium serotinum* L.	•	•	•	•	•	•	•	•	+	+	•	+
비름과	쇠무릅	*Achyranthes japonica* (Miq.) Nakai	+	+	+	•	•	•	+	•	+	+	•	+
비름과	비름(귀)	*Amaranthus lividus* L.	•	+	•	•	•	•	+	+	•	•	•	•
비름과	개비름	*Amaranthus mangostanus* L.	•	•	•	•	•	•	•	•	•	•	•	+
비름과	털비름(귀)	*Amaranthus retroflexus* L.	•	•	+	•	•	•	•	•	+	+	•	•
녹나무과	비목나무	*Lindera erythrocarpa* Makino	•	•	•	•	•	•	•	•	•	•	•	+
녹나무과	백동백나무	*Lindera glauca* (Sieb. et Zucc.) Blume	•	•	•	•	•	•	•	•	•	•	•	+
녹나무과	생강나무	*Lindera obtusiloba* Blume	•	•	•	•	•	•	+	+	+	+	•	+
미나리아재비과	사위질빵	*Clematis apiifolia* DC.	•	•	•	•	•	•	+	+	•	•	•	+
미나리아재비과	으아리	*Clematis mandshurica* Ruprechet	•	•	•	•	•	•	+	+	+	+	•	+
미나리아재비과	할미꽃	*Pulsatilla koreana* (Yabe) Nakai	•	•	•	•	•	•	+	+	+	+	•	+
미나리아재비과	젓가락풀	*Ranunculus chinensis* Bunge	•	•	•	+	•	•	•	•	+	+	+	•
미나리아재비과	개구리자리	*Ranunculus sceleratus* L.	•	•	+	•	•	•	+	+	+	+	•	+
미나리아재비과	개구리미나리	*Ranunculus tachiroei* Fr. et Sav.	•	•	•	•	•	•	•	•	•	•	•	+
미나리아재비과	꿩의다리	*Thalictrum aquilegifolium* var. *sibiricum* Regel & Tiling	•	•	+	•	•	•	•	•	•	•	•	+
으름덩굴과	으름덩굴	*Akebia quinata* (Thunb.) Decaisne	•	•	•	•	•	•	+	•	•	•	•	•
새모래덩굴과	댕댕이덩굴	*Cocculus trilobus* (Thunb.) DC.	•	+	+	•	•	•	+	+	•	•	•	+
새모래덩굴과	새모래덩굴	*Menispermum dahuricum* De	•	•	+	•	•	+	+	+	+	+	•	•
수련과	가시연꽃	*Euryale ferox* Salisbury	•	•	+	•	•	•	+	+	+	+	•	+

과명	식물명	학명	선행자료 (238쪽 참조)											
			A	B	C	D	E	F	G	H	I	J	K	L
수련과	연꽃(외)	*Nelumbo nucifera* Gaertner	•	•	•	•	•	•	•	+	+	+	•	+
붕어마름과	붕어마름	*Ceratophyllum demersum* L.	•	+	+	•	•	•	+	+	+	+	•	+
쥐방울과	쥐방울	*Aristolochia contorta* Bunge	•	•	•	•	•	•	+	•	+	+	•	+
물레나물과	물레나물	*Hypericum ascyron* L.	•	•	•	•	•	•	+	•	+	+	•	+
양귀비과	애기똥풀	*Chelidonium majus* var. *asiaticum* (Hara) Ohwi	•	•	•	•	•	•	+	+	+	+	•	+
양귀비과	산괴불주머니	*Corydalis speciosa* Maxim.	•	•	•	•	•	•	•	•	•	•	•	+
십자화과	장대나물	*Arabis glabra* (L.) Bernh.	•	•	•	•	•	•	•	•	•	•	•	+
십자화과	털장대	*Arabis hirsuta* (L.) Scopoli	•	•	•	•	•	•	•	•	•	•	•	+
십자화과	유채	*Brassica campestris* var. *nippo-oleifera* Makino	•	•	•	•	•	•	+	+	+	+	+	•
십자화과	갓(외)	*Brassica juncea* var. *integrifolia* Sinsk	•	•	•	•	•	•	+	+	•	•	•	+
십자화과	좀아마냉이(귀)	*Camelina microcarpa* Ardrz.	•	•	•	•	•	•	•	+	•	•	•	+
십자화과	냉이	*Capsella bursa-pastoris* (L.) Medicus	+	•	+	•	•	•	+	+	+	+	+	+
십자화과	황새냉이	*Cardamine flexuosa* With.	•	•	•	•	+	•	+	+	•	•	•	+
십자화과	좁쌀냉이	*Cardamine flexuosa* var. *fallax* O. E. Schulz	•	•	•	•	•	•	•	+	•	•	•	•
십자화과	싸리냉이	*Cardamine impatiens* L.	•	•	+	•	•	•	•	+	•	•	•	•
십자화과	논냉이	*Cardamine lyrata* Bunge	•	•	•	•	•	•	•	+	•	•	•	•
십자화과	재쑥	*Descurainia sophia* (L.) Webb ex Prantl	•	•	•	•	•	•	•	+	+	+	•	+
십자화과	꽃다지	*Draba nemorosa* L.	•	•	+	•	•	•	+	+	•	•	•	+
십자화과	다닥냉이(귀)	*Lepidium apetalum* Will.	•	•	•	+	•	•	+	+	+	+	•	+
십자화과	좀개갓냉이	*Rorippa cantoniensis* (Loureiro) Ohwi	•	•	•	•	•	•	•	+	•	•	•	•
십자화과	구슬개갓냉이	*Rorippa glabosa* (Turcz.) Hayek	•	•	•	•	•	•	•	•	+	+	•	•
십자화과	개갓냉이	*Rorippa indica* (L.) Hiern	•	+	+	•	•	•	+	+	+	+	•	+
십자화과	속속이풀	*Rorippa islandica* (Oeder) Borb?s	•	+	•	•	•	•	+	+	+	+	+	+
십자화과	말냉이(귀)	*Thlaspi arvense* L.	•	•	•	•	+	+	•	+	+	+	•	+
돌나물과	바위솔	*Orostachys japonicus* (Maxim.) A. Berger	•	•	+	•	•	•	+	+	•	•	•	+
돌나물과	말똥비름	*Sedum bulbiferum* Makino	•	•	•	•	•	•	•	+	•	•	•	+
돌나물과	기린초	*Sedum kamtschaticum* Fischer	•	•	•	+	•	•	+	+	•	•	•	+
돌나물과	돌나물	*Sedum sarmentosum* Bunge	•	•	•	•	•	•	+	+	+	+	•	+
장미과	짚신나물	*Agrimonia pilosa* Ledeb.	•	•	•	•	•	•	+	+	+	+	•	+
장미과	산사나무	*Crataegus pinnatifida* Bunge	•	•	•	+	•	•	+	+	•	•	•	+

과명	식물명	학명	선행자료 (238쪽 참조)											
			A	B	C	D	E	F	G	H	I	J	K	L
장미과	뱀딸기	*Duchesnea chrysantha* (Zoll. et Mor.) Miquel	•	+	•	•	•	•	+	+	+	+	•	+
장미과	좀개쇠스랑개비(귀)	*Potentilla amurensis* Maxim.	•	•	+	•	•	•	•	+	•	•	+	•
장미과	가락지나물	*Potentilla anemonefolia* Lehmann	•	+	•	•	•	•	+	+	•	•	•	•
장미과	딱지꽃	*Potentilla chinensis* Seringe	•	•	•	•	•	•	•	•	•	•	•	+
장미과	양지꽃	*Potentilla fragarioides* var. *major* Maxim.	•	•	•	•	•	•	•	+	•	•	•	+
장미과	세잎양지꽃	*Potentilla freyniana* Bornm	•	•	•	•	+	•	+	•	•	•	•	•
장미과	개소시랑개비(귀)	*Potentilla supina* L.	+	•	+	•	•	•	+	+	+	+	•	+
장미과	이스라지나무	*Prunus japonica var.nakaii* (Lev.) Rehder	•	•	•	•	•	•	•	•	•	•	•	+
장미과	개벗나무	*Prunus maackii* Rupr.	•	•	•	•	•	•	•	•	•	•	•	+
장미과	복숭아나무	*Prunus persica* (L.) Batsch	•	•	+	•	•	•	+	•	•	•	•	+
장미과	용가시나무	*Rosa maximowicziana* Regel	+	•	+	•	•	•	+	+	+	+	•	+
장미과	찔레나무	*Rosa multiflora* Thunb.	•	•	+	•	•	•	•	•	+	+	•	+
장미과	반들가시나무	*Rosa wichuraiana* Crep. ex Franch. & Sav.	•	•	•	•	•	•	•	•	•	•	•	+
장미과	산딸기나무	*Rubus crataegifolius* Bunge	+	•	+	•	•	•	+	•	+	+	•	•
장미과	덩굴딸기	*Rubus oldhamii* Miquel	•	•	•	•	•	•	+	•	•	•	•	•
장미과	멍석딸기	*Rubus parvifolius* L.	•	+	+	•	•	•	+	+	+	+	•	•
장미과	오이풀	*Sanguisorba officinalis* L.	•	•	+	•	•	•	+	+	•	•	•	+
장미과	조팝나무	*Spiraea prunifolia* for. *simpliciflora* Nakai	•	•	+	•	•	•	+	+	+	+	•	+
장미과	아구장나무	*Spiraea pubescens* Turczaninow	•	•	•	•	•	•	•	•	•	•	•	+
콩과	자귀풀	*Aeschynomene indica* L.	•	+	•	•	•	•	+	+	+	+	+	•
콩과	자귀나무	*Albizzia julibrissin* Durazz.	•	•	+	•	•	+	+	+	+	+	•	+
콩과	족제비싸리(귀)	*Amorpha fruticosa* L.	•	•	+	•	•	+	+	+	+	+	•	+
콩과	새콩	*Amphicarpaea trisperma* (Miquel.) Baker	•	+	•	•	•	•	•	•	•	•	•	+
콩과	자운영(외)	*Astragalus sinicus* L.	+	+	+	•	•	+	+	+	+	+	+	+
콩과	꽃싸리	*Campylotropis macrocarpa* (Bunge) Rdhder	•	•	•	•	•	•	•	•	•	•	•	+
콩과	차풀	*Cassia nomame* (Siebold) Honda	+	•	+	•	•	•	+	+	•	•	•	+
콩과	돌콩	*Glycine soja* Sieb. et Zucc.	•	•	•	•	•	•	+	+	+	+	+	+
콩과	땅비싸리	*Indigofera kirilowii* Maxim	•	•	•	•	•	•	+	+	+	+	•	+
콩과	낭아초	*Indigofera pseudotinctoria* Matsum.	•	•	•	•	•	•	•	•	•	•	•	+
콩과	둥근매듭풀	*Kummerowia stipulacea* (Maxim.) Makino	•	•	•	•	•	•	•	•	•	•	•	+

과명	식물명	학명	선행자료 (238쪽 참조)											
			A	B	C	D	E	F	G	H	I	J	K	L
콩과	매듭풀	*Kummerowia striata* (Thunb.) Schindler	•	+	•	•	•	•	+	+	+	+	+	+
콩과	싸리나무	*Lespedeza bicolor* Turczaninow	•	•	•	•	•	•	•	•	•	•	•	+
콩과	비수리	*Lespedeza cuneata* (Dumont d. Cours.) G. Don	+	+	+	•	•	+	+	+	+	+	+	+
콩과	개싸리	*Lespedeza tomentosa* (Thunb.) Sieb.	•	•	•	•	•	•	•	•	•	•	•	+
콩과	좀싸리	*Lespedeza virgata* (Thunberg) De Candolle	•	•	•	•	•	•	•	+	•	•	•	+
콩과	벌노랑이	*Lotus corniculatus* var. *japonicus* Regel	•	•	+	•	•	•	•	•	+	+	•	•
콩과	전동싸리(외)	*Melilotus suaveolens* Ledebour	•	•	•	•	•	•	•	•	•	•	•	+
콩과	흰전동싸리(외)	*Melilotus alba* Medicus	•	•	•	•	•	•	•	•	+	+	•	•
콩과	칡	*Pueraria lobata* (Willd.) Ohwi	•	•	•	•	•	•	+	+	•	•	•	+
콩과	아까시나무(귀)	*Robinia pseudoacacia* L.	•	•	+	•	•	+	+	+	+	+	•	+
콩과	고삼	*Sophora flavescens* Solander ex Aiton	•	•	•	+	•	+	+	+	+	+	•	+
콩과	붉은토끼풀(귀)	*Trifolium pratense* L.	•	•	•	+	•	•	+	+	+	+	•	•
콩과	토끼풀(귀)	*Trifolium repens* L.	+	+	+	•	•	+	+	•	+	+	+	+
콩과	갈퀴나물	*Vicia amoena* Fischer	•	•	•	•	•	•	•	+	+	+	+	+
콩과	별완두	*Vicia amurensis* Oettingen	•	•	+	•	•	•	•	•	+	+	•	•
콩과	가는살갈퀴	*Vicia angustifolia* L.	•	•	•	•	•	•	+	•	•	•	•	+
콩과	새완두	*Vicia hirsuta* (L.) Gray	•	•	•	•	•	•	•	•	•	•	•	+
콩과	얼치기완두	*Vicia tetrasperma* (L.) Moench	•	•	•	•	•	•	+	+	+	+	+	+
콩과	새팥	*Vigna angularis* var. *nipponensis* (Ohwi) Ohwi & Ohashi	•	•	•	•	•	•	•	•	+	+	•	+
콩과	등나무	*Wisteria floribunda* (Will.) DC.	•	•	•	•	•	•	•	•	•	•	•	+
괭이밥과	괭이밥	*Oxalis corniculata* L.	•	+	+	•	•	•	+	+	+	+	•	+
쥐손이풀과	미국쥐손이풀(귀)	*Geranium carolinianum* L.	•	•	•	•	•	•	+	•	+	+	•	+
쥐손이풀과	선이질풀	*Geranium krameri* Fanchet& Savatier	•	•	•	•	•	•	•	+	•	•	+	•
쥐손이풀과	쥐손이풀	*Geranium sibiricum* L.	•	•	•	•	+	•	•	+	+	+	•	•
대극과	깨풀	*Acalypha australis* L.	•	+	•	•	•	+	•	+	•	•	•	+
대극과	흰대극	*Euphorbia esula* L.	•	•	•	•	•	•	•	•	•	•	•	+
대극과	등대풀	*Euphorbia helioscopia* L.	•	•	•	•	•	+	•	+	+	+	•	•
대극과	큰땅빈대(귀)	*Euphorbia maculata* L.	•	+	+	•	•	•	+	+	+	+	•	+
대극과	대극	*Euphorbia pekinensis* Rupr.	•	•	•	•	•	•	•	+	•	•	•	•
대극과	땅빈대	*Euphorbia pseudochamaesyce* Fischer	•	•	•	•	•	•	•	•	•	•	•	+

과명	식물명	학명	선행자료 (238쪽 참조)											
			A	B	C	D	E	F	G	H	I	J	K	L
대극과	애기땅빈대(귀)	*Euphorbia supina* Rafinesque	•	•	•	•	•	•	•	•	•	•	•	+
아마과	개아마	*Linum stellerioides* Planchon	•	•	•	•	•	•	•	•	•	•	•	+
대극과	여우주머니	*Phyllanthus ussuriensis* Ruprecht & Maximowicz	•	+	+	•	•	•	+	+	•	•	•	+
대극과	광대싸리	*Securinega suffruticosa* (Pallas) Rehder	•	•	+	•	•	+	+	+	•	•	•	+
운향과	탱자나무	*Poncirus trifoliata* (L.) Rafinesque	•	•	•	•	•	•	+	+	+	+	•	•
운향과	산초나무	*Zanthoxylum schinifolium* Sieb. et Zucc.	•	•	•	•	•	•	•	+	+	+	•	+
소태나무과	가죽나무(귀)	*Ailanthus altissima* (Mill.) Swingle	•	•	•	•	•	•	•	•	•	•	•	+
소태나무과	소태나무	*Picrasma quassioides* (D. Don) Bennett	•	•	+	•	•	•	•	•	•	•	•	•
원지과	애기풀	*Polygala japonica* Houttuyn	•	•	•	•	•	•	•	•	•	•	•	+
옻나무과	붉나무	*Rhus javanica* L.	•	•	+	•	•	•	+	+	+	+	•	+
옻나무과	개옻나무	*Rhus tricocarpa* Miquel	•	•	•	•	•	•	+	+	•	•	•	+
단풍나무과	신나무	*Acer ginnala* Maximowicz	•	•	•	•	•	•	•	+	•	•	•	+
무환자나무과	모감주나무	*Koelreuteria paniculata* Laxmann	•	•	•	•	•	•	•	•	•	•	•	+
노박덩굴과	푼지나무	*Celastrus flagelliaris* Ruprecht	•	•	+	•	•	•	•	+	•	•	•	+
노박덩굴과	노박덩굴	*Celastrus orbiculatus* Thunb.	•	•	+	•	•	+	+	+	•	•	•	+
노박덩굴과	회잎나무	*Euonymus alatus* for. *Stroatis*(Thunb.) Makino	•	•	•	•	•	•	•	•	•	•	•	+
노박덩굴과	좀참빗살나무	*Euonymus bungeanus* Maximowicz	•	•	•	•	•	•	•	•	•	•	•	+
노박덩굴과	회나무	*Euonymus planipes* (Koehne) Koehne	•	•	+	•	•	•	•	+	+	+	•	•
노박덩굴과	참빗살나무	*Euonymus sieboldianus* Blume	•	•	•	•	•	+	+	+	•	•	•	•
갈매나무과	돌갈매나무	*Rhamnus parvifolia* Bunge	•	•	•	•	•	•	•	•	•	•	•	+
갈매나무과	묏대추	*Zizyphus jujuba* Miller	•	•	•	•	•	•	•	•	•	•	•	+
포도과	개머루	*Ampelopsis brevipedunculata* (Maxim.) Trautv.	•	•	•	+	•	•	•	+	•	•	•	+
포도과	가회톱	*Ampelopsis japonica* (Thunb.) Makino	•	•	•	•	•	•	•	•	•	•	•	+
포도과	담쟁이덩굴	*Parthenocissus tricuspidata* (Sieb. et Zucc.) Planchon	•	•	•	•	•	•	•	•	•	•	•	+
포도과	머루	*Vitis coignetiae* Pulliat	•	•	•	•	•	•	+	+	•	•	•	+
포도과	가마귀머루	*Vitis ficifolia* var. *sinuata* (Regel) Hara	•	•	•	•	•	•	+	•	•	•	•	•
포도과	새머루	*Vitis flexuosa* Thunb.	•	•	•	•	•	•	•	•	+	+	•	•
피나무과	까치깨	*Corchoropsis psilocarpa* Harms et Loesener	•	•	•	•	•	•	•	•	•	•	•	+
피나무과	수까치깨	*Corchoropsis tomentosa* (Thunberg) Makino	•	•	•	+	•	•	+	+	+	+	•	+
아욱과	어저귀(귀)	*Abutilon theophrasti* Medicus	•	•	•	•	•	•	+	+	•	•	•	•

과명	식물명	학명	선행자료 (238쪽 참조)											
			A	B	C	D	E	F	G	H	I	J	K	L
제비꽃과	왜제비꽃	*Viola japonica* Langsdorf	•	+	•	•	•	•	•	•	•	•	•	•
제비꽃과	제비꽃	*Viola mandshurica* W. Becker	•	•	•	•	•	•	+	+	+	+	•	•
제비꽃과	흰제비꽃	*Viola patrini* DC. ex gingins	•	•	+	•	•	•	•	+	+	+	•	+
제비꽃과	민둥뫼제비꽃	*Viola tokubuchiana* var. *takedana* (Makino) F.Maek.	•	•	•	•	•	•	•	•	•	•	•	+
박과	뚜껑덩굴	*Actinostemma lobatum* (Maxim.)	•	•	+	•	•	+	+	+	+	+	+	+
박과	새박	*Melothria japonica* (Thunb.) Maxim.	•	•	+	•	•	•	•	•	•	•	•	•
박과	가시박(귀)	*Sicyos angulatus* L.	•	•	•	•	•	•	•	•	•	•	•	+
박과	하늘타리	*Trichosanthes kirilowii* Maxim.	•	•	•	•	•	•	•	+	•	•	•	•
보리수나무과	보리수나무	*Elaeagnus umbellata* Thunb.	•	•	•	•	•	•	•	•	•	•	•	+
부처꽃과	부처꽃	*Lythrum anceps* (Koehne) Makino	•	•	•	•	•	•	•	•	+	+	•	•
부처꽃과	마디꽃	*Rotala indica* var. *uliginosa* (Miquel) Koehne	•	•	•	•	•	•	•	+	•	•	•	•
마름과	마름	*Trapa bispinosa* var. *inumai* Nakano	+	+	+	•	•	•	+	+	+	+	•	+
마름과	애기마름	*Trapa incisa* Siebold. et Zuccarini	•	+	•	•	•	•	•	•	•	•	•	+
바늘꽃과	여뀌바늘	*Ludwigia prostrata* Roxburgh	•	+	•	•	•	•	+	+	•	•	•	+
바늘꽃과	겹달맞이꽃(귀)	*Oenothera biennis* L.	•	•	•	•	•	•	•	•	•	•	•	+
바늘꽃과	달맞이꽃(귀)	*Oenothera odorata* Jacg.	+	+	+	•	•	•	+	+	+	+	+	+
개미탑과	물수세미	*Myriophyllum verticillatum* L.	•	+	+	•	•	•	•	+	+	+	•	•
두릅나무과	두릅나무	*Aralia elata* (Miq.) Seemann	•	•	•	•	•	•	•	•	•	•	•	+
산형과	유럽전호(귀)	*Anthriscus caucalis* M. Bieb.	•	•	•	•	•	•	•	•	+	+	•	•
산형과	벌사상자	*Cnidium monnieri* (L.) Cusson	•	•	•	•	•	•	•	•	•	•	+	+
산형과	선피막이	*Hydrocotyle maritima* Honda	•	•	•	+	•	•	+	+	+	+	•	•
산형과	미나리	*Oenanthe javanica* (Bl.) DC.	•	•	•	•	•	•	+	+	+	+	•	+
산형과	기름나물	*Peucedanum terebinthaceum* (Fischer) Fischer	•	•	•	•	•	•	•	•	•	•	•	+
산형과	개발나물	*Sium suave* Walter	•	•	•	•	•	•	•	•	+	+	•	•
산형과	사상자	*Torilis japonica* (Houttuyn) DC.	•	•	•	+	•	•	+	+	+	+	•	+
산형과	개사상자	*Torilis scabra* (Thunb.) DC.	•	+	•	•	•	•	•	+	•	•	•	+
노루발과	매화노루발	*Chimaphila japonica* Miquel	•	•	+	•	•	+	•	•	•	•	•	+
노루발과	노루발풀	*Pyrola japonica* Klenze	•	•	+	•	•	+	+	•	+	+	•	+
앵초과	애기봄맞이	*Androsace filiformis* Retzius	•	•	+	•	•	•	+	+	•	•	•	•
앵초과	봄맞이꽃	*Androsace umbellata* (Loureiro) Merrill	•	•	+	•	•	•	+	•	+	+	•	•

과명	식물명	학명	선행자료 (238쪽 참조)											
			A	B	C	D	E	F	G	H	I	J	K	L
앵초과	까치수염	*Lysimachia barystachys* Bunge	•	•	•	+	•	•	+	+	+	+	•	•
앵초과	큰까치수염	*Lysimachia chlethroides* Duby	•	•	•	•	•	•	•	•	•	•	•	+
감나무과	고욤나무	*Diospyros lotus* L.	•	•	•	•	•	•	+	+	+	+	•	+
감나무과	감나무	*Diospyros kaki* Thunb.	•	•	+	•	•	•	+	+	+	•	•	+
조름나물과	노랑어리연꽃	*Nymphoides peltata* (S. G. Gmel.) O. Kuntze	+	+	+	•	•	+	+	+	+	+	•	+
물푸레나무과	광나무	*Ligustrum japonicum Thunb.*	•	•	•	•	•	•	•	•	•	•	•	+
협죽도과	마삭줄	*Trachelospermum asiaticum* (Sieb. et Zucc.) Nakai	•	•	•	•	•	•	•	+	•	•	•	+
박주가리과	산해박	*Cynanchum paniculatum* (Bunge) Kitagawa	•	•	•	•	•	•	•	•	•	•	•	+
박주가리과	은조롱	*Cynanchum wilfordii* (Maxim.) Hemㄴ	•	•	•	•	•	•	•	•	•	•	•	+
박주가리과	박주가리	*Metaplexis japonica* (Thunb.) Makino	•	+	+	•	•	•	+	+	+	+	•	+
꼭두선이과	갈퀴덩굴	*Galium spurium* var. *echinospermon* (Wallr.) Hayek	•	•	•	•	•	•	+	+	•	•	•	+
꼭두선이과	네잎갈퀴	*Galium trachyspermum* A.Gray	•	•	•	•	•	•	•	•	•	•	•	+
꼭두선이과	계요등	*Paederia scandens* (Lour.) Merrill	•	•	•	•	•	•	+	+	+	+	•	+
꼭두선이과	꼭두선이	*Rubia akane* Nakai	•	•	•	•	•	•	+	•	•	•	•	+
메꽃과	애기메꽃	*Calystegia hederacea* Wallich	•	+	•	•	•	•	+	+	+	+	+	+
메꽃과	메꽃	*Calystegia japonica* Choisy	•	+	+	•	•	•	+	+	+	+	•	+
메꽃과	실새삼	*Cuscuta australis* R. Brown	•	•	•	+	•	•	+	+	+	+	•	•
메꽃과	미국실새삼(귀)	*Cuscuta pentagona* Engelm.	•	•	•	•	•	•	•	•	•	•	•	+
메꽃과	새삼	*Cuscuta japonica* Choisy	•	+	•	•	•	•	•	•	+	+	•	•
메꽃과	나팔꽃	*Pharbitis nil* (L.) Choisy	•	•	+	•	•	•	•	+	•	•	•	•
지치과	꽃받이	*Bothriospermum tenellum* (Hornem.) Fischer et Meyer	•	•	•	•	•	•	•	•	•	•	•	+
지치과	개지치	*Lithospermum arvense* L.	•	•	•	•	•	•	•	•	•	•	•	+
지치과	꽃마리	*Trigonotis peduncularis* (Trevir.) Bentham	•	•	•	+	•	•	+	+	+	+	•	•
별이끼과	물별이끼	*Callitriche palustris* L.	•	•	•	•	+	•	•	+	+	+	•	+
꿀풀과	개차즈기	*Amethystea caerulea* L.	•	•	•	•	•	•	•	•	•	•	•	+
꿀풀과	쥐깨	*Mosla dianthera* (Hamilton) Maximowicz	•	•	•	•	•	•	•	•	•	•	+	+
꿀풀과	층층이꽃	*Clinopodium chinense* var. *parviflorum* (Kudo) Hara	+	•	+	•	•	•	•	•	•	•	•	•
꿀풀과	향유	*Elsholtzia ciliata* (Thunb.) Hylander	•	•	•	•	•	•	•	•	•	•	•	+
꿀풀과	꽃향유	*Elsholtzia pseudocristata* var. *splendens* (Nakai) Kitagawa	•	•	•	•	•	•	•	•	•	•	•	+
꿀풀과	광대나물	*Lamium amplexicaule* L.	•	•	•	•	•	+	+	+	+	+	•	+

과명	식물명	학명	선행자료 (238쪽 참조)											
			A	B	C	D	E	F	G	H	I	J	K	L
꿀풀과	익모초	*Leonurus japonicus* Houttuyn	+	•	+	•	•	•	+	+	+	+	•	+
꿀풀과	쉽싸리	*Lycopus lucidus* Turczaninow	•	•	•	•	•	•	•	•	+	+	•	•
꿀풀과	박하	*Mentha arvensis* var. *piperascens* Malinv.	•	•	•	+	•	•	•	•	•	•	•	+
꿀풀과	들깨풀	*Mosla punctulata* (J. E. Gmel.) Nakai	•	+	+	•	•	•	•	•	•	•	•	+
꿀풀과	산박하	*Plectranthus inflexus* (Thunb.) Vahl	•	•	•	•	•	•	•	•	•	•	•	+
꿀풀과	배암차즈기	*Salvia plebeia* R. Brown	•	•	•	+	•	•	+	+	•	•	+	+
꿀풀과	석잠풀	*Stachys japonica* Miquel	•	•	•	+	•	•	+	+	+	+	•	•
가지과	독말풀(귀)	*Datura stramonium* L.	•	•	•	+	•	•	•	•	•	•	•	•
가지과	구기자나무	*Lycium chinense* Miller	•	•	+	•	•	•	•	+	•	•	•	•
가지과	배풍등	*Solanum lyratum* Thunb.	•	•	•	•	•	•	•	•	•	•	•	+
가지과	가마중(귀)	*Solanum nigrum* L.	•	•	•	•	•	•	+	•	+	+	•	•
현삼과	큰고추풀	*Gratiola japonica* Miquel	•	•	•	•	+	•	+	+	•	•	•	•
현삼과	논뚝외풀	*Lindernia micrantha* D. Don	•	•	+	•	•	•	+	+	+	+	•	•
현삼과	밭뚝외풀	*Lindernia procumbens* (Krock.) Borbas	•	•	•	+	•	•	•	+	•	•	•	+
현삼과	주름잎	*Mazus pumilus* (Burm. f.) van Steenis	•	+	•	•	•	•	+	+	•	•	+	+
현삼과	나도송이풀	*Phtheirospermum japonicum* (Thunb.) Kanitz	•	•	•	•	•	•	•	•	•	•	•	+
현삼과	선개불알풀(귀)	*Veronica arvensis* L.	•	•	•	•	•	•	•	+	•	•	•	•
현삼과	개불알풀	*Veronica didyma* var. *lilacina* (Hara) Yamazaki	•	•	•	•	•	•	+	+	+	+	•	+
현삼과	문모초	*Veronica peregrina* L.	•	•	•	+	•	•	+	+	•	•	•	•
현삼과	큰개불알풀(귀)	*Veronica persica* Poiret	•	•	•	•	•	•	•	+	•	•	•	•
현삼과	물칭개나물	*Veronica undulata* Wall.	•	•	•	•	+	•	•	+	+	+	•	+
쥐꼬리망초과	쥐꼬리망초	*Justicia procumbens* L.	•	+	+	•	•	•	+	+	+	+	•	+
참깨과	수염마름	*Trapella sinensis* Oliver	•	+	•	•	•	•	•	•	+	+	•	+
파리풀과	파리풀	*Phryma leptostachya* var. *asiatica* Hara	•	•	•	•	•	•	•	•	•	•	•	+
질경이과	질경이	*Plantago asiatica* L.	+	+	+	•	•	•	+	+	•	•	+	+
인동과	댕댕이나무	*Lonicera caerulea* var. *edulis* Turcz.	•	•	•	•	•	•	+	•	+	+	•	•
인동과	인동덩굴	*Lonicera japonica* Thunb.	•	•	•	•	•	•	+	•	+	+	•	+
초롱꽃과	잔대	*Adenophora triphylla* var. *japonica* (Regel) H.Hara	•	•	•	•	•	•	•	•	•	•	•	+
초롱꽃과	수염가래꽃	*Lobelia chinensis* Loureiro	•	•	•	•	•	•	•	•	+	+	•	•
마타리과	마타리	*Patrinia scabiosaefolia* Fischer	•	•	•	•	•	•	•	•	•	•	•	+

과명	식물명	학명	선행자료 (238쪽 참조)											
			A	B	C	D	E	F	G	H	I	J	K	L
마타리과	뚝갈	*Patrinia villosa* (Thunb.) Jussieu	•	•	•	•	•	•	•	+	•	•	•	+
국화과	돼지풀(귀)	*Ambrosia artemisiifolia* var. *elatior* (L.) Desc.	•	•	+	•	•	•	+	+	+	+	+	+
국화과	단풍잎돼지풀(귀)	*Ambrosia trifida* L.	•	•	•	•	+	•	•	•	+	+	•	•
국화과	사철쑥	*Artemisia capillaris* Thunberg.	•	+	+	•	•	•	+	+	+	+	•	+
국화과	뺑쑥	*Artemisia feddei* H.Lev. & Vaniot	•	•	•	•	•	•	•	•	•	•	•	+
국화과	제비쑥	*Artemisia japonica* Thunb.	•	•	•	•	•	•	•	+	•	•	•	•
국화과	쑥	*Artemisia princeps* Pampanini	+	+	+	•	•	•	+	+	+	+	+	+
국화과	덤불쑥	*Artemisia rubripes* Nakai	+	•	+	•	•	•	•	•	•	•	•	•
국화과	물쑥	*Artemisia selengensis* Turcz.	•	+	+	•	•	+	+	+	+	+	+	+
국화과	민쑥부쟁이	*Aster associatus* Kitag.	•	•	•	•	•	•	•	•	•	•	•	+
국화과	미국쑥부쟁이(귀)	*Aster pilosus* Willd.	•	•	•	•	•	•	•	•	•	•	•	+
국화과	참취	*Aster scaber* Thunberg	•	•	•	•	•	•	•	•	•	•	•	+
국화과	비자루국화(귀)	*Aster subulatus* Michx.	•	•	•	•	•	•	•	•	•	•	•	+
국화과	도깨비바늘	*Bidens bipinnata* L.	•	+	•	•	•	•	+	+	+	+	•	+
국화과	미국가막사리(귀)	*Bidens frondosa* L.	•	+	+	•	•	•	+	+	+	+	+	+
국화과	까치발	*Bidens parviflora* Willd.	+	•	+	•	•	•	•	•	•	•	•	+
국화과	울산도깨비바늘(귀)	*Bidens pilosa* L.	•	•	•	•	•	•	•	•	•	•	•	+
국화과	가막사리	*Bidens tripartita* L.	•	•	•	•	•	•	+	•	+	+	•	•
국화과	조뱅이	*Breea segeta* (Bunge) Kitamura	•	•	•	•	+	•	+	+	+	+	•	+
국화과	담배풀	*Carpesium abrotanoides* L.	•	•	•	•	•	•	•	+	•	•	•	•
국화과	좀담배풀	*Carpesium cernuum* L.	+	•	+	•	•	•	•	•	•	•	•	+
국화과	긴담배풀	*Carpesium divaricatum* Sieb. et Zucc.	•	•	•	•	•	•	•	•	•	•	•	+
국화과	여우오줌	*Carpesium macrocephalum* Franchet & Savatier	•	•	•	•	•	•	•	•	•	•	•	+
국화과	중대가리풀	*Centipeda minima* (L.) Al. Braun & Acherson	•	•	•	•	•	•	•	•	•	•	•	+
국화과	산국	*Chrysanthemum boreale* (Makino) Makino	•	•	•	•	•	•	•	•	•	•	•	+
국화과	엉겅퀴	*Cirsium japonicum* var. *ussuriense* (Regel) Kitamura	•	•	•	•	•	•	•	+	•	•	•	•
국화과	큰금계국(귀)	*Coreopsis lanceolata* L.	•	•	•	•	•	•	•	•	+	+	•	•
국화과	기생초(귀)	*Coreopsis tinctoria* Nutt.	•	•	•	•	•	•	•	•	+	+	•	+
국화과	코스모스(귀)	*Cosmos bipinnatus* Cav.	•	•	•	•	•	•	•	•	+	+	+	+
국화과	주홍서나물(귀)	*Crassocephalum crepidioides* (Benth.) S. Moore	•	•	•	•	•	•	•	•	+	+	•	•

과명	식물명	학명	선행자료 (238쪽 참조)											
			A	B	C	D	E	F	G	H	I	J	K	L
국화과	구절초	*Dendranthema zawadskii* var. *latilobum* (Maxim.) Kitam.	•	•	•	•	•	•	•	•	•	•	•	+
국화과	한련초	*Eclipta prostrata* (L.) L.	•	+	+	•	•	•	+	+	+	+	+	+
국화과	개망초(귀)	*Erigeron annuus* (L.) Pers.	+	+	+	•	•	•	+	+	+	+	+	+
국화과	망초(귀)	*Erigeron canadensis* L.	+	•	+	•	•	•	+	+	+	+	+	+
국화과	등골나물	*Eupatorium chinensis* var. *simplicifolium* (Makino) Kitamura	•	•	•	•	•	•	•	•	+	+	•	+
국화과	털별꽃아재비(귀)	*Galinsoga ciliata* (Raf.) Blake	•	•	•	•	•	•	+	+	•	•	+	•
국화과	떡쑥	*Gnaphalium affine* D. Don	•	•	•	•	+	•	+	+	+	+	•	•
국화과	벌개미취	*Gymnaster koraiensis* (Nakai) Kitamura	•	•	•	•	•	•	•	+	+	+	•	•
국화과	뚱딴지(귀)	*Helianthus tuberosus* L.	•	•	•	•	•	•	•	•	+	+	•	+
국화과	지칭개	*Hemistepta lyrata* Bunge	+	•	+	•	•	•	+	+	+	+	+	+
국화과	금불초	*Inula britannica* var. *japonica* (Thunb.) Fr. et Sav.	+	+	+	•	•	•	+	+	•	•	•	•
국화과	씀바귀	*Ixeris dentata* (Thunb.) Nakai	•	•	•	•	•	•	+	+	+	+	•	•
국화과	벌씀바귀	*Ixeris polycephala* Cass.	•	•	•	•	+	•	•	+	+	+	+	+
국화과	가는쑥부쟁이	*Kalimeris integrifolia* Turcz.	•	•	•	•	•	•	•	•	•	•	•	+
국화과	쑥부쟁이	*Kalimeris yomena* Kitamura	+	•	+	•	•	•	+	+	+	+	•	+
국화과	가는잎왕고들빼기	*Lactuca indica* for. *Indivisa* Hara	•	•	•	•	•	•	+	+	+	+	•	•
국화과	왕고들빼기	*Lactuca indica* var. *laciniata* (O. Kuntze) Hara	•	•	+	•	•	•	+	+	+	+	•	+
국화과	산씀바귀	*Lactuca raddeana* Maxim.	•	•	•	+	•	•	•	•	•	•	•	+
국화과	가시상치(귀)	*Lactuca scariola* L.	•	•	•	+	•	•	+	+	•	•	+	+
국화과	솜나물	*Leibnitzia anandria* (L.) Turcz.	•	•	•	•	•	•	•	•	•	•	+	+
국화과	족제비쑥(외)	*Matricaria matricarioides* (Lessing) Porter.	•	•	•	•	•	•	•	+	•	•	•	+
국화과	쇠서나물	*Picris davurica* var. *koreana* (Kitamura) Kitagawa	•	•	•	•	•	•	•	•	•	•	•	+
국화과	삼잎국화(귀)	*Rudbekia laciniata* L.	•	•	•	•	•	•	•	+	•	•	•	+
국화과	쇠채	*Scorzonera albicaulis* Bunge	•	•	•	•	+	•	+	+	•	•	•	•
국화과	개쑥갓(귀)	*Senecio vulgaris* L.	•	•	+	•	•	•	•	•	•	•	•	•
국화과	진득찰	*Siegesbeckia glabrescens* (Makino) Makino	•	•	•	•	•	•	+	+	•	•	•	•
국화과	큰방가지똥(귀)	*Sonchus asper* (L.) Hill	•	•	+	•	•	•	+	+	•	•	•	+
국화과	방가지똥(귀)	*Sonchus oleraceus* L.	•	•	+	•	•	•	•	+	•	•	+	•
국화과	만수국아재비(귀)	*Tagetes minuta* L.	•	•	•	•	•	•	+	+	+	+	•	•
국화과	서양민들레(귀)	*Taraxacum officinale* Weber	•	•	•	•	•	•	•	+	•	•	•	+

과명	식물명	학명	선행자료 (238쪽 참조)											
			A	B	C	D	E	F	G	H	I	J	K	L
국화과	큰도꼬마리(귀)	*Xanthium canadense* Mill.	•	•	•	•	•	•	•	•	•	•	•	+
국화과	도꼬마리(귀)	*Xanthium strumarium* L.	+	+	+	•	•	•	+	+	+	+	•	•
국화과	이고들빼기	*Youngia denticulata* (Houtt) Kitamura	•	•	+	•	•	•	•	•	+	+	•	+
국화과	뽀리뱅이	*Youngia japonica* (L.) DC.	•	•	•	•	•	•	+	+	+	+	+	+
국화과	고들빼기	*Youngia sonchifolia* (Bunge) Maxim.	•	•	•	•	•	•	+	+	+	+	+	+
택사과	질경이택사	*Alisma plantagoaquatica* var. *orientale* Samuelsson	•	•	•	•	•	•	•	+	•	•	•	•
택사과	보풀	*Sagittaria aginashi* (Makino) Makino	+	•	+	•	•	•	•	+	+	+	•	•
택사과	올미	*Sagittaria pygmaea* Miquel	•	•	•	•	•	•	•	+	+	+	•	•
택사과	벗풀	*Sagittaria trifolia* L.	•	•	•	•	•	•	•	+	+	+	•	+
자라풀과	검정말	*Hydrilla verticillata* (L. fil.) L. C. Richard	•	+	+	•	•	•	+	+	+	+	•	+
자라풀과	자라풀	*Hydrocharis dubia* (Blume) Backer	•	+	+	•	•	+	+	+	+	+	•	+
자라풀과	나사말	*Vallisneria natans* (Lour.) Hara	+	+	+	•	•	•	+	+	+	+	•	+
가래과	실말	*Potamogeton berchtoldi* Fieber	•	•	•	•	+	•	+	+	•	•	•	+
가래과	말즘	*Potamogeton crispus* L.	•	+	+	•	•	•	+	+	+	+	•	+
가래과	가래	*Potamogeton distinctus* A. Bennett	•	+	•	•	•	•	+	+	+	+	•	•
가래과	대가래	*Potamogeton malaianus* Miquel	•	+	•	•	•	•	•	+	•	•	•	+
가래과	큰가래	*Potamogeton natans* L.	•	•	•	•	•	•	•	•	+	+	•	•
나자스말과	나자스말	*Najas graminea* Delile	•	•	•	+	•	•	•	•	•	•	•	•
나자스말과	톱니나자스말	*Najas minor* Allioni	•	•	•	•	•	•	•	•	•	•	•	+
백합과	산달래	*Allium macrostemon* Bunge	•	•	•	•	•	•	•	•	•	•	•	+
백합과	비짜루	*Asparagus schoberioides* Kunth	•	•	•	•	•	•	•	•	+	+	•	+
백합과	원추리	*Hemerocallis fulva* (L.) L.	•	•	•	•	•	•	•	+	•	•	•	•
백합과	참나리	*Lilium lancifolium* Thunb.	•	•	•	+	•	•	+	+	+	+	•	+
백합과	맥문동	*Liriope platyphylla* Wang et Tang	•	•	+	•	•	•	+	+	+	+	•	+
백합과	개맥문동	*Liriope spicata* (Thunb.) Lour.	•	+	•	•	•	•	•	•	+	+	•	+
백합과	무릇	*Scilla sinensis* (Loureiro) Merrill	•	•	•	•	•	•	•	•	+	+	•	•
백합과	청미래덩굴	*Smilax china* L.	•	+	•	•	•	•	•	•	+	+	•	+
백합과	밀나물	*Smilax riparia var. ussuriensis* (Regel) Hara & T.Koyama	•	•	•	•	•	•	•	•	•	•	•	+
마과	마	*Dioscorea batatas* Decne.	•	•	+	•	•	•	+	+	+	+	•	•
마과	참마	*Dioscorea japonica* Thunb.	•	•	•	•	•	•	•	•	•	•	•	+

과명	식물명	학명	선행자료 (238쪽 참조)											
			A	B	C	D	E	F	G	H	I	J	K	L
마과	도고로마	*Dioscorea tokoro* Makino	•	•	•	•	•	•	•	•	•	•	•	+
물옥잠과	물옥잠	*Monochoria korsakowii* Regel et Maack	•	+	•	•	•	•	+	+	+	+	•	+
옥잠화과	물달개비	*Monochoria vaginalis* var. *plantaginea* (Roxb.) Solm-Laub.	•	•	•	•	•	•	•	•	•	•	•	+
붓꽃과	꽃창포	*Iris ensata var. spontanea* (Makino) Nakai	•	•	•	•	•	•	•	•	+	+	•	•
붓꽃과	노랑꽃창포	*Iris pseudoacorus* L.	•	•	•	•	•	•	•	•	+	+	•	+
붓꽃과	붓꽃	*Iris sanguinea* Hornemann	•	•	•	•	•	•	•	•	+	+	•	•
골풀과	골풀	*Juncus effusus* var. *decipiens* Buchen.	+	•	+	•	•	•	•	+	+	+	•	•
닭의장풀과	사마귀풀	*Aneilema keisak* Hasskal	•	+	•	•	•	•	+	+	+	+	•	+
닭의장풀과	닭의장풀	*Commelina communis* L.	•	+	•	•	•	•	+	+	+	+	+	+
닭의장풀과	좀닭의장풀	*Commelina communis* var. *angustifolia* Nakai	•	•	•	•	•	•	•	•	•	•	•	+
곡정초과	곡정초	*Eriocaulon cinereum* R. Br.	•	•	+	•	•	•	•	•	•	•	•	+
벼과	속털개밀	*Agropyron ciliare* (Trin.) Franchet	•	•	•	•	•	•	+	+	•	•	•	+
벼과	개밀	*Agropyron tsukushiense* var. *transiens* (Hack.) Ohwi	+	•	+	•	•	+	+	+	+	+	•	+
벼과	흰겨이삭	*Agrostis alba* L.	+	•	+	•	•	•	•	•	•	•	•	•
벼과	뚝새풀	*Alopecurus aequalis* Sobol.	•	+	+	•	•	•	+	+	+	+	+	+
벼과	조개풀	*Arthraxon hispidus* (Thunb.) Makino	•	•	+	•	•	•	•	+	+	+	•	+
벼과	새	*Arundinella hirta* (Thunb.) C. Tanaka	•	•	+	•	•	•	+	+	+	+	•	+
벼과	메귀리(귀)	*Avena fatua* L.	•	•	•	+	•	•	+	+	+	+	•	•
벼과	개피	*Beckmannia syzigachne* (Steud.) Fernald	•	•	•	•	+	+	+	+	+	+	+	+
벼과	바랭이새	*Bothriochloa ischaemum* (L.) Keng	•	•	•	•	•	•	•	+	•	•	•	•
벼과	참새귀리	*Bromus japonicus* Thunberg	•	•	•	•	+	•	•	+	+	+	•	+
벼과	말귀리(귀)	*Bromus tectorum* L.	•	•	•	•	•	•	•	•	+	+	+	•
벼과	실새풀	*Calamagrostis arundinacea* (L.) Roth	•	•	•	•	•	•	•	•	•	•	•	+
벼과	대새풀	*Cleistogenes hackelii* (Honda) Honda	•	•	•	•	•	•	•	•	+	+	•	+
벼과	개솔새	*Cymbopogon tortilis* var. *goeringii* (Steud.) Hand.-Mazz.	•	•	•	•	•	•	•	+	•	•	•	+
벼과	오리새(귀)	*Dactylis glomerata* L.	•	•	•	•	•	•	•	+	+	+	•	•
벼과	바랭이	*Digitaria ciliaris* (Retz.) Koel.	•	+	+	•	•	•	+	+	+	+	+	+
벼과	돌피	*Echinochloa crusgalli* (L.) Beauv.	+	+	+	•	•	•	•	+	+	+	•	+
벼과	물피	*Echinochloa crusgalli* var. *echinata* Honda	•	•	•	•	•	•	•	•	+	+	•	+
벼과	피	*Echinochloa crusgalli* var. *frumentacea* (Roxb.) Wight	•	•	+	•	•	•	+	+	+	+	+	•

과명	식물명	학명	선행자료 (238쪽 참조)											
			A	B	C	D	E	F	G	H	I	J	K	L
벼과	왕바랭이	*Eleusine indica* (Linnarus) Gaertner	•	•	+	•	•	•	+	+	+	+	•	+
벼과	그령	*Eragrostis ferruginea* (Thunb.) Beauv.	•	•	+	•	•	•	+	+	+	+	•	+
벼과	각씨그령	*Eragrostis japonica* (Thunb.) Trinius	+	•	+	•	•	•	•	•	•	•	•	•
벼과	비노리	*Eragrostis multicaulis* Steud.	•	•	•	•	•	•	•	•	•	•	•	+
벼과	나도개피	*Eriochloa villosa* (Thunb.) Kunth	•	•	+	•	•	•	+	+	•	•	•	+
벼과	큰김의털(귀)	*Festuca arundinacea* Schreb.	•	•	•	•	•	•	•	•	+	+	•	+
벼과	김의털	*Festuca ovina* L.	•	•	•	•	•	•	•	•	•	•	•	+
벼과	쇠치기풀	*Hemarthria sibirica* (Gondoger) Ohwi	•	+	•	•	•	•	+	+	•	•	•	+
벼과	띠	*Imperata cylindrica* var. *koenigii* (Ritz.) Durand et Schinz	•	•	+	•	•	+	+	+	+	+	•	+
벼과	나도겨풀	*Leersia japonica* Makino	•	•	•	•	•	•	•	•	•	•	•	+
벼과	쥐보리(귀)	*Lolium multiflorum* Lamarck	•	•	•	•	+	+	•	+	•	•	•	•
벼과	가는보리풀(귀)	*Lolium perenne* L.	•	•	•	•	•	•	+	•	•	•	•	•
벼과	나도바랭이새	*Microstegium vimineum* (Trinius) A. Camus	•	•	•	•	•	•	+	+	•	•	•	+
벼과	물억새	*Miscanthus sacchariflorus* (Maxim.) Bentham	+	+	+	•	•	+	+	+	+	+	+	+
벼과	참억새	*Miscanthus sinensis* Andersson	•	•	•	•	•	•	+	+	•	•	•	+
벼과	억새	*Miscanthus sinensis* for. *purpurascens* (Anderss.) Nakai	•	•	+	•	•	•	+	+	+	+	•	+
벼과	쥐꼬리새	*Muhlenbergia japonica* Steudel	•	•	•	•	•	•	•	•	•	•	•	+
벼과	주름조개풀	*Oplismenus undulatifolius* (And.) Beauv.	•	•	•	•	•	•	+	•	+	+	•	+
벼과	개기장	*Panicum bisulcatum* Thunb.	+	+	+	•	•	•	+	+	•	•	+	•
벼과	미국개기장(귀)	*Panicum dichotomiflorum* Michx.	•	•	•	•	•	•	+	+	+	+	+	•
벼과	털물참새피(귀)	*Paspalum distichum* var. *indutum* Shinners	•	•	•	•	•	•	•	•	•	•	•	+
벼과	참새피	*Paspalum thunbergii* Kunth ex Steudel	•	+	•	•	•	•	+	•	•	•	•	•
벼과	수크령	*Pennisetum alopecuroides* (L.) Sprengel	•	+	+	•	•	•	+	+	•	•	•	+
벼과	갈풀	*Phalaris arundinacea* L.	•	•	•	+	•	+	+	+	+	+	•	+
벼과	갈대	*Phragmites communis* Trinius	+	•	+	•	•	+	+	+	+	+	+	+
벼과	달뿌리풀	*Phragmites japonica* Steud.	•	+	•	•	•	+	+	+	+	+	+	•
벼과	왕대	*Phyllostachys bambusoides* Sieb. et Zucc.	•	•	•	•	•	•	•	+	+	+	•	+
벼과	실포아풀	*Poa acroleuca* Steudel	+	•	+	•	•	•	•	•	•	•	•	•
벼과	새포아풀	*Poa annua* L.	•	•	•	•	•	•	•	•	•	•	•	+
벼과	왕포아풀(귀)	*Poa pratensis* L.	•	•	•	•	•	•	•	+	•	•	+	•

과명	식물명	학명	선행자료 (238쪽 참조)											
			A	B	C	D	E	F	G	H	I	J	K	L
벼과	포아풀	*Poa sphondylodes* Trinius	•	•	•	•	•	+	•	+	+	+	•	•
벼과	쇠돌피	*Polypogon fugax* Nees	•	•	•	•	+	•	+	+	•	•	•	•
벼과	물잔디	*Pseudoraphis ukishiba* Ohwi	•	+	•	•	•	•	•	•	•	•	•	•
벼과	금강아지풀	*Setaria glauca* (L.) Beauv.	+	+	+	•	•	•	+	+	•	•	+	•
벼과	강아지풀	*Setaria viridis* (L.) Beauv.	•	•	•	+	•	•	+	+	+	+	+	+
벼과	가라지조	*Setaria viridis* var. *major* (Gaudin) Petermann	•	•	•	•	•	•	+	•	•	•	•	•
벼과	큰기름새	*Spodiopogon sibiricus* Trinius	•	•	•	•	•	•	•	•	•	•	•	+
벼과	쥐꼬리새풀	*Sporobolus elongatus* R. Br.	•	•	•	•	•	•	+	+	•	•	•	+
벼과	솔새	*Themeda triandra* var. *japonica* (Willd.) Makino	•	•	•	•	•	•	•	+	+	+	•	+
벼과	줄	*Zizania latifolia* Turczaninow	+	+	+	•	•	+	+	+	+	+	•	+
벼과	잔디	*Zoysia japonica* Steudel	+	•	+	•	•	•	+	+	•	•	•	+
천남성과	창포	*Acorus calamus* var. *angustatus* Besser	•	+	+	•	•	•	+	+	+	+	•	+
천남성과	반하	*Pinellia ternata* (Thunb.) Breitenb	•	•	•	•	•	•	+	+	•	•	•	•
개구리밥과	좀개구리밥	*Lemna perpusilla* Torrey	•	•	+	•	•	•	+	+	+	+	•	•
개구리밥과	개구리밥	*Spirodela polyrhiza* (L.) Schleiden	+	+	+	•	•	•	+	+	+	+	•	+
부들과	애기부들	*Typha angustifolia* L.	•	•	•	•	•	•	•	•	+	+	•	+
사초과	골사초	*Carex aphanolepis* Franch. & Sav.	•	•	•	•	•	•	•	•	•	•	•	+
사초과	길뚝사초	*Carex bostrychostigma* Maxim.	•	•	+	•	•	•	•	+	+	+	•	+
사초과	이삭사초	*Carex dimorpholepis* Steudel	•	•	+	•	•	•	+	+	+	+	+	+
사초과	삿갓사초	*Carex dispalata* Boott	•	•	•	•	•	•	•	•	•	•	•	+
사초과	산뚝사초	*Carex forficula* Franchet. et Savatier.	•	•	+	•	•	•	•	•	+	+	•	•
사초과	산비늘사초	*Carex heterolepis* Bunge	•	•	•	•	•	•	•	+	•	•	•	•
사초과	산거울	*Carex humilis* var *nana* (Lev. et Van) Ohwi, Cyper.	•	•	•	•	•	•	•	•	•	•	•	+
사초과	애괭이사초	*Carex laevissima* Nakai	•	•	•	•	•	•	+	+	•	•	•	+
사초과	그늘사초	*Carex lanceolata* Boott	•	•	•	•	•	•	•	•	+	+	+	+
사초과	괭이사초	*Carex neurocarpa* Maxim.	+	•	+	•	•	•	+	+	+	+	+	+
사초과	비늘사초	*Carex phacota* Spreng.	•	•	•	•	+	•	•	•	+	+	•	•
사초과	대사초	*Carex siderosticta* Hance	•	•	•	•	•	•	•	•	•	•	•	+
사초과	뚝사초	*Carex thunbergii* var. *appendiculata* (Trautv.) Ohwi	•	•	•	•	•	•	•	•	+	+	•	+
사초과	방동사니	*Cyperus amuricus* Maxim.	•	•	•	•	•	•	+	+	+	+	+	+

과명	식물명	학명	선행자료 (238쪽 참조)											
			A	B	C	D	E	F	G	H	I	J	K	L
사초과	파대가리	*Cyperus brevifolius* var. *leiolepis* (Fr. et Sav.) T. Koyama	•	•	•	•	•	•	+	+	•	•	+	•
사초과	알방동사니	*Cyperus difformis* L.	•	•	•	•	•	•	+	+	•	•	•	•
사초과	참방동사니	*Cyperus iria* L.	•	+	•	•	•	•	+	+	•	•	+	•
사초과	금방동사니	*Cyperus microiria* Steud.	•	•	•	•	•	•	+	+	•	•	•	+
사초과	쇠방동사니	*Cyperus orthostachyus* Franchet. et Savatier.	•	•	+	•	•	•	+	+	+	+	•	•
사초과	방동사니대가리	*Cyperus sanguinolentus* Vahl	•	•	•	•	•	•	•	•	•	•	+	•
사초과	너도방동사니	*Cyperus serotinus* Rottb.	•	•	+	•	•	•	•	•	•	•	•	•
사초과	쇠털골	*Eleocharis acicularis* for. *longiseta* (Svenson) T. Koyama	+	•	+	•	•	•	+	+	•	•	•	•
사초과	까락골	*Eleocharis equisetiformis* (Meinsh.) B. Fedtschenko	•	•	•	•	•	•	•	•	•	•	•	+
사초과	올방개	*Eleocharis kuroguwai* Ohwi	•	•	+	•	•	•	+	+	+	+	•	•
사초과	물꼬챙이골	*Eleocharis mamillata* var. *cyclocarpa* Kitagawa	•	+	•	•	•	•	+	+	•	•	+	•
사초과	하늘지기	*Fimbristylis dichotoma* (L.) Vahl	•	•	•	•	•	•	+	+	•	•	•	•
사초과	바람하늘지기	*Fimbristylis miliacea* (L.) Vahl	•	•	•	•	+	•	+	+	•	•	•	•
사초과	세대가리	*Lipocarpha microcephala* (R. Brown.) Kunth	•	•	•	•	+	•	•	•	•	•	•	•
사초과	매자기	*Scirpus fluviatilis* (Torr.) A. Gray	•	•	•	+	•	+	+	+	+	+	•	+
사초과	솔방울고랭이	*Scirpus karuizawensis* Makino	+	+	+	•	•	•	•	+	•	•	•	+
사초과	도루박이	*Scirpus radicans* Schkuhr	•	•	•	•	•	•	+	+	+	+	•	+
사초과	송이고랭이	*Scirpus triangulatus* Roxburgh	•	•	+	•	•	•	+	+	•	•	•	•
사초과	세모고랭이	*Scirpus triqueter* L.	+	+	+	•	•	•	+	+	+	+	•	•

(2) 우포늪 귀화식물 종 및 외국식물 종 목록

Alien species in 2010

* 귀화식물: 식물구계지리적 분포가 다르지만 현재 국내에서 생활환(life cycle)을 완성하는 식물 종

* 외국식물: 자생종 가운데 우리나라와 동일 식물구계지리의 외국(ex. 중국, 일본 등)이 기원인 식물종

	한글명	과명	학명	기원
귀화식물	닭의덩굴	여뀌과	*Fallopia dumetorum* (L.) Holub.	유럽
	묵밭소리쟁이	여뀌과	*Rumex conglomeratus* Murr.	유럽
	소리쟁이	여뀌과	*Rumex crispus* L.	유럽
	돌소리쟁이	여뀌과	*Rumex obtusifolius* L.	구아대륙
	미국자리공	자리공과	*Phytolacca americana* L.	북아메리카
	큰석류풀	석류풀과	*Mollugo verticillata* L.	열대아프리카
	유럽점나도나물	석죽과	*Cerastium glomeratum* Thuill.	유럽
	취명아주	명아주과	*Chenopodium glaucum* L.	유럽
	좀명아주	명아주과	*Chenopodium serotinum* L.	유럽
	비름	비름과	*Amaranthus lividus* L.	인도
	털비름	비름과	*Amaranthus retroflexus* L.	열대아프리카
	좀아마냉이	십자화과	*Camelina microcarpa* Ardrz.	유럽
	다닥냉이	십자화과	*Lepidium apetalum* Will.	유럽-북부아시아
	말냉이	십자화과	*Thlaspi arvense* L.	유럽
	좀개쇠스랑개비	장미과	*Potentilla amurensis* Maxim.	아무르강일대
	개소시랑개비	장미과	*Potentilla supina* L.	유럽
	족제비싸리	콩과	*Amorpha fruticosa* L.	북아메리카
	아까시나무	콩과	*Robinia pseudoacacia* L.	북아메리카
	붉은토끼풀	콩과	*Trifolium pratense* L.	유럽
	토끼풀	콩과	*Trifolium repens* L.	유럽-북아프리카
	미국쥐손이풀	쥐손이풀과	*Geranium carolinianum* L.	북아메리카
	큰땅빈대	대극과	*Euphorbia maculata* L.	북아메리카
	애기땅빈대	대극과	*Euphorbia supina* Rafinesque	북아메리카
	어저귀	아욱과	*Abutilon theophrasti* Medicus	인도
	겹달맞이꽃	바늘꽃과	*Oenothera biennis* L.	북아메리카

	한글명	과명	학명	기원
귀화식물	달맞이꽃	바늘꽃과	*Oenothera odorata* Jacg.	남아메리카
	유럽전호	산형과	*Anthriscus caucalis* M. Bieb.	유럽
	미국실새삼	메꽃과	*Cuscuta pentagona* Engelm.	북아메리카
	가시박	박과	*Sicyos angulatus* L.	북아메리카
	독말풀	가지과	*Datura stramonium* L.	열대아메리카
	가마중	가지과	*Solanum nigrum* L.	열대-난대
	선개불알풀	현삼과	*Veronica arvensis* L.	유럽-서아시아-아프리카
	큰개불알풀	현삼과	*Veronica persica* Poiret	유럽-서아시아-아프리카
	돼지풀	국화과	*Ambrosia artemisiifolia* var. *elatior* (L.) Desc.	북아메리카
	단풍잎돼지풀	국화과	*Ambrosia trifida* L.	북아메리카
	미국쑥부쟁이	국화과	*Aster pilosus* Willd.	북아메리카
	비자루국화	국화과	*Aster subulatus* Michx.	북아메리카
	미국가막사리	국화과	*Bidens frondosa* L.	북아메리카
	울산도깨비바늘	국화과	*Bidens pilosa* L. var. *pilosa*	남아메리카
	큰금계국	국화과	*Coreopsis lanceolata* L.	북아메리카
	기생초	국화과	*Coreopsis tinctoria* Nutt.	북아메리카
	코스모스	국화과	*Cosmos bipinnatus* Cav.	멕시코
	주홍서나물	국화과	*Crassocephalum crepidioides* (Benth.) S. Moore	아프리카
	개망초	국화과	*Erigeron annuus* (L.) Pers.	북아메리카
	망초	국화과	*Erigeron canadensis* L.	북아메리카
	털별꽃아재비	국화과	*Galinsoga ciliata* (Raf.) Blake	열대아메리카
	뚱딴지	국화과	*Helianthus tuberosus* L.	북아메리카
	가시상치	국화과	*Lactuca scariola* L.	유럽
	삼잎국화	국화과	*Rudbekia laciniata* L.	북아메리카
	개쑥갓	국화과	*Senecio vulgaris* L.	유럽
	큰방가지똥	국화과	*Sonchus asper* (L.) Hill	유럽
	방가지똥	국화과	*Sonchus oleraceus* L.	유럽
	만수국아재비	국화과	*Tagetes minuta* L.	남아메리카
	서양민들레	국화과	*Taraxacum officinale* Weber	유럽
	도꼬마리	국화과	*Xanthium strumarium* L.	아시아대륙
	큰도꼬마리	국화과	*Xanthium canadense* Mill.	북아메리카
	메귀리	벼과	*Avena fatua* L.	유럽-서아시아
	말귀리	벼과	*Bromus tectorum* L.	유럽
	오리새	벼과	*Dactylis glomerata* L.	유럽-서아시아

	한글명	과명	학명	기원
귀화식물	큰김의털	벼과	*Festuca arundinacea* Schreb.	유럽
	쥐보리	벼과	*Lolium multiflorum* Lamarck	유럽
	가는보리풀	벼과	*Lolium perenne* L.	유럽
	미국개기장	벼과	*Panicum dichotomiflorum* Michx.	북아메리카
	털물참새피	벼과	*Paspalum distichum* var. *indutum* Shinners	북아메리카
	왕포아풀	벼과	*Poa pratensis* L.	유럽
외국식물	운용버들	버드나무과	*Salix matsudana* for. *tortuosa* Rehder	중국
	좀소리쟁이	여뀌과	*Rumex nipponicus* Fr. & Sav.	일본
	연꽃	수련과	*Nelumbo nucifera* Gaertner	인도
	갓	십자화과	*Brassica juncea* var. *integrifolia* Sinsk	중국
	자운영	콩과	*Astragalus sinicus* L.	중국
	흰전동싸리	콩과	*Melilotus alba* Medicus	중앙아시아
	전동싸리	콩과	*Melilotus suaveolens* Ledebour	중국
	가죽나무	소태나무과	*Ailanthus altissima* (Mill.) Swingle	중국
	족제비쑥	국화과	*Matricaria matricarioides* (Lessing) Porter.	동아시아

(3) 선행 문헌에 기록된 식물종 가운데 2009/2010 미확인 식물종

Unconfirmed and data deficient species previously ever-recorded until 2010

아래 목록에 수록된 식물종들은 여러 가지 학술적 근거 가운데 하나 또는 복수의 이유로부터 본 서의 우포늪 식물상에 기재되지 못한 종들이다. 추정되는 학술적 의문들은 다음과 같으며, 이들 각 의문에 해당하는 식물종은 목록의 우측에 기호를 표기해 두었다:

기호	항 목
ⓐ	우포늪 지역에서 지리적 분포가 의심되는 종
ⓑ	동정에 의문이 가는 종으로 그 유사종이 우포늪에 분포하는 종
ⓒ	우포늪 외륜 산지의 세립질 세일 암석권과 습지 자체의 생태환경으로부터 생태적 분포가 불가능한 종
ⓓ	분류계통학적 불명확 종
ⓔ	분포 가능성이 있지만, 우포늪 일대에서 희귀 자생식물종
ⓕ	귀화식물종(도입식물종 포함) 또는 자생한다면 희귀 귀화식물종
ⓖ	기타 식재종
ⓗ	실제로 분포했다면, 현재는 사라졌을 가능성이 높은 종

* (귀) 귀화식물종, (식) 식재종.

식물명	학명	학술적 의문	선행 자료											
			A	B	C	D	E	F	G	H	I	J	K	L
바위손	*Selaginella involvens* (Sw.) Spring	ⓑ							+	+				
네가래	*Marsilea quadrifolia* L.	ⓔ		+	+					+		+		
잣나무(식)	*Pinus koraiensis* Siebold & Zuccarini	ⓖ								+				
내버들	*Salix gilgiana* Seem.	ⓑ		+	+						+			
물오리나무	*Alnus hirsuta* Turcz.	ⓔ	+		+				+	+	+			
돌가시나무	*Quercus gilva* Blume	ⓐ ⓒ				+			+					
느릅나무	*Ulmus davidiana* var. *japonica* (Rehder) Nakai	ⓒ								+	+			
가새뽕나무	*Morus bombysis* for. *dissecta* Nakai	ⓓ							+	+	+			
모시풀	*Boehmeria nivea* (L.) Gaud.	ⓖ									+			
바보여뀌	*Persicaria pubescens* (Blume) Hara	ⓔ		+										
민미꾸리낚시	*Persicaria sieboldii* var. *aestiva* Ohki	ⓑ				+			+	+				

식물명	학명	학술적 의문	선행 자료											
			A	B	C	D	E	F	G	H	I	J	K	L
털개구리미나리	*Ranunculus cantoniensis* DC.	ⓔ		+										
오성붕어마름	*Ceratophyllum demersum* for. *quadrispinum* (Makino) Kitagawa	ⓓ		+										
까치밥나무	*Ribes mandshuricum* (Maxim.) Komar.	ⓐ			+									
유럽쥐손이풀(귀)	*Erodium moschatum* (L.) L'her	ⓕ				+		+						
여우구슬	*Phyllanthus urinaria* L.	ⓔ									+			
옻나무	Rhus verniciflua Stokes	ⓔ			+									
유전마름	*Trapa bicornis* var. *coreanus* Chung et Choi	ⓓ		+								+		
네마름	*Trapa natans* var. *natans* Choi	ⓓ		+										
당근(식)	*Daucus carota* var. *sativa* Hoffm.	ⓖ			+									
앵초	*Primula sieboldii* E. Morren	ⓐ			+						+			
좀네잎갈퀴	*Galium gracilens* (A. Gràÿ) Makino	ⓒⓔ		+										
서양메꽃(귀)	*Convolvulus arvensis* L.	ⓕ					+							
송장풀	*Leonurus macranthus* Maxim.	ⓒ							+					
냉초	*Veronicastrum sibiricum* (L.) Pennell	ⓒⓔⓗ							+					
미국질경이(귀)	*Plantago virginica* L.	ⓕ								+	+			
주걱개망초(귀)	*Erigeron strigosus* Muhl.	ⓕ									+			
큰망초(귀)	*Erigeron sumatrensis* RETZ., Obs	ⓕ									+			
벋음씀바귀	*Ixeris japonica* (Burman) Nakai	ⓒⓔ		+					+					
쇠귀나물	*Sagittaria trifolia* var. *edulis* (Sieb.) Ohwi	ⓖⓗ				+			+		+	+		
새우가래	*Potamogeton maackianus* A. Bennett	ⓐⓑ				+								
달래	*Allium monanthum* Maxim.	ⓐⓒⓗ							+	+	+			
누운기장대풀	*Isachne nipponensis* Ohwi	ⓐⓑ	+		+									
좀겨풀	*Leersia oryzoides* (L.) Sw.	ⓑ					+							
겨풀	*Leersia oryzoides* var. *japonica* Hack.	ⓔ					+	+	+	+	+	+		
흑삼능	*Sparganium stoloniferum* Buchanan-Hamilton	ⓔ	+		+									
부들	*Typha orientalis* Presl	ⓑⓔ	+		+				+	+	+	+		
층층고랭이	*Cladium chinense* Nees	ⓐⓑ			+									
왕골	*Cyperus exaltatus* var. *iwasakii* (Makino) T. Koyama	ⓖ									+	+		
좀송이고랭이	*Scirpus mucronatus* L.	ⓑⓔ		+										
큰고랭이	*Scirpus tabernaemontani* Gmelin	ⓑⓔ									+	+		

생태
사전

식물사회학적

작은 생태사전

태풍을 경험하는 한반도 습지 땅의 잠재자연식생은 '왕버들(Salix chaenomeloides Kimura)'로 대표된다. 자웅이주(雌雄異株, 암수딴그루)인 '왕버들' 암그루는 솜털 씨앗을 사방으로 퍼트린다.

식물사회학적 작은 생태사전
Mini glossary for ecological and phytosociological terms

- 「식물사회학적 작은 생태사전」 속에는 식물종의 식물사회학적 그리고 생태학적 특질을 나타내는 용어를 수록하였다.
- 「식물형태 용어사전」(『한국 식물사회 생태도감』 제 2 권 참조)에수록되어 있는 식물종의 형태에 관한 명칭 가운데, 그 종이 생육하고 분포하는 데에 중요한 생태적 전략으로 기여하는 경우에는「식물사회학적 작은 생태사전」 속에서도 기재해 두었다.
- 모든 용어는 한자와 영어 명칭을 병기해 두었다. 북한에서 사용하는 한글 명칭이 있을 경우에는 남북한의 학술적 문화적 이질성을 통합하는 데에 기여할 수 있도록 함께 기재하였다.

[용어 정리에 참고가 된 주요 문헌]

강영희. 2008.『생명과학대사전』. 서울: 아카데미 서적.

국립국어원. 2010. 표준국어대사전(http://124.137.201.223).

김종원, 이율경. 2006.『식물사회학적 식생조사 및 평가방법』. 서울: 월드사이언스출판사.

김종원. 2006.『녹지생태학』. 서울: 월드사이언스출판사.

이우철. 1996. 한국식물명고. 서울: 아카데미서적.

이율경, 김종원. 2007.『한국의 하천식생』. 대구: 계명대학교 출판부.

임록재, 도봉섭. 1988. 식물도감. 평양: 과학출판사.

한국생물과학협회편. 1997.『생물학사전』. 서울: 아카데미서적.

北村四郎, 村田源. 1982. 原色日本植物圖鑑. 草本編[I], 草本編[II], 草本編[III], 木本編[I], 木本編[II]. 東京: 保育社.

Gleason, H.A. and A.C. Cronquist. 1993. Manual of Vascular Plants of Northeastern United States and Adjacent Canada. (2nd edition). New York: The New York Botanical Garden.

Oberdorfer, E. 1983. Pflanzensoziologische Excursionsflora. Stuttgart: Verlag Eugen Ulmer.

Stearn. W.T. 1992 (4th ed.). Botanical Latin. David and Charles Ltd., Potland: Timber press.

ㄱ

가근(假根, rhizoid, 헛뿌리): 유관속 식물의 뿌리처럼 부착과 수분 흡수 등의 기능을 하며, 복잡한 분화가 없는 구조의 총칭으로서 주로 하등한 식물에서 관찰됨.

가간(仮幹, rhizophore, 헛줄기): 헛줄기 참조.

개량종(改良種, cultivated-form): 우수한 형질을 포함하도록 인공적으로 만들어낸 새로운 품종.

개체군(個體群, population): 어떤 한 종의 개체 집단으로 생물학적 동일한 교배 그룹.

건생이차초원식생(乾生二次草原植生 secondary dry meadow vegetation): 이차초원의 한 형태로 단층 또는 2층의 초본식물로 구성되는 식물사회. 목초지, 공동묘지, 골프장 등의 억새군락, 잔디군락 등이 대표적이며, 건생이차초본식생(乾生二次草本植生)이라고도 함.

겨울형일년초(冬型一年草, winter annual, 겨울 한해살이풀): 가을이나 겨울에 발아(發芽)하여 겨울을 지내고 이른 봄에 개화하며, 생활형으로 일년생 식물(therophyte)로 분류됨.

경작지 잡초(耕作地 雜草, segetal weed): 잡초 가운데 주로 경작지를 분포 중심의 서식처로 하고 있는 종 그룹. (인위서식처 참조).

경작지 잡초식생(耕作地 雜草植生, segetal vegetation): 경작지 잡초로 이루어진 식물사회. 개망초-망초군락은 특히 휴경작 밭의 전형적인 경작지 잡초식생이다(터주식생 참조).

고경초본(高莖草本, tall-herbs): 식물의 높이(키)가 큰 초본식물종의 총칭으로 해바라기와 같은 광엽형(廣葉型, forb type)과 갈대와 같은 화본형(禾本型, grass type)을 포함함.

고귀화식물종(古歸化植物, (獨) Archeophyten, (英) archeophyte): 개망초처럼 개화기 이전(1890년대 이전)에 귀화한 식물종.

고수부지(高水敷地, terrace in the river channel): 큰물(高水位)이 날 때만 물에 잠기는 하천 물길 가장자리 터.

고유식생(固有植生, native vegetation): 해당 지역의 자연환경 조건에서 저절로 발달한 식물사회. 리기다소나무림과 같이 인위적으로 도입된 외래식생(外來植生)에 대응되는 개념.

고유종(固有種, native species): 특정 지역에서 저절로 자생하는 모든 생물종을 의미하며, 외래종에 대응되는 개념이며, 특산종(特産種, endemic species 참조)은 고유종에 포함됨.

공생(共生, symbiosis): 서로 다른 생물종이 함께 함으로써 서로에게 이익이 되면서 살아가는 생물학적 과정. 상리공생(相利共生; ++)과 편리공생(片利共生; +○)이 있음.

과설지역(寡雪地域, snowless area): 눈이 적게 내리는 지역으로 울릉도와 같은 다설지역(多雪地域)에 대응되는 개념.

관목(灌木, shrub, 떨기나무): 키가 낮은 수목 종으로 일반적으로 2m 이하이며, 숲의 지붕층을 형성할 수 있는 키가 큰 교목(喬木)에 대응되는 개념. 저목(低木, subshrub)은 약1m 이하.

관수(冠水, flooding): 홍수 따위로 일시적으로 물에 잠기는 현상.

광역분포종(廣域分布種, cosmopolitan): 생물지리학적으로 여러 생물구계에서 넓게 분포하는 종.

교목(喬木, tree, 키나무): 숲의 지붕층을 형성할 정도로 키가 큰 수목. 교목보다 작은 수목을 아교목(亞喬木)이라 하며, 신갈나무 숲에서 신갈나무가 교목의 수종이라면 당단풍이나 까치박달은 아교목에 해당하는 수종이다.

구릉지(丘陵地, basal zone): 산지(山地)와 평지(平地) 사이의 공간적 개념으로 일반적으로 산록으로 이어지는 부분이거나 독립적으로 충적 평탄지 속에 위치하고 있는 나지막한 산지 지형.

구하식애(舊河蝕崖, old river cliff): 사행(蛇行)하는 강줄기에서 유수면의 공격사면 쪽에 침식에 의하여 형성된 급경사 절벽(outer bank)으로 현재는 강(江)의 직접적인 침식작용으로부터 벗어나 있는 지형.

구황식물 (救荒植物, hardy plants): 흉년, 전쟁 따위로 기근(饑饉)이 심할 때, 즉 식량이 부족한 시기를 극복 하기 위해서 식재료(食材料)로 이용되는 식물.

국지적 분포 (局地的 分布, local distribution): 특정 서식처에서만 분포하는 경우로서 특이한 생육환경(조건과 자원 환경)을 가지고 있는 장소에 의존해서 살아가는 생물종은 그러한 서식처에서만 관찰된다. 지역적(regional) 분포, 범지구적(凡地球的, global) 분포, 국가적(國家的, national) 분포, 지방적(地方的, provincial) 분포와 구별되는 개념으로 개개 생물종은 사실상 모두 국지적 분포 양상을 가지고 있다. 예를 들면 석회암지역 또는 고층습원과 같은 서식처는 독특한 생육환경을 가지고 있기 때문에 특정의 생물종과 특정의 생물사회가 발달하고 있다.

군강 (群綱, class): 식물사회학적 군락분류체계(syntaxonomical hierarchy system) 속에서 최상급(最上級) 식생단위(植生單位, syntaxon)로서 하나 이상의 군목을 포함한다. (『식물사회학적 식생 조사와 평가 방법』 김종원, 이율경, 2006 참조).

군단 (群團, allians): 식물사회학적 군락분류체계(syntaxonomical hierarchy system) 속에서 상급 단위 군목(群目)의 바로 아래 계급 단위로서 하나 이상의 군집(群集, association)을 포함한다. (『식물사회학적 식생 조사와 평가 방법』 김종원, 이율경, 2006 참조).

군락 (群落, community, Gesellschaft): 식물사회학적 군락분류체계 속에서 그 위치가 불분명 하지만, 하나의 식물사회로서 분명하게 실존하고 있는 식물종 공동체이다. 일반적으로 영어 커뮤니티(community)는 생물군집(군집) 또는 생물공동체로 번역하고 있지만, 식물사회학적 관점에서는 번역에 신중함이 요구된다. 생태학과 식물사회학의 기원을 가지고 있는 독일어 문화권에서 게젤샤프트(Gesellschaft; 영어로 community)에 대응하는 의미로 특정의 식물사회를 지칭하는 어소찌아치온(assoziation; 영어로 association)이 있는데, 이 두 가지의 용어는 엄격하게 구분해서 사용되기 때문이다. 『식물사회학적 식생 조사와 평가 방법』 (김종원, 이율경, 2006 참조).

군락지리학 (群落地理學, syngeography): 식생지리학 참조.

군목 (群目, order): 식물사회학적 군락분류체계(syntaxonomical hierarchy system) 속에서 최상급 단위 군강(群綱) 바로 아래의 계급 단위이며, 하나 이상의 군단을 포함한다. (『식물사회학적 식생 조사와 평가 방법』 김종원, 이율경, 2006 참조).

군생 (群生, animate things): 한 종이 무리를 이루어 한 장소에 모여 사는 것으로, 식물의 경우는 지하경(地下莖)이나 지상경(地上莖)을 이용하여 무성생식을 통하여 유전적으로 동일한 큰 무리를 형성하고 있는 것도 포함한다.

군집 (群集, association): 식물사회학적 군락분류체계(syntaxonomical hierarchy system) 속에서 '기본 단위'가 되는 계급(분류계통학의 종에 대응되는 기본단위)이며, 하나 이상의 아군집(subassociation)을 포함한다. (『식물사회학적 식생 조사와 평가 방법』 김종원, 이율경, 2006 참조).

귀화식물 (歸化植物; Alien species): 아래 표 참조.

귀화식물

(alien species, exotic species) (김종원 2006에서 개정)

귀화식물종은 생물지리학적 구계 구분에 따라 식물종의 생태적 속성을 구분할 때, 고유식물종에 대응되는 식물종의 총칭이다. 따라서 현재의 인위적 국경을 기준으로 부르는 일반적 용어의 '외국식물'과 다르며, 외국식물 가운데에는 귀화식물에 포함되는 것과 포함되지 않는 것으로 구분된다. 해당 외국이 동일한 식물구계일 경우에는 한반도에 분포가 명확하지 않더라도 귀화식물로 취급되지 않으며 식물지리학적으로 우리나라는 일본, 중국동북부지역과 함께 동아시아구계(East-Asiatic region; 日華區系, Sino-Japanese region, Takhtajan 1986)에 속한다.

<table>
<tr><td rowspan="3">고유종(固有種)

Idiochore
Proanthropophyten
Native species</td><td colspan="2">고유종
(특산종 endemic species 포함)</td><td>해당 식물지리학적 구계 내에서 본래부터 저절로 생육분포하는 종. 이 가운데 특정의 지리 영역(예, 한국, 울릉도, 제주도 등)에서만 분포하는 종은 특산종(特産種, autochthonous origin)으로 칭한다(예: 한국특산종 자난초, 울릉도특산종 너도밤나무 등).</td></tr>
<tr><td rowspan="2">반고유종
Seminative species</td><td>반고유종</td><td>분포중심지로부터 이웃하는 지역에 생육(예, 모감주나무, 회화나무 등)</td></tr>
<tr><td>반고유
문화종
(Apophyten)</td><td>동일한 식물지리학적 구계에 속하면서 현재의 지역에서 자연 서식처(natural habitat sensu lato)에서는 번식(regeneration)을 성취하지 못하고, 인간 영향에 노출되어 있는 서식처(cultural habitat; 예로 경작지)에서 살아남은 종(예: 고유 잡초종 쑥, 강아지풀 등, 또는 은행나무처럼 관리됨으로써 살아남은 수목종)</td></tr>
<tr><td rowspan="6">귀화종(歸化種)

Anthrophochore
Hemerochore
Anthropophyten
Adventive species
Alien species
Exotic species</td><td colspan="3">도입 시기 Introduction time</td></tr>
<tr><td colspan="2">고귀화종(古代歸化種)
Archaeophyten</td><td>개화기 이전 (1890년대 이전) (예, 개망초)
※ 사전귀화종(史前歸化種, Prehistoric-naturalized plants; 前川 1943)은 일본열도에서 정착농경(주로 벼 경작) 시대를 중심으로 귀화한 종을 역사시대에 귀화한 종과 구분하고자 한 개념으로 한반도에서의 식생지리학적 배경과 크게 다름을 유의하여 적용하여야 한다.</td></tr>
<tr><td colspan="2">신귀화종 Neophyten</td><td>개화기 이후 (1890년대 이후) (예: 코스모스, 가시박 등)</td></tr>
<tr><td colspan="3">도입 방법 Introduction mode</td></tr>
<tr><td colspan="2">기회외래종
Akolutophyten</td><td>인간의 직접적 관여 없이 자발적으로(저절로, spontaneous) 이동하여 침입하여 야생화한 경우, 이 종의 영향은 대체로 신속하고 광범위한 확산을 보이는 탓에 그 영향 또한 가시적이다.(예: 별꽃아재비).</td></tr>
</table>

<table>
<tr><td rowspan="7">귀화종(歸化種)

Anthrophochore
Hemerochore
Anthropophyten
Adventive species
Alien species
Exotic species</td><td colspan="2">수반외래종
Kenophyten</td><td>인간의 직접적인 관여에서 비의도적(예: 목재 수입에 묻혀온 씨앗, contaminants)으로 유입된 도래종 (예: 미국자리공)</td></tr>
<tr><td colspan="2">탈출외래종
Ergasiophygophyten</td><td>인간의 직접적 관여에서 의도적(intentional)으로 도입된 종이 야생 상태로 탈출하여 생육 분포하는 경우, 원예, 조경, 농경 등의 의도적 도입으로부터 이차적으로 탈출한(escaping) 종(逸出種)으로 생태적 분포가 가시적이지 않다.(예: 기생초).</td></tr>
<tr><td colspan="3">정착 양식 Naturalization</td></tr>
<tr><td rowspan="2">영구
정착</td><td>일차식생외래종
Agriophyten</td><td>일차식생(primary vegetation; 자연 또는 반자연 식생)에서 구체적인 서식 지위를 차지(예: 아고산대의 개나래새)</td></tr>
<tr><td>이차식생외래종
Epecophyten</td><td>자연교란 또는 인간간섭에 의한 이차식생(secondary vegetation; 사례 – 터주식생)에서만 구체적인 서식 지위를 차지 (예: 붉은씨서양민들레)</td></tr>
<tr><td rowspan="2">일시
정착</td><td>일시정착외래종
Ephemerophyten</td><td>약간의 야생상의 개체로 관찰되지만, 식생(형) 속에서 구체적인 서식 지위가 없는 경우로 자력으로 지위를 유지할 수 없는 경우 (예: 노랑꽃창포)</td></tr>
<tr><td>경작외래종
Ergasiophyten</td><td>경작되고 있는 상황에서만 나타나며, 야생화로 관찰되지 않는 경우 (예: 외래 경작식물)</td></tr>
</table>

[참고] 기타 복합적인 용어

지역종 (local sp., land-races): 어떤 지역에서 특정 생물지사(현재 포함) 시기에 분포하는 것으로 기록되고 있는 종.

도입종(導入種, introduced sp.): 한 지역에 원래 분포하던 종이 아닌 다른 지역의 산물인 종을 특정한 목적 (경제, 심미 등)을 위해 이주 또는 이식시켜 정착된 종 (지역에서 도입종이라고 지목되는 종의 분포와 확산에 인간의 역할이 개재되었다는 증거가 필요). 여기에서 외국이나 외지에서 들려왔다는 의미로 일반적으로 사용할 수 있는 용어는 외래종(外來種)이다.

토착종(土着種, spontaneous sp.): 외래종의 범주에 귀속되면서 스스로 개체군의 유지 발달함에 있어서 현지외(現地外)로부터의 유입된 산포체 (diasporas)에 의하지 않고 현지내(現地內)에서 저절로 개체군을 형성하는 종.

향토종(鄕土種, indigenous sp.): 자생이 아닌 외국에서 들어온 것이라도 원주민과의 밀접한 관계에 있는 것은 향토종으로 인정. 즉 외래종이 토착화된 종 가운데 인간의 관리에 의해 번식하는 종과 자생종 모두를 포함.

자생종(自生種, wild sp.): 일명 향토종으로 그 지역에 저절로 사는 모든 야생종(野生種)에 대하여 일반적으로 사용하는 용어.

생태미확인종(生態未確認種, unecophyte): 귀화식물종 가운데 인간간섭 하(예: 농경)에서 진화해 왔으며, 그로 인해 자연 지역(natural home range)에 그 서식처를 가지고 있지 않으면서 원래의 원서식처(original habitat)에 대한 정보가 없는 종.

인위식물종 (人爲植物種, synanthropophyte): 고유종이거나 외래종 가운데에서 인간의 활동(간섭)에 의해서만 그 분포가 확산될 수 있는 종 그룹(Kowarik 1988).

침투종 (浸透種, invasive sp.): 고유의 서식처가 아닌 다른 입지(서식처)에 저절로 들어와 사는 종 (Herger 2000). 하지만 일반적으로 고유 식물사회에 영향력을 미치게 되는 경우이면서 이것이 인간활동에 의해 야기되는 경우에 적용되는 개념으로 받아들여지고 있다(Colaitti & MacIsaac 2004). 예를 들면 생물다양성협약에서는 어떤 종이 본래의 자연 분포 지역을 벗어나, 새로이 분포하는 지역에서 그 지역의 생물다양성을 위협하게 되는 종그룹을 침투귀화종(Invasive alien species: IAS; CBD 2008)으로 정의하고 있다. 즉 침투종은 고유 생태계에 부정적인 영향을 미치는 종 그룹이며, 그것이 귀화식물일 경우에 침투귀화종으로 분류된다

(참고문헌: Schröder 1968; Kornaś 1978; Walter *et al.*2005; Lohmeyer & Sukopp 2001; CBD 2008).

극상림 (極相林, climax forest): 주어진 공간 영역 속에서 식물사회의 천이 마지막 단계로서 발달하고 있는 궁극의 숲으로 구조적 기능적 평형상태(equilibrium)를 유지하고 있는 이론적인 숲의 개념. 일반적으로 온대 지역에서의 극상림은 낙엽활엽수림의 상관을 보여준다.

근경 (根莖, rhizome, 뿌리줄기): 관다발 배열이 줄기의 형태로 하고 있기 때문에 땅 속에 위치하고 있지만, 줄기이며 뿌리처럼 기능할 뿐이다. 대나무 종류에서 전형적인 형태를 관찰할 수 있으며, 영양번식의 수단이 된다.

기근 (氣根, aerial root): 공중에 노출되어 있는 뿌리의 총칭으로 지상에서 호흡하는 뿌리 조직이다. 특히 지상 줄기로부터 나오는 기근을 부정근(不定根)이라 부른다.

기수역 (汽水域, brackish water zone): 해양과 육지의 경계 지역에서 해안 호소(湖沼)나 하구(河口) 등지에서 해수(海水, 짠물)와 담수(淡水, 민물)가 혼합되어 형성되는 영역.

기주식물 (寄主植物, host plant): 주로 초식성 곤충의 먹이가 되는 식초(食草) 식물.

기창 (騎槍, lance): 말을 탄 기마병이 사용하는 창.

ㄴ

나대지 (裸垈地, open space, 개방입지): 지상에 식물이 피복하고 있는 면적이 매우 제한적이거나 거의 0%에 가까운 입지로 천이의 초기 상태. 일반적으로 빈땅, 맨땅이라고 부르는 곳으로 조경학에서 사용하는 오픈스페이스 또는 공한지(空閒地)도 포함한다.

난온대 (暖溫帶, warm-temperate zone): 생물기후대 구분에서 아열대(亞熱帶, subtropical zone)와 냉온대(冷溫帶, cool-temperate zone) 사이의 온도대이며, 온대 가운데 가장 온난한 기후대이다. 동북아 지역에서는 후박나무, 잣밤나무, 가시나무 종류들에 의한 상록활엽수(常綠闊葉樹) 식생이 발달하는 지역이다.

냉온대 (冷溫帶, cool-temperate zone): 생물기후대 구분에서 난온대(暖溫帶)와 아고산대(亞高山帶) 사이의 온도대로서 온대 가운데 보다 한랭한 기후대를 의미한다. 동북아 지역에서는 하록의 참나무 종류와 너도밤나무, 단풍나무 종류 등의 하록활엽수(夏綠闊葉樹) 식생이 발달하는 지역이다.

노거수 (老巨樹, old-growth and giant tree): 수령(樹齡)이 오래되고 거목(巨木)으로서 마을 공동체의 문화적 유산이 되는 전통마을나무.

노방식생 (路傍植生, road side vegetation): 길 가장자리에서 발달하고 있는 식물사회로서 상대적으로 밟힘의 빈도가 노상식생(路上植生)에 비하여 낮은 것이 특징.

노상노방식생 (路上路傍植生): 노상식생과 노방식생 참조.

노상식생 (路上植生, road bed vegetation): 밟힘에 의하여 답압(踏壓)의 영향에 직접적으로 노출되어 있는 길 위에서 발달하는 식물사회.

농촌형 (農村型, rural type): 도시형 또는 도시 · 산업형에 대응하는 유형으로서 인간간섭의 정도와 에너지 이용 패턴에서 자연형(natural type)과 도시형(urban tyoe)의 중간 수준을 의미한다.

ㄷ

다년초 (多年草, perennial, 여러해살이풀): 생명환의 길이가 3년 이상인 초본.

다발식물체 (多發植物體, tussock): 일명 곡지방주(谷地坊株) 또는 사초기둥으로 일컬어지고 있는데, 화본형(禾本型, grass form)의 잎을 가진 벼과 또는 사초과에 속하는 일부 종들에서 관찰된다. 다설(多雪)지역이나 주기적인 범람원에서 주로 관찰되는 독특한 생태형질이다.

다육식물 (多肉植物, succulent plant): 주로 잎이나 줄기가 두터운 조직을 가지고 있는데, 그 조직의 일부 또는 식물체 속에 많은 양의 물을 저장하고 있다. 극단적으로 건조한 서식처에 생육하는 선인장 종류가 전형적인 사례이다.

단개화식물 (單開花植物, monocarphic plant): 생명환 속에서 단 1회만 개화(開花) 기회를 가지며, 그 이후에는 고사하는 특성을 가진 식물종. 다년생 가운데 대나무 종류가 전형적인 사례이다.

단애지 (斷崖地, scarp): 침식이나 융기에 의하여 급경사를 이루고 있는 절벽처럼 생긴 지형.

단일식물 (短日植物, short-day plant): 어느 일정기간 이상으로 길게 계속하는 암기(暗期)가 포함된 광주기 처리를 했을때 꽃눈이 형성되거나, 또는 꽃눈형성이 촉진되는 식물.

단일우점 (單一優點, mono-dominant): 한 종 또는 하나의 생태형질에 의하여 피복되어 있는 형상.

답압효과 (踏壓效果, trampling effect): 길에서 발생되는 밟힘의 영향으로 서식처 토양의 다져짐이 발생하고, 토양의 공극(孔隙)이 사라지게 됨으로써 통기성(通氣性)과 통수성(通水性)을 불량하게 하고, 매몰 종자의 발아를 저해하며, 호우 시에는 지상(地上)에서 빗물 유출이 급격히 발생된다.

대륙성 기후 (大陸性 氣候, continental climate): 온도와 강수량의 일주기적 그리고 계절주기적 편향성이 상대적으로 심한 기후를 의미하며, 대기후적(macroclimatic) 특성으로 해양성 기후(海洋性 氣候)에 대응되는 개념이다. 일반적으로 일중 그리고 계절적 최고 기온과 최저 기온의 편차가 크고, 연중 강수량은 대부분 식물 생육기간 중에 집중되고, 비생육기간 동안에는 매우 제한적인 것이 특징이다. 따라서 대륙성 기후 지역에서는 해양성 기후 지역에 비하여 쉽게 수분스트레스와 산불이 발생할 수 있으며, 그에 대응하여 건생형(乾生型)의 식물사회와 식물종이 다양하고 그 출현빈도도 높다. 산거웃(산거울)은 전형적인 대륙성 기후지역을 특징짓는 사초 종류이다.

대륙형 식생지역 (大陸型 植生地域, continental vegetation zone): 대륙형 식생이 발달하는 지역으로 한반도 내에서 가장 대륙성 기후지역은 영남분지이다.

대륙형 식생 (大陸型 植生, continental vegetation type): 군락지리학적 연구(Kim 1989; 1992)로부터 규정되는 식생지리형(syngeographical type)으로서 해양형(海洋型, oceanic) 식생에 대응되는 개념이다. 한반도에는 대륙형 식생이 우세하다면, 일본열도는 전형적인 해양형 식생으로 특징지어진다. 군락지리학은 식물사회학적 연구를 바탕으로 유형화된 식물사회(식물군락 및 다양한 단위식생 syntaxa)에 대하여 지리적 분포와 지역의 자연환경 조건(특히 기후 요소)과의 상호관계를 연구하는 분야이다.

대륙성 온대 기후 (大陸型 溫帶 氣候, continental temperate-climate): 온대 지역 속에서의 대륙성 기후. 한반도는 일본열도에 대응하여 전형적인 대륙성 온대 기후 지역이며, 낙엽활엽수 참나무류에 의한 삼림식생으로 특징지어진다.

대상분포 (帶狀分布, zonal distribution): 서식처의 환경조건에 대응하여, 식물종 또는 식물사회가 벨트 상으로 분포하고 있는 상관. 해발고도가 높은 산지에서 고도(高度)가 상승함에 따라서 온도가 하강하는 경향성에서 생성되는 식생의 수직 분포대, 해안 사구(砂丘)에서 수분과 염분 환경으로부터 해안선과 평행하여 발달하고 있는 사구식생의 수평적 대상분포를 관찰할 수 있다.

대상식생 (代償植生, substitute vegetation): 자연식생(natural vegetaion *sensu stricto*)에 대응하는 개념으로써 특히 식물사회학에서는 인간간섭으로부터 2차적으로 생성된 식물사회를 지칭한다. 조림지의 인공림 식생은 대표적인 대상식생이다. 이차식생(secondary vegetation)은 일차식생(primary vegetation)에 대응되는 용어이며, 대상식생의 범주에 포함된다. 대상식생은 자연식생을 공간적으로 대체하고 있을 뿐, 생태학적으로 그리고 식물사회학적으로 그 구조나 기능을 대신하는 것이 아니기 때문에 영어의 substitutional보다 substitute로 표기한다.

도시형 (都市型, urban type): 농촌형에 대응하는 유형으로서 인간간섭의 정도와 에너지 이용 패턴에서 자연형(natural type)과 완전히 배치되는, 과도한 인공 에너지의 투입으로 유지되면서 과도한 인간간섭의 영향에 노출되어 있다.

도시화 (都市化, urbanization): 일반적으로 도시의 인구 증가를 의미하기도 하지만, 생태학적으로 어떤 지역의 도시화라고 하는 것은 도시라는 인공생태계에 의한 야생 생물의 서식처 환경조건의 질적 쇠퇴를 야기하는 일련의 과정을 의미한다. 특히 에너지 유입과 유출 그리고 물질 순환의 온전성이 자연적이지 못하고 인공적으로 조절되는 것이 특징이다. 한편 시멘트 콘크리트 면적의 확대는 복사열에 의한 극단적인 건조 환경을 야기하는데, 이것은 대표적인 도시화 징후의 한 사례로 이해할 수 있다. 식물사회학적으로 도시화는 헤메로비(hemeroby) 등급으로 표현할 수 있으며, 귀화식물과 일이년생 식물종의 출현 정도를 가지고 판정한다. 우리나라와 같이 온대 지역에서 도시화의 지표로 붉은씨서양민들레가 높은 빈도로 출현하는 식물사회를 그 예로 들 수 있다.

동아 (冬芽, winter bud): 겨울철 주로 잎자루와 가지 사이의 겨드랑이에 생겨 있는 기관으로 겨울눈이라 부른다. 온대 낙엽활엽수림 지역에서 비생육기간(주로 가을~겨울)을 극복하는 생태전략으로서 다양한 형태적 분화를 관찰할 수 있다.

ㄹ

로제트형 (rosette type): 지표면에 뿌리에서 직접 생겨나온 근출엽(根出葉)이 방사형으로 뻗은 형태를 의미함. 겨울을 극복해야 하는 생태전략형으로 주로 월년초(越年草)에서 흔하게 관찰할 수 있다.

ㅁ

망토군락(mantle community): 숲가장자리(임연) 식생 가운데 하나로서 공간적으로 숲과 소매군락 사이에서 발달하는 관목형 덩굴식물과 가시식물이 우점하는 식물 사회로 숲을 방어하는 스크램블 기능을 가지고 있다. 칡군락은 대표적인 망토군락이다.

맹아력 (萌芽力, sprouting ability, coppicing ability): 수목(樹木) 종들은 최초 본 줄기(shoot)가 훼손되었을 때, 남아 있는 휴면 근주(根株)에서 다시 새로운 줄기를 만들어 내는 능력. 아까시나무는 그러한 맹아력이 가장 왕성한 외래종 가운데 하나이다.

모듈생물체 (module organism): 유성생식(有性生殖)에 의해서 번식하는 단위생물체(unitary organism)에 대응되는 개념으로 새로운 개체로 분화하고 발생할 수 있는 최소 모듈에 의해 번식 가능한 생물체. 일반적으로 무성생식(無性生殖)이 가능한 생물체는 모듈생물체이다.

모듈성 (modularity): 모듈 생명체가 모듈을 만드는 특성이나 시스템.

묵정밭 (休耕田, abandoned field): 경작을 하지 않고 내버려 둔 휴경(休耕) 밭으로 일반적으로 쑥대밭이라고 부른다.

미소입지 (微小立地, micro-site): 생물 개체 수준에서 그 서식에 직접 영향을 미치는 입지의 영향권으로 최소 크기의 입지이다. 생태학적 미소서식처(微小棲息處 또는 微棲息處, microhabitat)와 동일한 개념이다.

미지형 (微地形, microtopography): 서식처 수준에서 균질한 생물사회가 발달하는 최소 크기의 지형이다. 예를 들면, 산지 비탈면이 지형 수준이라면 그 비탈면 속에서 지표면의 형상을 두고 평면형, 오목형, 함몰형, 요철형, 혼합형 등으로 구분할 수 있으며, 이것을 미치형 또는 미세지형이라고도 부른다.

민족식물자원 (民族植物資源, ethnobotanical resource): 고래로부터 토착민(indigeneous people)이 이용해 온 야생 식물종으로 민속식물자원이라고도 한다.

밀생 (密生, thickly-wooded physiognomy): 해당 공간 속에 식생(植生)이 우거져 있는 상관(相觀).

밀원 (蜜源, honey(nectar) source): 곤충들이 꿀을 수집하게 되는 원천(源泉)으로 꽃의 밀선(蜜腺)에서 또는 일부 수간의 상처에서도 수집된다.

ㅂ

반고유종 (半固有種, apophyte, semi-native species): (귀화식물 참조).

반고유문화종 (半固文化有種, apophyte): 동일한 생물지리적 분포 범위에 속하면서 현재에는 주로 교란된 장소(예: 인간간섭이 있는 서식처)에서 살아남은 고유종(idiochoren *sensu stricto*; 해당 생물지리 구계 또는 지역에서 자연적 분포 기원으로부터 분포하고 있는 종으로, 인간의 도움으로 그 분포의 기원을 가지고 있는 종은 아님)으로서 귀화식물 범주에 포함되지 않는다. 은행나무는 한반도를 포함하는 우리나라에서는 고유종으로 분류될 수 있으나, 현재 자생하고 있지 않기 때문에 이 범주에 포함된다. 즉 은행나무는 현재 재배에 의해서만 종이 보존되고 있는 화석식물종이며, 중국에서는 고유재배식물(固有栽培植物)로 번역하고 있다.

반기생 (半寄生, hemiparasitism): 엽록소를 가지고 광합성을 하지만, 부분적으로 기생을 통해서 영양을 획득하는 경우. 일반적으로 뿌리(특히 수염뿌리, 잔뿌리)가 빈약하게 발달하며, 꽃며느리밥풀 뿌리에서 전형적인 모습을 관찰할 수 있다.

반상록 (半常綠, semi-evergreen): 하록 식물종이지만, 서식환경이 유리하다면 낙엽이 지지않고 생육을 계속하는 식물종이다. 하록성(夏綠性) 상록 식물종이라고도 하는데, 인동덩굴은 온난한 난온대 지역에서는 동절기 동안에도 식물 잎 가운데 일부 잎이 푸른 상태를 유지하면서 생육을 계속하고 있지만, 냉온대 지역에서는 모든 잎을 떨어트리고 휴지(休止) 상태가 된다.

반음지 (半陰地, half-shadow): 음지와 양지의 중간 수준의 빛 환경조건으로 넓게는 음지에 속한다.

반지중식물 (半地中植物, hemicryptophyte): 휴면아(休眠芽, 겨울눈; bud)의 위치가 땅 속에 위치하지만, 지표면 가까이에 위치하는 라운키에르 생활형의 한 종류이다. 온대 지역의 식물상은 반지중식물 종의 구성비가 크게 높은데, 온대가 다른 지구 생물군계와 구별되는 생태적 요소로 특기된다.

반특산종 (半特産種, semi-endemic species): 반고유종 범주 속에 속하는 것으로 특정 지역에 대응하여 특기(特記)할 때에 사용되는 개념.

벌채적지 (伐採跡地, logged areas): 삼림을 벌채한 적이 있는 장소로서, 벌채 흔적을 여전히 확인할 수 있는 곳. 현재 벌채가 진행되고 있는 장소는 벌채지이다.

부생식물 (腐生植物, saprophyte): 분해되고 있는 생물체 유기물(枯死體)에 의존하면서 생육하는 식물로서 일반적으로 뿌리의 발달이 빈약한 것이 특징이다. 기생식물이 살아있는 숙주 생물체에 의존하는 것과 다른 점이다.

부엽식물 (浮葉植物, floating-leaved plant): 마름처럼 수면 위에 잎을 띄우고 생육하는 수생식물로서 그 뿌리는 물 바닥층 속에 내리고 있는 그룹. 부엽식물은 잎의 상하(앞뒤) 형태가 크게 다른 것이 특징이다.

부영양(화) (富營養化, eutrophication): 수계 생태계에서 수질의 상태를 의미하는데, 빈영양(貧營養, oligotrophic)에 대응되는 개념이다. 특히 정체수역의 호소(湖沼)에서 흔히 관찰되는 현상으로 주로 질소와 인산의 과다한 유입으로부터 발생된다. 부영양화는 공급되는 영양원에 의해서 자연적(natural) 부영양화와 문화적(cultural) 부영양화로 나누어진다. 주변 집수역의 토지이용 패턴에 따라 과도한 부영양화 현상이 지역 호소생태계에 지대한 영향을 미친다.

부유식물 (浮遊植物, floating plant): 식물체 전체가 물 위나 물속에서 떠다니며 생활하는 식물의 통칭으로 정체수역에서 주로 생육한다.

부정근 (不定根, adventitious root): 뿌리 이외의 기관에서 발생한 뿌리에 대한 통칭. 줄기의 내부의 세포가 뿌리 세포처럼 분열능력을 회복함으로써 나타나는 현상인데, 물가에 사는 버드나무 종류에서 흔히 관찰할 수 있다.

분얼지 (分蘖枝, tiller): 주로 벼과와 사초과 식물의 줄기 맨 아래쪽(稈基部) 마디 사이에서 발생하게 되는 새싹으로 액아(腋芽)의 일종. 분얼지의 형태와 수 그리고 발생 메커니즘은 화본형(禾本型) 식물종의 주요 생태번식전략이다.

ㅅ

사구 (砂丘, sand dune): 파도와 바람에 의하여 운반된 모래가 식생 발달과 어우러져서 퇴적된 모래 언덕. 주로 해안선과 평행하게 발달하지만, 내륙 강변에서도 소규모로 관찰된다.

사력지 (砂礫地, sandy-gravel point bar): 유수역(流水域; 계곡, 하천, 강) 내에서 모래와 자갈이 퇴적되어 만들어진 땅으로 주로 유수역이 갑자기 넓어져 있는 구간에서 관찰되고, 선구식생(先驅植生)이 발달한다.

사전귀화식물 (史前歸化植物, prehistoric ancient aliens): 신귀화식물(新歸化植物, Neophyten)에 대응되는 고귀화식물(古歸化植物, Archeophyten) 가운데에서 역사시대 이전, 즉 선사시대에 귀화한 종에 대해서 부르는 통칭으로 정착 농경으로부터 귀화한 종을 의미한다.

산화적지 (山火跡地, burned area): 산불로 피해를 입은 지역으로 여전히 산불의 흔적을 보이는 식물사회가 발달하고 있는 곳.

삼림식생 (森林植生, forest vegetation): 다층 구조(교목층, 아교목층, 관목층, 초본층)를 가지고 다양한 식물종으로 이루어져 있는 숲 식물사회.

상록활엽수림 (常綠闊葉樹林, evergreen broad-leaved forest, 사철푸른넓은잎나무숲): 난온대 지역을 대표하는 삼림식생의 통칭으로 수관층(樹冠層)에 후박나무처럼 상록활엽수종이 우점하고 있는 숲.

생명환 (生命環, life cycle): 생명주기, 생활주기 등으로도 표현하는데, 식물의 경우 종자발아에서 고사(枯死)까지 일련의 과정(sequence of development stages)을 의미한다. 일년생(annual) 초본(草本)의 경우, 1회 생식(semelparous) 일년초, 반복생식(iteroparous) 일년초, 겨울(winter) 일년초(월년초), 순간(ephemeral) 일년초 등의 4 가지 생명환이 있는데, 생태학적으로 생물종의 생명환은 총 10 가지 유형으로 구분한다. 인간은 계속반복생식 (continuous iteropariety) 생명환으로 분류된다.

생식아 (生殖芽, generative bud): 생식 능력을 가지고 있는 새싹.

생태형 (生態型, ecotype): 서로 다른 서식처 환경조건에 적응하여 유전적으로 새로운 종으로 분화해 가는 진화 과정의 종. 계통분류학적 동일한 종이 중금속 광산 지역에 발달하고 있는 개체군과 일반적인 개체군이 가지는 있는 중금속 내성의 정도가 크게 다른 것은 생태형의 좋은 사례가 된다. 식물의 생태형은 멸종된 어떤 식물종의 복원을 어렵게 하는 주요 요인 가운데 하나이다.

생활사 (生活史, life history): 생물체가 가지는 성장, 분화, 저장, 생식과 같은 시간(일생) 패턴(organism's life-time pattern).

서식처 (棲息處, habitat): 생물이 사는 모든 장소를 의미하며, 서식지(棲息地) 또는 자생지라고도 부른다. '서식지'에서 한자 '지(地)'는 산지(山地)나 농지(農地)와 같이 주로 '땅, 육지'를 의미한다. 물속이나 해양 환경처럼 수환경(水環境)의 생물 서식 공간 또는 집(house, 또는 삶터)의 개념을 포함하고 있는 한자 '살 처(處)'의 서식처가 생태학적으로 적합한 번역이다.

선구식물 (先驅植物, pioneer plant): 천이 초기의 식물사회 구성에 참여하는 식물종으로 호광성(好光性)이면서 생장 속도가 빠르고 수명이 짧은 것이 특징이다.

선구식생 (先驅植生, pioneer vegetation): 선구식물종들로 이루어진 천이 초기의 식물사회.

선택압 (選擇壓, selective pressure): 서식처에서의 각종 환경조건(자원과 조건, 그리고 경쟁자의 존재 등)은 종 또는 개체들에게 해당 서식처에 살아남도록 하는 압력이 된다. 자연선택에서의 선택압은 서식처에 따라 다양하며, 그곳에서는 선택압에 대응하는 대응압도 존재하게 된다. 식물종과 식물사회는 매우 복합적이고 복잡한 선택압에 의하여 현재의 종조성과 상관을 나타내고 있는 것이다.

세립질 (細粒質, fine grained soil): 0.002㎜ 이하의 작은 결정의 토양 입자로서 조립질(組立質)에 대응하는 개념. 주로 진흙(clay)의 입자 크기를 의미한다.

소매군락 (소매群落, hem community, Saumgesellschaft): 망토군락으로부터 개방입지(예: 길)로 옮겨가는 위치에서 빈번한 인간간섭에 노출된 입지환경 때문에 초본식물종으로 이루어진 식물사회.

속 (屬, genus): 계통분류학에서 린네(Linnaeus C.)의 계층분류체계에서 과(科)의 하위, 종(種)의 상위에 놓인 계급으로 반드시 한 개 이상의 종(種)을 포함하고 있다.

속성수 (速成樹, fast growing tree): 상대적 생장 속도가 빠른 나무 종류로서 특히 발아시점에서 사람 키 높이로 자라는 시점, 즉 어릴 때에 생장 속도가 매우 빠르다. 대부분 양지성(陽地性)이면서 수명이 상대적으로 짧은 특징을 가지고 있다. 사시나무속(*Popula* spp.)에 속하는 종들이 전형적인 사례가 된다.

수렴 진화 (收斂 進化, convergent evolution): 계통분류학적으로 서로 다른 생물종이 각기 살아온 서식처 환경조건(자원과 조건)에 적응하여 살아온 결과, 즉 자연선택의 결과로부터 유사한 형태를 나타내고 있는 현상인데, 동형 진화(同形進化)라고도 부른다.

수매화 (水媒花, water pollination): 수계(水系)에서 꽃가루받이(受粉)를 성취하는 것으로 직접적인 물 분자의 도움으로 꽃가루가 산포(散布)하여 수분한다. 말 종류처럼 침수식물에서 전형적이다.

수반종 (隨伴種, companion species): 특정 식생유형(또는 단위식생, syntaxa)에 대하여 표징종이나 구분종과 같이 분명한 진단종으로서의 기여도는 낮지만, 특정 식물사회의 종조성에 함께 출현하는 식물사회학적 분류군이다. 따라서 학술적으로 특정 식물군락에 결합되지 않은 종으로 이해하는 것은 틀린 것이다. 예를 들면, 괭이밥은 답압식생의 질경이군락에 절대로 결합되지 않기 때문에 질경이군락에 대해서 수반종이 아니며, 기타종의 우연 출현종으로 고려될 수 있다.

수분스트레스 (水分스트레스, water stress): 식물 세포(또는 조직) 속에서 수분 결핍으로 발생하는 스트레스. 과도하고 급격한 대기 건조와 토양 내에 수분결핍대(water depletion zone)의 빈번한 발생은 수분스트레스의 원인이 된다. 예를 들면 잎에서의 수분 손실에 대응하는 뿌리로부터의 원활한 수분공급이 이루지지 못한다면 수분스트레스는 쉽게 발생할 수 있다.

수산포 (水散布, hydrochore): 식물의 종자 산포 양식에서 물 흐름을 이용해서 널리 퍼져 가는 양식. 버드나무과에 속하는 버드나무류(*Salix* spp.)나 포플라류(*Populus* spp.)는 수산포와 풍산포를 함께 한다. (풍산포 참조).

수형 (樹型, tree form): 수목(樹木)의 일반적인 외형. 주로 다 큰 성체일 때에는 모든 나무 종류들은 고유(固有) 수형을 가지고 있으나, 살아가고 있는 서식처 환경에 따라 그 수형은 다양하게 나타난다.

순간식생 (瞬間植生, ephemeral vegetation): 일시적으로 만들어지는 순간서식처(ephemeral habitat)에서 발달하는 식물사회. 순간서식처는 습지 가장자리나 하천 유수면 가장자리에 일시적으로 물이 빠지고 나면 땅이 드러나는 곳으로 호우나 집중 강우 시에는 얕은 수심으로 침수되는 곳이기도 하다. 이러한 입지 조건에는 매우 키가 작은 왜소(矮小)한 일년생 초본 식물종이 생육하고 있다.

숲정이 (Soop-Jeong-Y, rural forest): 농촌 마을의 배후 산지에 비탈면에 인공적으로 육림(育林)되고 있는 전통문화적인(traditional and cultural) 숲으로 상수리나무숲, 소나무숲, 왕대숲 등이 대표적인 사례이며, 1960년대 이후에는 북미산(北美産) 리기다소나무와 아까시나무로 된 조림이 전통적인 숲정이를 광범위하게 대체하고 있다.

습지식생 (濕地植生, wetland vegetation): 연중 물기를 머금은 땅(지표면)에서 발달하고 있는 식물사회. 강처럼 물이 흐르는 유수역(流水域)과 저수지처럼 물이 고인 정수역(停水域) 양쪽 모두에서 습지식생을 관찰할 수 있다.

식물사회 (植物社會, phytocoenosen): 식물종의 집합으로 서식처 종류에 대응하여 각기 다르게 종조성을 보이는 식물사회가 발달한다. 보다 구체적으로 단위화한 식물사회를 식물군락이라고도 부른다.

식물지리학 (植物地理學, plant geography): 계통분류학적 분류체계의 특정 단위(과, 속, 종, 아종 등) 수준에서 어떤 대상의 지리적 분포에 대하여 지리학적 연구를 수행하는 분야. 식물지리학은 지리적 영역(geographical region)과 식물종의 분포 (floristic region)와의 지사적 생태적 상호관계를 규명함으로써 특산종 또는 고유종과 같은 종분화에 관련된 추적연구를 뒷받침하고 있다.

식분(植分, stand): 균질한 종조성을 가지고 있는 식물군락에 대하여 현장에서 그 실체를 지칭하는 데 이용되는 개념으로 삼림식생처럼 주로 수목이 중심되는 식물사회에 적용된다.

식생지리학(植生地理學, syngeography): 식물사회학적 연구를 통해서 유형화된 단위식생(syntaxa, 식물군락, 군집, 군단, 군목, 군강 등)에 대하여 지리적 분포를 규명하는 분야로서 군락지리학(群落地理學)이라고도 부른다. 동북아 온대림의 식생지리형은 아래 그림과 같다:

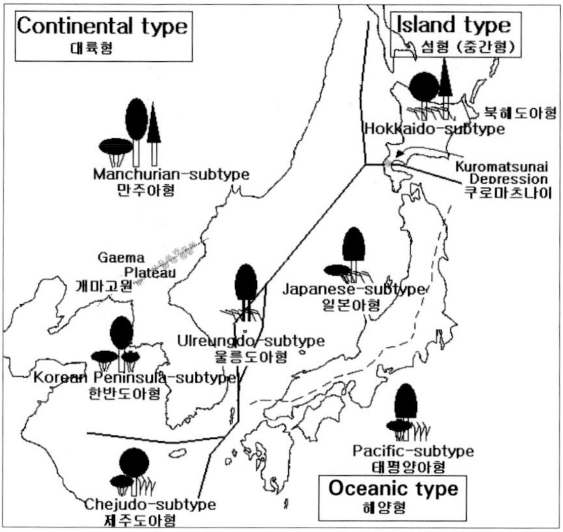

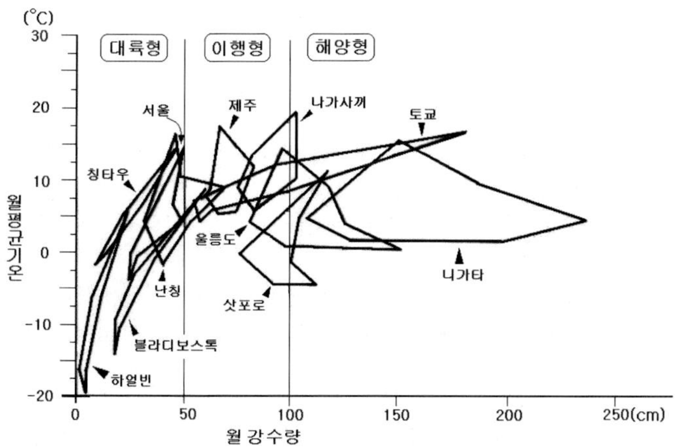

신귀화식물(新歸化植物), (獨) Neophyten, (英) neophyte): 고귀화식물(古歸化植物, Archeophyten)에 대응되는 개념으로 개화기 이후(1890년대 이후)에 귀화한 식물종. 일반적으로 귀화식물이라고 인식하고 있는 대부분의 그룹은 신귀화식물에 해당하며, 미국자리공, 가시상치, 가시박 등이 좋은 사례이다.

신토 (新土, new-soil site): 모내기철의 논두렁처럼 서식처의 토양환경이 해마다 새롭게 조성되는 곳으로 해마다 새 흙으로 이루진 입지.

ㅇ

아고산대 (亞高山帶, subalpine zone): 고산대(高山帶, alpine zone)와 산지대(山地帶, montane zone) 사이 수직분포대로서 산지대에서 고산대로 이행되어 가는 영역이다. 가문비나무, 전나무, 분비나무, 구상나무, 잎갈나무, 사스레나무 등은 아고산대를 특징짓는 대표적인 교목성 수종들이다.

아열대 (亞熱帶, subtropical zone): 열대(熱帶, tropical zone)와 난온대(暖溫帶, warm-temperate zone) 사이의 기후대. 연중 서리가 내리지 않는 무상(無霜) 기후가 특징이다. 쾨펜 기후구분에 의하면 연중 4개월에서 11개월 동안에 월평균기온이 20 ℃ 이상이 되는 기후대이며, 나무고사리가 야생하는 식생지역이다.

암각지 (岩殼地, rocky area): 산지 능선이나 산정부 그리고 사면의 돌출부에 노출되어 암석이 입지로서 유해광선을 포함한 직사광선에 노출되어 있는 곳. 미세서식처로 암극(crevice), 암낭(rock pocket), 암상(rock terrace)이 있으며, 각기 다른 서식처 환경을 가지고 있다.

암극 (岩隙, rock crevice): 암벽 또는 바위의 틈바구니를 의미하며, 암상(岩上)에 대응되는 개념으로 선형(線型)의 서식처이다. 식물사회는 암극 폭과 깊이에 따라 토양 및 유기물의 퇴적 수준에 의해서 다양하게 발달하고 있다.

암낭 (岩囊, rock pocket): 암벽이나 바위의 일부분이 떨어져 나가거나 풍화에 의하여 생성된 미세한 동굴(岩穴) 환경을 가지고 있는 바위 주머니. 이곳 식물사회의 발달에 1차적 제한 조건은 빛(light) 이다.

암벽식생 (岩壁植生, rock vegetation): 암각지에 발달하는 식물사회로 사방이 완전히 개방된 양지 환경에서 또는 부분적으로 인접 식생에 의하여 반그늘 환경에서 발달하고 있다.

암상 (岩上, 岩床, rock terrace): 암벽이나 바위의 표면을 의미하며 암극에 대응되는 개념으로 면형(面型)의 서식처이다.

연목림 (軟木林, willow trees): 버드나무속(*Salix* spp.)에 속하는 종들로 우점되고 있는 숲으로 일반적으로 유수역(流水域; 강, 하천)에서 발달한다.

연안대 (沿岸帶, littoral zone): 수심(水深)이 발달한 정수역(停水域, 연못, 저수지, 호수 등의 습지) 가장자리에서 개방수면(open water area, 원수대; limnetic zone)과 그 외곽을 둘러싸고 있는 충적대지(upland) 사이에 위치한다. 연안대는 다시 진연안대(眞沿岸帶, eulittoral zone)와 표연안대(潮間帶, 表沿岸帶, epilittoral zone)로 구분한다.

예초 (刈草, mowing): 풀을 베는 일. 특히 묘를 관리하는 과정에서 풀 베는 경우를 벌초(伐草)라 한다.

온대림 (溫帶林, temperate forest): 온대 지역에 발달하는 숲으로 낙엽활엽수림(落葉闊葉樹林)이 대표적이다.

온대(지역) (溫帶(地域), temperate zone): 수평적(horizontal, latitudinal) 기후대의 열대-아열대-난온대-냉온대-한대 배열에서 난온대와 냉온대를 통합한 기후대이다. 난온대 상록활엽수림과 냉온대 낙엽활엽수림은 온대 생물군계(生物群系, biome)를 대표하는 식생형(vegetation type)이다.

우점림 (優點林, dominant forest): 주어진 경관 속에서 상대적으로 차지하고 있는 피복 면적이 가장 넓은 삼림.

원수대 (原水帶, limnetic zone): 수심(水深)이 발달한 정수역(停水域, 연못, 저수지, 호수 등의 습지)의 개방수면(open water area) 구역으로 바깥 방향에 연안대(littoral zone)로 이어진다. 수면에서는 부엽식물(浮葉植物)이 관찰되며, 수중 플랑크톤의 주요 서식 공간(pelagic zone)이기도 하다.

월년초 (越年草, biannual plant): 생활환(life cycle; 생명주기, 생명환)의 주기 길이는 1 년 이내이지만, 동절기(冬節期)를 포함함으로써 달력 상으로 한 해를 넘기면서 생육하게 되는 형국의 초본(草本) 식물. 두 해(年)를 거친다고 해서 이년초(二年草)와 혼돈되기도 하지만, 라운키에르(C. Raunkier) 생활형 범주로 보면 엄격하게 1년초에 속한다. 겨울일년초(winter annual)도 넓은 의미에서 월년초에 포함된다. 이들 월년초는 일반적으로 겨울 기간 동안 지상부의 식물체가 완전히 고사하지 않고, 로제트 잎을 가지고 있다.

유수역 (流水域, lotic water zone): 물흐름(流速)이 존재하는 공간으로 강, 하천과 일부 샘 주변에서도 관찰된다.

유존식물종 (遺存植物種, relict plant species): 지구 역사 속에서 과거 환경 변화로부터 살아남은 종. 현존 식생에 가장 심대한 영향을 미치는 제 4 기 빙하기를 통과하고 국지적으로 분포하는 식물종의 전형적인 사례이다. 식물사회의 경우를 유존식생(relict vegetation)이라 한다. 유적식생(relic vegetation)은 문화유산적 또는 자연유산적 의미에서 사용되는 개념으로 유존식생의 일부분이다.

육림 (育林, silviculture): 삼림을 가꾸어 키우는 일로서 육림의 대상이 되는 식분(植分, stand)이 식재로부터 유래하는 것(cultural origin)과 자연적인 식분에서 유래하는 경우(natural origin)의 두 가지가 있다.

육역화 (陸域化, terrestrialization): 하천 물길구간(channel) 내에서 토사 및 부유물에 의한 퇴적지가 생성되면서 식생이 정착하고, 나아가 퇴적지의 정도(크기와 안정성)가 확대되어 가는 과정. 일반적으로 하천 물길구간 내에서의 육역화는 물 흐름의 변화, 특히 유속이 급격히 느려지는 구간이나 물흐름을 조절하는 댐이나 대형 보가 축조되어 있는 그 하류 구간에서 흔하게 관찰된다.

이가화 (二家花, dioecious): 암꽃과 수꽃이 각각 달리며, 한삼덩굴에 그 예를 찾아 볼 수 있다. 은행나무처럼 암수딴그루(자웅이주)와 다르다.

이년지 (二年枝, second year twigs): 올 해에 생겨난 잔가지가 돋아난 지난 해에 만들어진 가지.

이년초 (二年草, biennial plant, 두해살이풀): 첫해는 발아를 하고, 이듬해 2 년째에 꽃을 피우고 열매를 맺음으로써 생명환을 2년에 걸쳐서 완성하는 풀로서 첫 해의 식물체 지상부가 완전히 고사하고 이듬해에 땅 속 뿌리로부터 새로운 줄기가 생겨나서 생식을 하는 경우이다. 흰전동싸리가 그 사례이다. 월년초(越年草)와 비교 참조.

이차대사물질 (二次代事物質, Secondary metabolites): 특정의 생물종에서 특이적인 대사로부터 생성되는 색소, 알칼로이드, 페놀류, 테르페노이드, 항생물질 등의 물질.

이차림 (二次林, secondary forest): 여러 가지 교란(파괴) 요인에 의하여 이차적으로 발달한 삼림. 자연림(自然林, natural forest)을 일차림(primary forest)으로 부르는 것에 대응되는 개념으로, 인간간섭이나 자연 재해(산불, 붕괴, 화산, 태풍, 한발 등)에 의한 교란의 흔적을 보여주는 종조성을 가지고 있는 것으로 구분된다.

이차초원 (二次草原, secondary grassland 또는 heathland): 자연초원에 대응되는 개념으로 여러 가지 요인에 의하여 자연식생이 파괴된 이후에 대체된 식물사회로서 주로 초본 식물종으로 이루어져 있는 것이 특징이다. 봉분(封墳)은 주기적인 예초(刈草)로부터 유지되는 대표적인 이차초원이 발달하고 있는 사례 서식처이다.

인공식생 (人工植生, artificial vegetation): 인간에 의해서 인위적으로 만들어진 식물사회. 예를 들면 리기다소나무 조림은 대표적인 인공식생의 사례이다.

인위서식처 (人爲棲息處; synanthrophic habitat): 서식처 환경조건의 주된 조건이 인간의 활동(간섭)인 경우. 여기에는 쓰레기터, 길가, 빈터 등과 같이 질소와 인에 의한 부영양화 환경에 노출되어 있는 토양을 가지고 있으면서 간섭의 빈도가 빈번한 터주서식처 (ruderal habitat)와 농촌 경작지와 같은 경작서식처(耕作棲息處, segetal habitat)를 포함하고 있다.

인위식물종 (人爲植物種, synanthropic species): 고유종이거나 외래종 가운데에서 인간의 활동(간섭)에 의해서만 그 분포가 확산될 수 있는 종 그룹으로 인위서식처에 그 분포 중심지를 가지고 있다. 인위식물종은 인간간섭이 배제된 자연식생 속에서는 출현하지 않기 때문에 사람을 좋아하는 또는 사람을 따라다니는 식물 그룹으로 이해하기도 한다.

일년초 (一年草, annual plant): 생명환(life cycle)의 주기 길이가 1 년 이내에 완성하는 초본 식물로서 열악한 환경조건(혹한, 가뭄 등)의 시기에는 휴면 종자를 가지며, 라운키에르(C. Raunkier) 생활형 가운데 하나이다.

일차림 (一次林, primary forests): 이차림에 대응되는 개념으로서 자연림(natural forest *sensu stricto*)을 의미한다. 즉 자연적으로 발달한 숲을 통칭하는 것이 아니라, 인간간섭이나 자연 재해(산불, 붕괴, 화산, 태풍, 한발 등)에 의한 교란의 흔적을 보여주는 종조성(種組成)을 포함하고 있지 않는 자연림 또는 근자연림(近自然林, nearly natural forests)을 의미한다. 예를 들면 산불 이후에 자연적으로 재생한 소나무림이라면 그것은 이차림이며, 극상에 가까운 숲은 자연림으로, 일차림에 해당한다.

ㅈ

자가수분 (自家受粉, autogamy): 동일한 하나의 식물체(개체) 속에서 같은 화분(花粉)에 의하여 암술이 꽃가루받이(受粉) 되는 현상. 타가수분의 대응되는 개념이다: 자화수분(自花受粉 또는 同花受粉, 같은 꽃 송이 속에서 수분), 인화수분(隣花受粉, 이웃하는 꽃 송이에서 유래하는 꽃가루로 수분). 하지만 양성화(兩性花, 짝꽃)의 속씨식물에서는 화분 발아 또는 화분관 신장이 억제됨으로써 자가수분에 의하여 수정이 성취되지 않도록 하는 자가불화합성 (自家不和合性, self-incompatibility)이란 특성을 가지고 있는 경우도 있다.

자생종 (自生種, wild species): 일명 향토종으로 그 지역에 저절로 사는 모든 야생종(野生種)에 대하여 일반적으로 사용하는 용어. (귀화식물 참조).

자연림 (自然林, natural forest): 이차림에 대응되는 개념이며, 일차림을 말한다. 교란 이후에 자연적으로 재생된 숲이라고 해서 자연림이라고 이해하는 경우가 있지만, 그것은 이차림이다. 식물사회학적 종조성에서 명백히 구분되는 별개의 식물사회이다.

자웅동주 (雌雄同珠, hermaphrodite, 암수한그루): 동일 개체에 암수(雌雄)의 꽃차례를 함께 가지고 있는 식물. 암수한그루 라고도 한다.

자웅이주 (雌雄異株, dioecism, 암수딴그루): 각각 다른 개체에 단성화(單性花, 외송이꽃), 즉 자화와 웅화가 생기는 경우로 암수딴그루 라고도 한다.

자원식물 (資源植物, plant resources): 이미 이용되고 있거나, 잠재적 이용가치가 인정되고 있는 식물종에 대한 통칭.

잠재자연식생 (潛在自然植生, potential natural vegetation): 어떤 지역에 있어서 인간간섭을 완전히 배제하면서 현재의 자연환경 조건 즉 기후적·토지적 환경 조건 모두를 총화하여 자연적으로 발달하게 되는 극상식생을 포함한 종국식물사회 (終局植物社會). 1956년 튝센(R. Tüxen, 1899-1980)에 의하여 창시된 이론적 개념이며, 독일어로는 "heutige potentielle natürilche Vegetation"로 기술되어 있다. 그러므로 잠재자연식생은 반드시 "현재 (heutige, present)의 자연환경조건과 인간간섭 배제"라는 두 가지 필수 요건을 고려해야 한다. 자연식생의 복원을 위한 '적지적소 (適地適所)의 생태학적 정보'로써 활용 가능한 매우 중요한 개념이다. (참조: 『녹지생태학』 15쪽, 김종원 2006).

저습지 (低濕地, lowland wetland): 저지대에 위치하는 습지로 산지습지(山地濕地)에 대응되는 개념.

정수역(정체수역) (停水域; 停滯水域, lentic zone): 물흐름(流速)이 관찰되지 않는 물이 고인 영역으로 호소, 저수지, 연못, 댐, 그리고 작은 물 웅덩이 등이 해당하며, 유수역(流水域, lotic zone)에 대응되는 개념.

조림식생 (造林植生, afforestation vegetation): 인공적으로 조성(식재)하여 만든 삼림 식생.

조립질 (組立質, coarse texture): 모래 함량이 많은 토성으로 세립질(細粒質, fine texture)에 대응되는 개념이다. 토양 공극(孔隙)이 크기 때문에 통기성(通氣性)과 통수성(通水性)이 탁월하다.

지속식물군락 (持續植物群落, perpetual plant community): 서식 환경 조건의 특이성으로부터 천이 도중상(途中相: 극상으로 향하는 식생 천이가 진행되는 도중의 식물사회상)으로 유지되고 있는 식물군락.

지중식물 (地中植物, geophyte): 땅 속에 휴면아(休眠芽, bud)를 두고 있는 라운키에르의 식물 생활형의 하나. 상대적으로 반지중식물보다 휴면아를 더욱 깊은 곳에 두고 있으며, 주로 지표면 가까이에 돌이나 바위로 피복되어 있는 입지에서 빈도 높게 관찰된다.

지표식물 (地表植物, chamaephyte): 휴면아가 지상에 노출되어 있으며, 지상 30cm 이하에 위치하는 라운키에르의 식물 생활형의 하나.

지표종 (指標種, indicator species): 서식처의 특정 환경 조건에 대하여 분포 특이성을 보여주는 종. 따라서 서식처 환경 조건에 대한 지표성이 아주 강한 것을 의미한다. 군락분류학적 단위식생(單位植生, syntaxa)의 진단종군은 넓은 의미로 지표종에 포함되지만, 경관이나 생태계 수준보다 작은 서식처의 수준에서 그 서식처의 환경 조건을 특징짓는 지표종은 군락분류학의 군집(群集, association) 수준 이하의 단위식생에 대한 표징종이나 구분종과 동일하기도 한다.

진단종 (診斷種, diagnostic species): 군락분류학적 단위식생을 특징짓는 표징종(標徵種, character species), 구분종(區分種, differential species), 항수반종(恒隨伴種, constant companion species) 등에 대한 통칭. (참조: 『녹지생태학』 114쪽, 김종원 2006).

ㅊ

천근성 (淺根性, shallow-rooted): 뿌리가 땅 속의 지표면 가까이로 퍼져나가는 양식. 심근성(深根性, deep-rooted)에 대응되는 개념이며, 침엽수종에서 쉽게 관찰할 수 있는데, 다양한 근균(根菌)과의 공생 관계에서 나타나는 생태적 그리고 유전적 특성이다.

천이 (遷移, succession): 어떤 일정한 제한된 공간(서식처) 속에서 시간의 경과에 따라 일어나는 일련의 구성멤버(종조성) 변화 양상. 천이에 영향을 미치는 구성멤버의 출생, 사망, 이주 등에 대한 일련의 생물 과정을 연구하는 분야를 군락동태학(群落動態學, syndynamics)이라 한다.

추계형 식생 (秋季型, autumn type): 춘계형 식생에 대응되는 개념으로 동일한 서식처에 여름 이후에 발달하는 종조성으로 이루어진 식물사회. 주로 로제트형의 월년초 초본으로 이루어진 경작지 잡초 식생 (segetal weed vegetation)이 좋은 사례(예: 냉이-지칭개군집(김종원, 남화경, 1998)이다.

추수대 (抽水帶, emerged zone): 정수역 또는 유수역의 물 가장자리에서 잔물결의 영향을 자주 받게 되는 불안정한 입지. 연안대(littoral zone) 가운데에서 표연안대(epilittoral zone)에 속하지만, 평상 시에는 지면으로 노출되어 있다가, 증수(增水) 기간(장마철 또는 홍수)에 일시적으로 얕은 수심으로 침수되는 영역이다.

춘계형 식생 (春季型, spring type): 추계형 식생에 대응되는 개념으로 동일한 서식처에서 여름 이전까지 발달하는 종조성을 가지고 있는 식물사회. 주로 여름형 1년생 초본으로 이루어진 경작지 잡초 식생이 좋은 사례(예: 뚝새풀군락, 자운영군락 등)이다.

충매화 (蟲媒花, entomophilous flower): 곤충에 의하여 꽃가루받이(受粉)가 성취되는 꽃. 살충제에 의한 곤충 개체군 크기의 위축은 꽃가루받이 기회를 저감함으로써 충매화 개체군 크기에 심각한 위협 요소로 작용한다.

충적지 (沖積地, alluvial land): 하천 범람원처럼 퇴적작용에 의하여 발달한 입지.

침수식물 (沈水植物, submerged plants): 식물체 전체가 물 속(수면 하)에 위치하고, 뿌리를 물 바닥에 고정하고 있는 식물. 검정말과 같은 말 종류가 전형적인 사례이다.

침수식생 (沈水植生, submerged vegetation): 침수식물로 이루어진 식물사회.

침수엽 (沈水葉, submerged leaf): 침수식물이 가지고 있는 물 속에 잠기는 잎으로 물 깊이에 따라 잎 형태에 변형이 관찰되기도 한다. 물질경이의 침수엽은 수심에 따라 잎의 크기가 크게 다르다.

침투귀화종 (浸透歸化種; invasive alien species): 귀화식물 가운데, 지역의 생물다양성과 고유 생태계에 부정적인 영향을 미치는 종 그룹. (귀화식물 참조).

ㅌ

타가수분 (他家受粉, allogamy): 서로 다른 식물체(개체) 간의 꽃가루받이로 자가수분(自家受粉, autogamy)에 대응되는 개념.

타감작용 (他感作用, allelopathic effects): 서로 다른 생물종 사이에서 또는 개체 사이에서 그들이 만들어 낸 여러 가지 생화학적 대사산물(상대 영향 물질)에 의해 상호 간에 성장과 번식에 영향을 끼치게 되는 현상으로서 원격현상(遠隔現狀)이라고도 한다. 이러한 타감작용은 한 장소에 대한 식물종 간의 점유 경쟁을 해석함에 적용하기도 한다.

탈출외래종 (脫出外來種, ergarsiophygophyten): 귀화식물 가운데 도입 방법에 따라 분류되는 범주로 인간에 의하여 의도적(intentional)으로 도입되었다가 야생 상태로 탈출하여 자연 분포하는 경우이다. 주로 원예, 조경, 농경, 토목 건설 등에서의 이용으로 일부러 도입되었는데, 이차적으로 그 일부가 탈출한(escaping) 종(逸出種)이다. 이러한 탈출외래종은 그 분포가 지역 생태계에 영향을 미칠 정도로 가시적(可視的)이지는 않지만, 장기적으로는 그 모니터링(추적 감시)이 요구되는 대상이다. (귀화식물 참조).

태평양아형 (太平洋亞型, pacific subtype): 동북아 군락지리학적 연구로부터 획득된 식생지리형(syngeographical type) 가운데 하나로서 대륙형(continental type)에 대응되는 해양형(oceanic type)에 속하는 하위 식생지리형이다. (식생지리학 참조).

터주서식처 (ruderal habitat): 인간의 간섭이 미치는 서식처로서 특히 질소와 인에 의한 부영양화 환경에 노출되어 있는 토양을 가지고 있으면서 간섭의 빈도가 빈번한 서식처이다. 쓰레기터, 길가, 빈터 등이 전형적인 사례이며, 농촌 경작지와 같은 경작서식처(耕作棲息處, segetal habitat)에 대응되는 개념이다. 터주서식처와 경작서식처는 모두는 전형적인 인위서식처(synanthrophic habitat)에 속한다. (인위서식처 참조).

터주식물종 (ruderal species): 터주서식처에 분포 중심지를 가지고 있는 종으로 일반적으로 잡초(weed)로 분류되는 종 그룹은 대부분 여기에 속한다.

터주식생 (ruderal vegetation): 터주식물종이 중심이 되어 발달하고 있는 식물사회. 한삼덩굴군락은 전형적인 터주식생이다.

특산속 (特産屬, endemic genus): 생물지리학적으로 특정 지역(地理區系)에만 분포하는 속(屬). 한반도 특산속으로 미선나무속(*Abeliophyllum*)이 있음.

특산종 (特産種, endemic species): 울릉도 너도밤나무처럼 지리학적으로 또는 생물지리학적으로 특정 지역(地理區系)에만 분포하는 종.

ㅍ

표연안대 (表沿岸帶; epilittoral zone): 일명 조간대(潮間帶)라 하며, 습지 가장자리에 위치하는 연안대(littoral zone) 가운데에서도 수심이 가장 얕은 구역이며, 외곽에 항상 지표면으로 노출되어 있는 땅(upland)과 이어져 있다. 갈대와 같은 고경초본식물이 대표적이다.

표징종 (標徵種, character species): 군락분류학적 단위식생(syntaxa)에 대한 진단종군의 하나로서 군집(群集, association) 이상의 상급 단위(higher units)에 대한 진단종의 명칭이다.

표현형 (表現型, phenotype): 생물종이 가지는 독특한 외부 형태로서 유전자형(genotype)에 대응하는 개념.

품종 (品種, forma): 생물종에 대한 분류학에서 가장 낮은 수준의 분류계급에 해당하며, 개체유전적 안정성이 매우 낮은 그룹. 이에 비하여 변종(變種, variety)은 지리적 격리로부터 분화한 보다 안정적인 분류군이라 할 수 있다.

풍매화 (風媒花, air pollination): 바람을 이용하여 확산되어 꽃가루받이(受粉)를 성취하는 것으로 대부분의 벼과 식물종에서 전형적이다.

풍산포 (風散布, anemochore): 식물의 종자 산포 양식에서 바람을 이용해서 널리 퍼져 가는 양식.

풍충지 (風衝地, windswept area): 바람맞이에 위치하는 곳으로서 주로 돌출된 지형이거나 바람길

(風動)에 위치하고 있다.

ㅎ

하록활엽수림대 (夏綠闊葉樹林帶, summergreen broad-leaved forest zone): 냉온대(冷溫帶, cool-temperate zone)를 특징짓는 낙엽활엽수종(落葉闊葉樹種)으로 이루어진 삼림 식생대로 상록활엽수림대(常綠闊葉樹林帶)에 대응되는 개념.

하식애 (河蝕崖, river cliff): 하천의 침식작용 등으로 인하여 생긴 하천 절벽. 하천이나 강의 감입곡류 구간에서 자주 관찰된다. (구하식애 참조).

하원식생 (河源植生, stream-bed vegetation): 물길 구간 폭이 넓은 하천 바닥에서 발달하고 있는 식물사회. 주로 평탄하면서도 가운데가 완만하게 솟아오른 지형으로 비교적 청정한 모래와 자갈이 퇴적된 곳이다. 한국 특산의 단양쑥부쟁이가 우점하는 식물군락이 대표적이다.

학명 (學名, scientific name): 생물종을 분류하는데 이용되는 국제명명규약에 따라 표준화된 학술이름. 학명은 라틴어로 기재하며, 일반적으로 속명(屬名)과 종소명(種小名)으로 이루어진 린네의 이명법(二名法)에 따른다. 소나무(赤松)의 학명은 '*Pinus densiflora* Sieb. *et* Zucc.'인데, 속명 피누스(*Pinus*)와 종소명 덴시플로라(*densiflora*) 그리고 명명자(命名者) 시볼디(P.F. Siebold)와 쥬카리니(J.G. Zuccarini)의 이름으로 이루어져 있다.

한발 (旱魃, drought): 생태계에 미치는 자연재해의 하나로서 심한 가뭄을 의미한다. 한발에 의한 피해는 식물사회가 발달하고 있는 서식처의 미지형과 토질에 따라서 크게 다르게 나타난다.

해식애 (海蝕崖, sea cliff): 해양과 육지가 접하는 경계에서 바닷물에 의한 해식(海蝕)과 풍화(風化)의 물리적 화학적 작용에서 생성된 절벽.

해양성 기후 (海洋性 氣候, oceanic climate): 대륙성 기후에 대응되는 개념으로 연중(年中) 일중(日中) 기온과 강수량 패턴의 진동 폭이 대륙성 기후보다 상대적으로 크게 좁다. 따라서 해양성 기후 지역에서는 수분스트레스나 산불에 의한 피해 발생 빈도가 대륙성 기후 지역에 비하여 매우 낮다. 우리나라에서 가장 해양성 기후 특성을 잘 나타내는 지역은 울릉도이며, 한반도 속에서 영남분지 지역의 가장 대륙성 기후 특성을 보여주는 지역이다.

해양성 온대 기후 (海洋性 溫帶 氣候, oceanic temperate-climate): 온대 지역 속에서의 해양성 기후. 일본열도는 한반도에 대응하여 전형적인 해양성 온대 기후 지역이다.

해양형 식생 (海洋型 植生, oceanic vegetation type): 동북아 식생지리형(syngeographical type) 가운데 대륙형(大陸型, continental type) 식생에 대응되는 개념이다. 일본열도에서 너도밤나무류로 대표되는 낙엽활엽수림은 전형적인 해양형 식생이다.

헛줄기 (假幹, rhizophore): 줄기처럼 보이지만, 실제로는 뿌리와 단근체(担根體)라는 기관이 합쳐져서 생성된 기관. 마치 줄기처럼 보이지만 사실상 뿌리에서 파생된 기관이며, 지표면 가까이에 붙어사는 식물종에서 주로 볼 수 있는데, 이 헛줄기 끝에 잎이 달려 있는 부처손이 좋은 사례이다.

호광성 식물 (好光性 植物, heliophyte): 양지를 좋아하는 또는 직사광선을 인내할 수 있는 특성을 가진 식물. 일반적으로 선구성 식물종이 가지고 있는 생태 형질이다. 내음성(耐陰性) 식물(shade tolerator; sciophyte)에 대응되는 개념이다.

호질소성 식물 (好窒素性 植物, nitrophilous plants): 비옥한 토양을 선호하는 식물.

환동해 지역 (環東海 地域, East Sea Rim): 동해를 중심으로 둘러싸고 있는 지역으로 한반도, 만주, 연해주, 일본열도 등이 포함된다. 동해의 존재에 의하여 이들 지역은 각 지역별로 자연환경과 식생이 독특하게 분화되어왔다.

후빙기 (後氷期, post-glacial age): 신생대 제4기 플라이스토세(충적세) 빙하기 이후의 현재까지의 지질 시대. 약 1만 년 전 이후의 시기로서 후빙기 기간 속에서도 여러 차례의 간빙기(間氷期)를 포함하고 있고, 현존식생에 직접적으로 영향을 주었다.

휴경작지 (휴경지) (休耕作地, abandoned fields): 경작을 하지 않고 방치하고 있지만, 잠재적으로 경작지로 이용 가능한 토지.

희귀종 (稀貴種, rare species): 개체군 크기(population size)나 상대적 생체량(relative biomass)이 작은 생물종, 그리고 생태계 내에서 총체적 영향력(total impact)이 크지 않는 생물종은 희귀종 범주에 들어간다. 그러한 희귀성(rariety)은 공간적으로 광역적(regional), 지방적(provincial), 국지적(local), 그리고 국가적(national) 등의 수준에 따라 판정된다. 최소존속개체군(最小存續個體群; minimum viable population) 크기 이하의 희귀종은 가까운 기간 내에 멸종 위기에 처하고 만다.

우포늪 지역에서 드물게 관찰되는 희귀종 '박하'(Mentha arvensis var. piperascens). 하지만 예전에는 재배할 정도로 흔하였으며, 그 이름도 '영생이'이란 고유 명칭을 가지고 있었다. (『한국 식물사회 생태도감』 제 2 권 우포편 「생활 속의 식물생태도감」 참조)
Mentha arvensis var. piperascens, rare species in the region of Upo wetland.

참고 문헌

참고문헌

"덜 갖고, 더 많이 존재하라"

헬렌 니어링(1992)의 『아름다운 삶, 사랑 그리고 마무리』에서

도움이 된 자료들

■ 인용 문헌

강은영. 2007. 우포늪의 교란된 제방에서 식생 구조의 계절적 변화. 경상대학원 석사학위논문.

건설교통부 · 부산지방국토관리청. 2003. 토평천 종합치수대책 수립보고서(2)-생태조사 보고서.

건설교통부 · 부산지방국토관리청. 2004. 토평천(지방2급) 하천정비 기본계획.

경남발전연구원. 2007. 우포늪 보전 및 복원을 위한 마스터플랜 수립. 경상남도.

구필수. 1985. 우포 자연습원식생의 군락생태학적 연구. 석사학위논문. 영남대학교.

국립환경과학원 2006. 생태계위해성이 높은 외래종 정밀조사 및 선진외국의 생태계교란종 지정현황 연구. 인천: 국립환경과학원.

권혁재. 1976. 낙동강 하류지방의 배후습지성 호소. 지리학회지 14:1~8.

권혁재. 2005. 남기고 싶은 지리 이야기: 우리 자연 우리의 삶. 법문사.

김수남. 2001. 한국산 수생식물의 생태와 원예화에 관한 연구. 박사학위논문. 서울여자대학교.

김종원. 2006. 녹지생태학. 제 2 판. 서울: 월드사이언스출판사.

김종원, 류승원, 이진국, 박정원, 이율경, 심재원, 강영훈, 김수경, 주기재, 김구연, 도윤호, 이찬우, 윤주덕. 2009. 하천생태학 그리고 낙동강. 대구: 계명대학교 출판부.

김종원, 이은진. 1997. 다항목 매트릭스 식생평가 기법. 식생의 자연성 평가에 대한 새로운 기법과 그 적용. 한국생태학회지 20: 303-313.

김종원, 최병기. 2011(투고 중). 장도습지의 군락분류 및 식물지리 특성.

김중욱. 1983. 화왕산 및 영취산일대 화강암류의 암석학적 연구. 석사학위논문. 경북대학교.

김형민. 2006. 우포늪 식생에 관한 생태학적 연구. 석사학위논문. 창원대학교.

농림부. 1997. 농촌마을 생태관광지 조성 기본계획: 제 3 차 년도 최종보고서. 과천: 농림부.

박기현. 2006. 계절변화에 따른 우포늪의 습생수생관속식물군락의 변화에 관한 생태학적 연구. 석사학위논문. 창원대학교 .

박수현. 1995. 한국귀화식물원색도감. 서울: 일조각.

백승엽. 1988. 우포습지의 생태학적 연구. 석사학위 논문. 중앙대학교.

손명원, 전영권. 2003. 낙동강 하류 연안 자연습지의 자연지리적 특성. 학국지역지리학회지 9(1):66~76.

손성곤. 2000. 우포늪 식물상 추가 조사.

신윤호. 1983. 토평천 연안 충적평야의 지형발달. 석사학위논문. 경북대학교.

안경환, 김종원, 이창우. 2009. 우포늪의 기저지형(基底地形). 한국생물과학협회 정기학술대회: B-4101.

안경환. 2010. 우포늪 식생의 유형분류와 공간분포 분석. 박사학위논문. 계명대학교.

오경환, 김철수, 이팔홍, 손성곤. 2004. 우포늪과 토평천의 식물상. 한국습지학회지 6(3):107-118.

오경환, 손성곤. 1999. 우포늪 식물상 추가 조사.

오경환. 1990. 수생관속식물의 호소생태계의 부영양화에 미치는 영향. 경상대학교 기초과학연구소보 6:91-108.

오경환. 1990. 수생관속식물이 호소생태계의 부영양화에 미치는 영향. 한국과학재단 연구보고서. 47p. 100종류 (우포늪 전 지역).

오경환. 2002. 국가장기생태연구 조사보고서(04~07년도).

오경환. 2004~2006. 1~3차 국가장기생태연구 식물상

우포늪생태관. 2010. 우포늪 개관. http://www.upo.or.kr (2010년 10월 1일 검색).

이율경, 김종원. 2005. 『한국의 하천식생』. 대구: 계명대학교출판부.

이율경. 2004. 우리나라 하천식생의 군락분류 및 군락생태. 박사학위논문. 계명대학교.

이정준. 2008. 우포늪에서 수환경요인과 식물플랑크톤군집의 동태 및 예측. 박사학위논문. 대구대학교.

이창우. 2009. 우포습지의 버드나무속 주요 3종의 공간분포. 석사학위논문. 계명대학교.

조강현, 김준호. 1994. 수심에 따른 줄 개체군의 경엽부 생장 비교. 한국생태학회지 17:59-67.

조현제. 2000. 대구광역시 도시림의 생태적 보전 및 관리를 위한 식생단위구분. 대구산업정보대학 논문집 14: 291-306.

창녕군. 1997. 우포, 목포늪 생태계 보전 방향. 경남개발연구원. 396p.

최범영, 박기화, 박관순, 황재하, 권석기. 2007. 한반도 남동부의 제4시 지구조운동 특성: 한반도 남동부의 제4기 지구구조운동. 한국의 지질 논문집 3:91-104.

한국자원연구소. 1999. 한반도 지각변형 연구. 대전: 운진문화사.

한국환경정책 · 평가연구원. 2008. 우리나라 주요 습지의 경제적 가치평가연구. 인천: UNDP/GEF 국가습지보전사업관리단.

홍성천, 김용원, 박재홍, 오승환, 김진섭, 장병태. 2002. 울릉군 원색식물도감. 대구: 동아문화사.

환경부. 2007. 습지보전기본계획. 서울: 환경부.

환경부 · 국립환경과학원. 2004. 습지보호지역 정밀조사: 장도습지. 인천: 국립환경과학원.

환경부 · 국립환경과학원. 2006. 습지보호지역 정밀조사: 낙동강 하구 、우포늪 、무제치늪. 인천: 국립환경과학원.

환경청. 1987. 우포늪, 주남저수지 생태계 조사. 212p.

환경부 · 국립환경과학원. 2009. 2009습지보호지역 정밀조사: 담양하천습지 · 두웅습지. 서울: 환경부.

崎尾均, 山本福壽. 2002. 『水辺林の生態学』. 東京: 東京大學出版会.

大隈光善. 1986. 筑後川下流域における「チクゴスズメノヒエ(新称)」の生態と防除に関する研究. 雑草研究 33: 209-211.

Armstrong, K. 2007. The Great Transformation: The Beginning of Our Religious Traditions. Taxas: Anchor.

Carter, J., P. L. Billy. 2002. A review of the literature on worldwide distribution, spread of, and efforts to eradicate the Coypu(Myocastor coypus). Wildlife Society Bulletin 30: 162-175.

Cwikiel, W. 1998. Living with Michigan's wetlands: a landowner's guide-(Third printing). Tip of the Watershed Coundil; Michigan. http://www.michigan.gov/deq/0,1607,7-135-3313_3687-10502--,00.html (accessed 18 September, 2009).

Gandhi, M and M.K. Gandhi. 1994. An Autobiography: The Story of My Experiments with Truth. Ahmadabad: Navajivan Publishing House.

Gleick, P. H. 1996. Water resources-In Encyclopedia of Climate and Weather. New York: Oxford University.

Global Invasive Species Database. 2009. Myriophyllum aquaticum. National Biological Information Infrastructure (NBII) and IUCN/SSC Invasive Species Specialist Group (ISSG): The Global Invasive Species Programme (GISP) and the National Biological Information Infrastructure, Manaaki Whenua-Landcare Research and the University of Auckland. http://www.issg.org/database/species/ecology.asp?si=401&fr=1&sts (accessed 3 October, 2009).

Grumbine, R. E. 1994. What is ecosystem management? Conservation Biology 8: 27-38.

Kim, J.W. 1992. Vegetation of Northeast Asia, on Syntaxonomy and Syngeography of the Oak and Beech Forests. Wien: Disseration of the University of Vienna.

Klapper, H. 1991. Control of Eutrophication in Inland Waters. New York: EllisHorwood.

Mitsch, W. J. and J. G. Gosselink 2000. Wetlands: 3rd edition. New York: John Wiley & Sons.

Nakamura, M., S. Utsumi, T. Miki, and T. Ohgushi. 2005. Flood initiates bottom-up cascades in a tri-trophic system: host plant regrowth increases densities of a leaf beetle and its predators. Journal of Animal Ecology 74: 683-691.

Northeast Region National Wildlife Refuge System Home. 2009. Nutria and Blackwater Refuge: How have the nutria damaged the marsh? http://www.fws.gov/blackwater/nutriafact.html (accessed 13 September, 2009).

Primack, R. B. 2004. A Primer of Conservation Biology: 3rd edition. Messachusetts: Sinauer Associates.

Ramsar Convention Secretariat. 2009. International cooperation: Guidelines for international cooperation under the Ramsar Convention on Wetlands. Ramsar handbooks for the wise use of wetlands, 3rd edition, vol. 17 (2007): Ramsar Convention Secretariat, Gland, Switzerland. http://www.ramsar.org/pdf/lib/lib_handbooks2006_e17.pdf (accessed 1 October, 2009).

Ramsar. 2001. Wetland values and function-water purification: World Wetlands day, Activities reportied for 2001. Switzerland: Ramsar. http://www.ramsar.org/pdf/info/values_waterpurification_e.pdf (accessed 20 December, 2010).

Schuyt, K. and L. Brander. 2004. The economic values of the world's wetlands: WWF living waters-Conserving the source of life. Switzerland: WWF. http://www.panda.org/downloads/freshwater/wetlandsbrochurefinal.pdf(accessed 20 February, 2011).

Science Daily. 2008. Science News: Massive Greenhouse Gases May Be Released As Destruction, Drying Of World Wetlands Worsen. ScienceDaily. http://www.sciencedaily.com/releases/2008/07/080720150209.htm (accessed 20 February, 2011).

Seiwa, K., M. Tozawa, N. Ueno, M. Kimura, M. Yamasaki, and K. Maruyama. 2008. Roles of cottony hairs in directed seed dispersal in riparian willows. Plant Ecol 198: 27-35.

Semlitsch, R.D. and R.B. Jensen. 1998. Are Small, Isolated Wetlands Expendable?. Conservation Biology 12: 1129–1133.

Shaffer, M. L. 1981. Minimum population sizes for species conservation. BioScience 31: 131-134.

USDA and NRCS. 2009. Global Invasive Speies Database. Washington: USDA.

참고가 된 문헌

강상준, 조규송, 최기룡. 2010.『살아있는 자연사박물관, 대암산 용늪』. UUP.

공우석. 2003. 제 11장 제 4기 식생사.『한국의 제 4 기 환경』서울: 서울대학교출판부.

권혁재. 2000. 한국의 산맥. 대한지리학회 35: 389~400.

권혁재. 1976. 낙동강 하류지방의 배후습지성 호소. 지리학회지 14: 1~8.

김성중. 2008. 신생대 제4기 말기의 기후변동과 원인에 대한 고찰. 지질학회지 44: 63~80.

김성환. 2007. 회남자(유안). 고대 집단지성의 향연. e시대의 절대사상 027. 살림.

김연옥. 2003. 제 10장 제4기 기후변동.『한국의 제 4 기 환경』. 서울: 서울대학교출판부.

김용기, 김우권. 1971. 낙동강유역의 수리지질학적 연구. 경북대학교논문집 15: 43~83.

김우관, 최희만. 1993. 고령·창녕지역의 수치지도 데이터구축과 지형분석. 지리학회지 12·13: 1~16.

김우권. 1979. 낙동분지 지형의 고도점 분포 분석. 지리학회지 19: 1~12.

김인수. 1985. 한반도 및 동아시아의 지질구조 발달과 판구조이론(Ⅰ): 동아시아의 지체구조와 단층계. 부산대학교 자연과학대학 논문집 40.

김인수. 1985. 한반도 및 동아시아의 지질구조 발달과 판구조이론(Ⅱ): 한반도의 지체구조발달과 동해의 형성. 부산대학교 자연과학대학 논문집 40.

김중욱. 1983. 화왕산 및 영취산일대 화강암류의 암석학적 연구. 석사학위논문. 경북대학교.

김종원, 남화경. 1998. 논경작지 식생의 군락분류 및 군락생태학적 연구. 한국생태학회지 21: 203~215.

김종원, 이승은, 안경환, 이창우. 2007. 낙동강 본류 및 주요하천의 홍수시 저류공간으로서의 습지평가. 부산: 낙동강물환경연구소.

김종원, 이율경. 2006. 식물사회학적 식생조사와 평가방법. 서울: 월드사이언스출판사.

김찬수, 박계헌, 백인성. 2005. 백악기 신라역암 내 화산암력의 40Ar/39Ar 연대 및 하양층군의 퇴적시기에 대한 고찰. 암석학회지 10: 38~44.

김충현. 1991. 상분지 서남부 함안층-진동층 경계부의 층서 및 퇴적. 석사학위논문. 경북대학교.

김한규, 전용만, 윤병남 역. 1991.「동양문화사. 상」(페어뱅크, J.K. 등 저). 서울: 을유문화사.

농업기상정보시스템. 2008. Available: http://weather.rda.go.kr/.(2008년 11월 10일 접속.)

박동원. 2006. 경남 창녕지역 백악기층의 퇴적상과 층상대비에 관한 연구. 석사학위논문. 공주대학교.

박선주. 2003. 제 15장 한반도의 갱신세(플라이스토세) 고인류와 동물상. 『한국의 제 4 기 환경』 pp. 483~499. 서울: 서울대학교출판부.

박수진, 손일. 2005. 한국 산맥론(Ⅰ): DEM을 이용한 산맥의 확인과 현행 산맥도의 문제점 및 대안의 모색. 대한지리학회 40: 126~152.

손명원. 2001. 우리나라 저위하안단구의 형성요인. 한국지역지리학회지 7: 71~81.

송영주. 2002. 한반도 남부 저지대의 식생변천에 관한 화분학적 연구. 박사학위논문. 울산대학교.

송용선, 박맹언, 박계헌. 2006. 울릉도와 독도 화산암의 생성연대 및 진화사. 한국암석학회 15: 72~80.

안경환, 김종원. 2005. 대구지역 노상식물군락의 분류와 분포특성. 한국생태학회지 28: 31~36.

양재혁. 2007. 한반도 남해안의 해안지형 특색 및 발달과정. 박사학위논문. 한국교원대학교.

오경섭. 2006. 한반도 지표피복물의 결빙구조로 인식되는 제4기 주빙하 기후지형 환경. 한국지형학회지 13: 1~17.

오홍식 역. 2006. 『블랙 아테나』(마틴 버낼 저). 서양 고전 문명의 아프리카, 아시아적 뿌리. 제 1권 날조된 고대 그리스, 1785~1985. 서울: 소나무

유인창, 최선규, 위수민. 2006. 한반도 동남부 백악기 경상분지의 형성과 변형에 관한 질의. 자원환경지질 39: 129~149.

유정은. 1993. 하천 충적층의 층후와 층상구조에 관한 연구-낙동강과 한강을 중심으로. 석사학위논문. 이화여자대학교.

윤순옥. 1994. 도대천 충적평야의 홀로세 퇴적환경. 지리학총 21: 1~22.

윤순옥, 조화룡. 1996. 제4기 후기 영양분지의 자연화경변화. 대한지리학회지 31: 447~468.

윤순옥, 황상일. 2003. 제3장 우리나라 화분과 규조의 제 4기 생층서와 환경. 『한국의 제 4 기 환경』 서울: 서울대학교출판부.

윤웅구, 박병권, 한상준. 1977. 한반도 후빙기 해면변화의 지형학적 증거. 지질학회지 13: 15~22.

이광수. 1985. 나 / 나의 고백. 춘원문고. 서울: 우신사.

이금산, 조화룡. 1998. 경상도 지역에 있어서 지질별 지형 특성 분석. 한국지형학회 5: 1~19.

이승구, Hiroshi Shimizu, Akimasa Masuda, 송용선. 1992. 한반도 선캠브리아기 기저암의 지각형성사. 한국암석학회 1: 124~131.

이승은. 2009. 경남지역의 낙동강 잠재범람습지의 식생유형분류와 군락생태. 석사학위논문. 계

명대학교.
이우철. 1996. 한국식물명고. 서울: 아카데미서적.
이은주, 김주원, 김고운, 서성은, 조경제. 2005. 낙동강 홍수 범람시 우포늪의 홍수저류량과 수질정화능 평가. 대한상하수도학회·한국물환경학회 2005년도 공동 추계학술발표회 논문집. pp. 469~474.
이인순, 이팔홍, 손성곤, 김철수, 오경환. 2001. 남강유역에서 환경 구배에 따른 버드나무속의 분포와 생태적 지위. 한국생태학회지 24: 289~296.
이정은. 2006. 백악기 함안층에 발달된 자연사기록- 산상 및 과학교육자료고서의 활용. 석사학위논문. 부경대학교.
이진수. 1991. 경상퇴적분지내에 분포하는 백악기 화산암류의 암석 지구화학적 연구. 석사학위논문. 이화여자대학교.
이호선, 송용선, 박계헌. 2002. 중부 영남육괴 김천일대 선캠브리아기 편마암의 저어콘 화학연대. 암석학회지 11: 157~168.
임록재, 도봉섭. 1988. 식물도감. 평양: 과학출판사.
장은재, 김종원. 2007. 노거수 생태와 문화. 노거수 100선 생태기행. 서울: 월드사이언스출판사.
전호태. 2005.『가야의 불교와 고분벽화』. 한국문화총서 5. 울산: 울산대학교출판부.
정영목 역. 2010.『축의 시대』. (암스트롱, 카렌저)
정영호. 2006. 동양사상의 백과사전 ①. 여씨춘추 12기. 서울: 자유문고.
정영호. 2006. 동양사상의 백과사전 ②. 여씨춘추 8람 中. 서울: 자유문고.
정용규, 김원. 2001. 해당화군목의 군락분류학적 재고. 한국생태학회지 24: 2567~271.
정진순. 2004. 낙동강 하류의 습지환경 변화 연구. 석사학위논문. 한국교원대학교.
조광진, 김종원. 2005. 아까시나무림의 군락분류와 군락생태. 한국생태학회지 28: 15~23.
창녕군. 2007. 통계연보.
최성길. 2007. 단구지형으로부터 본 한국 동해안의 후기 갱신세 환경변화와 지구적 규모의 환경변화 비교. 한국지형학회지 14: 29~39.
최성길. 1998. 충남 서해안에 있어서 제사기 지형발달과정의 연구를 위한 기준시간면 설정에 관한 시론적 연구. 한구지형학회지 5: 21~40.
최진규. 2010. 오리나무(오리목 또는 적양). http://kherb.com.ne.kr/herbstory/8a-13.htm (2010년 1월 9일 접속). 울산: 자연의학연구소.
최홍근. 1986. 한국산 수생관속식물지. 박사학위 논문. 서울대학교.
한국지질자원연구원. 2010. http://www.kigam.re.kr/ (2010년 1월 10일 접속)
한국지질자원연구원. 2003. 심부시추 코아를 이용한 후기 제4기 고기후 변화 연구.

한국지질자원연구원. 2001. 한반도 지각변형사 연구-후기중생대-신생대 지각변형사(1).
한남대박물관. 2010. 옥천 대천리 신석기유적. 한남대학교 중앙박물관. 유적 발굴 및 조사 연구. http://bakmul.hannam.ac.kr/sub/sub04/sub_0402.jsp (2010년 5월 10일 접속).
함석헌. 1983. 간디자서전. 나의 진리실험 이야기. 파주: 한길사.
황구근, 허민, 백인성. 2004. 경상남도 창녕군 도천리의 백악기 진동층에서 산출된 용각류 공룡의 보행열. 지질학회지 40: 145~159.
황상일, 윤순옥. 2005. 한반도 신생대 제4기 식생 및 기후환경 변화. 지리학회지 24: 154~180.

中村俊夫. 2000. 放射線炭素年代測定法の基礎. in: 日本先史時代の14C年代. 日本第4紀学会 3~20.
中村俊夫. 2000. 14C年代から歴年代への較正. in: 日本先史時代の14C年代. 日本第4紀学会 21~40.
德光宣之. 1938. 朝鮮の林藪 (장미아, 김남기, 배재수, 김진성. 역주. 생명의숲국민운동본부. 2007. 지오북).
藤原一絵(編). 1996.『日本植生誌』群落体系総目録. 第2版. 横浜国大環境研紀要 22: 23~80.
宮脇昭. 1988. 日本植生誌. 至文堂. 東京.
宮脇昭, 奥田重俊. 1978. 日本植生便覽. 至文堂. 東京.

Adler, W., K. Oswald, and R. Fischer. 1994. Exkursionsflora von Österreich. Ulmer.
Begon, M., J.L. Harper, and C.L. Townsend. 1990. Ecology. Individuals, Populations and Communities. (2nd ed.). Boston: Blackwell Scientific Publications.
Braun-Blanquet, J. 1923: Ober die Genesis der Alpenflora. Verh. Naturf. Ges. Basel 35(1): 243~261.
CBD(Convention for Biological Diversity). 2008. Invasive alien species. (downloaded in 2008; http://www.cbd.int/invasive/WhatareIAS.shtml).
Choi, K.R. 1998. The Post-glacial Vegetation history of the lowland in Korean Peninsula. Korean J. Ecol. 21: 169~174.
Cook, C.D.K., B.J. Gut, E.M. Rix, J. Schneller, and M. Seitz. 1974. Water Plants of the World. The Hague: Dr. W. Junk Publishers.
Ellenberg, H. 1982. Vegetation Mitteleuropas mit den Alpen in ökologischer Sicht. Stuttgart: Verlag Eugen Ulmer.
FOC. 2010. Flora of China. Online version from Harvard University. Available: http://www.efloras.org/ (accessed 6 December, 2010)

Gleason, H.A. and A.C. Cronquist. 1993. Manual of Vascular Plants of Northeastern United States and Adjacent Canada. (2nd edition). New York: The New York Botanical Garden.

Grime, J.P., J.G. Hodgson, and R. Hunt. 1988. Comparative Plant Ecology. A functional approach to common British species. London: Unwin Hyman Ltd.

Gupta, A.K. 2004. Origin of agriculture and domestication of plants and animals linked to early Holocene climate amelioration. Current Science 87: 54~59.

Herger, T. 2000. Biologische Invasionen als komplexe Prozesse: Konsequenzen für den Naturschutz. Natur und Landschaft 75: 250~255.

Hilbig, W. 1995. The Vegetation of Mongolia. Amsterdam: SPB Academic Publishing.

Jeong, E.-K., K.-S. Kim, M. Suzuki, and J.-W. Kim. 2009. Fossil woods from the Lower Coal-bearing Formation of the Janggi Group (Early Miocene) in the Pohang Basin, Korea. Review of Palaeobotany and Palynology 15: 124~138.

Karrenberg, S., P.J. Edwards, and J. Kollmann. 2002. The life history of Salicaceae living in the active zone of floodplains. Freshwater Biology 47: 733-~748.

Kim, K.-O., S.-H. Hong, Y.-H. Lee, C.-S. Na., B.-H. Kang, and Y.-H. Son. 2009. Taxonomic status of endemic plants in Korea. J. Ecol. Field Biol. 32: 277~293.

Kowarik, I. 1988. Zum menschlichen Einfluß auf Flora und Vegetation. Landschaftsentwicklung und Umweltforschung 56: 1~280.

Lovvorn, M.B., G.C. Frison, and L.L. Tieszen. 2001. Paleoclimate and Amerindians: Evidence from stable isotopes and atmospheric circulation. PNAS(Proceedings of the National Academy of Sciences of the United States of America) 98: 2485~2490.

Mito, U. and T. Uesugi. 2004. Invasive alien species in Japan: The status quo and the new regulation for prevention of their adverse effects. Global Environmental Research 8: 171~191.

Nahm, W.-H., J.-K. Kim, D.-Y. Yang, J.-Y. Kim, S.-H. Yi, K.-M. Yu. 2006. Holocene paleosols of the Upo wetland, Korea: Their implications for wetland formation. Quaternary International 144: 53~60.

NIER. 2008. Alien Plants in Korea. <http://alienplant.nier.go.kr> (Accessed 17 December, 2008).

Numata. M. 1974. The Flora and Vegetation of Japan. Tokyo: Kodansha Limited.

Oberdorfer, E. 1983. Pflanzensoziologische Excursionsflora. Stuttgart: Verlag Eugen Ulmer.

Robinson, H., A. M. Powell, R. M. King, and J. F. Weedin. 1981. Chromosome numbers of compositae, XII: Heilantheae. Smithsonian Contributionjs to Botany, No. 52. Washington: Smithsonian Institution Press.

Robinson, R.A. and W.R. Sutherland. 1999. Ecography 22: 447~454.

Roch, C. 1992. Weeds: Indigobush. PNW430. Washington: Washington State University Cooperative Extension.

Salisbury, Edward J. 1964. Weeds and aliens. 2nd edn. London: Collins.

Sculthorpe, C.D. 1967. The Biology of Aquatic Vascular Plants. London: Edward Arnold.

Shen-Miller, J., J. W. Schopf, G. Harbottle, R. Cao, S. Ouyang, K. Zhou, J. R. Southon, and G. Liu. 2002. Long-living lotus: germination and soil-irradiation of centuries-old fruits, and cultivation, growth, and phenotypic abnormalities of offspring. American Journal of Botany 89: 236~247.

Shyu, Y. T., S. Y. Liu, H. Y. Lu, and H. I. Liu. 1994. Effects of watering depth on the agronomic characters, yield, and quality of *Euryale ferox* Salisbury. J. Agric. Res. China 43: 402~411. (in Chinese with English summary)

Skvortsov, A. K. 1968 Willows of the USSR. Moscow: Nauka.

Smirnoff, N. and R.M.M. Crawford. 1982. Variation in the structure and response to flooding of root aerenchyma in some wetland plants. Annals of Botany 51: 237~249.

Smith, W. and C. Anthon. 1880. A New Classical Dictionary of Greek and Roman Biography, Mythology and Geography V1. New York: Harper & Brothers, Publishers.

Snell, R. and L.W. Aarssen. 2005. Life history traits in selfing versus outcrossing annuals: exploring the 'time-limitation' hypothesis for the fitness benefit of self-pollination. BMC Ecology 5: 1~14.

Stearn, W.T. 1992 (4th ed.). Botanical Latin. David and Charles Ltd., Portland: Timber Press.

Stüber, E. 1989. Der Österreichische Naturführer in Farbe. Innsbruck: Pinguin-Verlag.

Takhtajan, A. 1986. Floristic Regions of the World. California: University of California Press.

Waldstedt, V. P. 1962. Über die Gliederung des Quartärs und Pleistozäns. Eiszeitalter und Gegenwart 13: 115~124.

Walter, J. F. Essl, T. Englisch, and M. Kiehn. 2005. Neophytes in Austria: Habitat preferences and ecological effects. NEOBIOTA 6: 13~25.

Wilmanns, O. 1978. Ökologische Pflanzensoziologie. UTB 269. Heidelberg: Quelle & Meyer.

"흙과 나무와 풀과 꽃, 새와 짐승들을 가까이
하십시오. 구름과 별과 달과 바람과 이슬을 보고
우주의 아름다움과 신비를 느낄 수 있어야 합니다.
그리고 우리 마음속에 깃들어 있는
자연스러움도 함께 일깨워야 합니다."

법정(2009)의 『일기일회』속에서

■ 일반용어 색인

[F]

[G]

[H]

[I]

[J]

[K]

[L]

[ㄴ]

[ㄷ]

[ㄹ]

[ㅅ]

[ㅇ]

[ㅈ]

[ㅊ]

[ㅎ]

■ 식물종 및 식물군락 찾아보기

[C]

[D]

[E]

[F]

[G]

[H]

[I]

[J]

[K]

[Q]

[T]

[U]

[V]

[W]

[Y]

[Z]

[ㄱ]

[ㄴ]

[ㄷ]

[ㄹ]

[ㅁ]

[ㅂ]

[ㅅ]

[ㅇ]

[ㅈ]

[ㅊ]

[ㅋ]

[ㅌ]

"하늘에는 천지天池요, 땅에는 우포牛浦라"

원고를 마무리 하면서, 우연히 '우포'란 키워드로 인터넷 공간을 산책하였다. 그런데 오래 전부터 내 잠재의식 속에 맴돌고 있었던 표어와 완전히 일치하는 글귀가 눈에 띄었다. 그것은 구한말의 『조선지지(朝鮮地誌』속에 "하늘에 백두산 천지(天池)가 있다면, 땅에는 경남 창녕에 우포(牛浦)늪이 있다"는 것이었다. 한 잡지(KOREANA, 2009년 여름호, 23권 2호) 속에 게재된 글 속에서였다. 얼른 『조선지지(朝鮮地誌』 원본(1895년)을 구해서 그 표어를 찾아 보았다. 그런데 몇 번이고 훑어보았지만, <조선지지(朝鮮地誌)> 마지막 102쪽 '종終' 자字가 나오기까지 그런 내용은 안타깝게도 보이지 않았다.

사실 "하늘에는 천지(天池)요, 땅에는 우포(牛浦)라"란 표어는 1996년 여름 우포늪을 만나서 마음 깊은 곳으로부터 저절로 솟아나온 나만의 혼잣말이었다. 그로부터 두 해가 지난 후, 1998년 8월 28일, KBS창원방송총국에서 6시간 특별생방송 '우포늪을 지킵시다'를 위한 사전 기획 회의 날 이른 아침, 총국장실에서 차 한 잔을 나누면서 그 표어를 공개적으로 제안한 바 있다. 그 자리에는 현 문화재위원장 이인규 박사, 부산대 장혁표 전총장을 비롯한 우포늪을 지키고, 국립자연사를 유치하고자 뜻을 같이했던 지역 인사들도 함께 했으며, 존경하는 고 송명재 선생님도 계셨다.

1991년 8월 19일 쾌청한 한 여름날, 필자는 서슬 퍼런 공산독재 소련과 중공의 땅을 간신히 통과하고 마침내 백두산 정상에 올라 천지를 만났을 때의 그 순간이 우포늪으로 이어졌던 것이다. "천지는 나의 정신"이었고, "우포는 나의 몸"이였음을 직감했던 것이다. "하늘 못은 우리의 혼魂이며 이상理想 세계라면, 우포늪은 우리의 육신肉身이면서 실체적 삶"이라는 등식이 만들어진다. 원고를 마감하면서 놓칠 뻔 했던 우포철학을 담을 수 있어서 정말 다행스럽다.

인류문화학자 레비-스트로스는 인간의 글자는 진실을 드러내기는커녕, 오히려 그 진실을 마구 뒤틀어놓는 악이 될 수 있다는 위험성을 지적하였다. 그러므로 글자의 집합, 책이란 것이 얼마나 위험한 존재인지를 알아차리고도 남는다. 인간에게 통시적通時的 역사가 있다면, 자연에는 공시적空時的 역사가 있는데, 이 자연 역사의 바탕(서식처)이 녹색의 식물사회(식생)이다. 『한국식생지』라는 것은 현시점에 발달하고 있는 한국 식물사회의 주민등록표와 같은 것인데, 이것이야말로 추호의 허상虛像을 담아서는 아니 되는 순수 학문의 에센스이다. 한국의 자연사를 왜곡하지 않은 채 있는 대로 담아내는 것도 무척 어려운 과제이지만, 그 자연사를 뒤틀리지 않도록 정성을 다하는 것에 심혈을 기울이지 않을 수 없었다. 『한국식생지』의 첫걸음으로써 『한국 식물사회 생태도감』 제 1 권 「우포늪의 식물군락」편을 겨우 갈무리했다. 사실 우포늪에 살고 있는 식물사회를 있는 그대로 기록하는 일인데도 우포늪을 드나든 지, 십 수 년만의 일이다. 오래 끌었다고 본질적으로 달라질 것도 없는데, 해야 할 일을 뒤로 미루었던 어리석음을 참회할 뿐이다. 그러면서도 여전히 크고 작은 오류가 있을 것이며, 독자들에게 심기를 불편하게 하는 어려운 문장이나 내용이 여전히 포함되어 있을 것 같다. 매 맞을 각오를 하고 있다. 제 2 권에서 보다 나은 책이 되도록 더욱 치밀하게 준비할 것을 다짐해 본다. (橡然齋에서 참나무처럼)

생태학 노트는 날로 두터워지는데…!
어찌하여 자연생태계는 나날이 사라져 가는가?

심득궁행(心得躬行)

橡然 **김종원**(金鍾元) 대표저자
경북 영양 출생
오스트리아 비엔나대학 (이학박사)
(현) 계명대학교 교수
식물사회학(생태학), 보전생물학
연구주제: 한국식생지, 잠재자연식생, 생태계 보전

Kim, Jong-Won(Sangyeon), Ph.D.
Associate Professor of Ecology and Conservation Biology in Keimyung University, Daegu (S. Korea)

I am a vegetation ecologist interested in understanding syntaxonomy and syngeograpghy of plant communities, and recently also initiating research on relic forests involving potential natural vegetation, in particular historical village forests of the Korean peninsula. (phone: +82 10 9773 5213; twitter: @quercetea; email: jwkim@kmu.ac.kr)

안경환(安耿煥) 공동저자
대구 출생
계명대학교 (이학박사)
(현) 국립환경과학원 책임연구원
식물사회학(생태학)
연구주제: 잠재범람습지의 식생, 습지생태계 보전전략

Ahn, Kyung-Hwan, Ph.D.
Researcher of Environmental Resources Research Department in National Institute of Environmental Research, Inchon (S. Korea)

My major research objectives are oriented towards understanding the vegetation classification in the wetlands. I work across spatial scales from the species level to the landscape level in relation to wetland ecosystem management. (phone: +82 10 9525 7363; email: phytosociology@gmail.com or wetland74@korea.kr)

이창우(李昶雨) 공동저자
서울 출생
계명대학교 생물학과 (박사과정)
(현) 국립환경과학원 연구원
식물사회학(생태학)
연구주제: 귀화식물의 생태학

Lee, Chang-Woo (Ph.D. candidate)
Associate Researcher of National Institute of Environmental Research, Incheon (S. Korea)

I am interested in vegetation-based ecosystem management and developing of vegetation-based index of biotic integrity for Korean Peninsula in relation to invasive alien plant species. (phone: +82 10 5191 0320; email: vegetation@korea.kr)

최병기(崔炳琦) 공동저자
경남 합천 출생
계명대학교 (박사과정 수료)
(현) 계명대학교 생물학과 대학원생
식물사회학, 생태학
연구주제: 동북아 난온대상록활엽수림의 군락생태, 한국식생지

Choi, Byoung-Ki (Ph.D. candidate)
Environmental Researcher of Freshwater Ecology Research Lab. in Nakdong River Environment Research Center, Goryeong (S. Korea)

I have a special interest in distribution and richness of warm-temperate evergreen forests of Northeast Asia in terms of vegetation science. (phone: +82 10 2776 0310; email: yerange@kmu.ac.kr)

한국 식물사회 생태도감 1

우포늪의 식물군락

초판1쇄 인쇄 2011년 6월 20일
초판1쇄 발행 2011년 6월 30일

지은이 · 김종원 · 안경환 · 이창우 · 최병기
펴낸이 · 신 일 희
펴낸곳 · 계명대학교출판부
704-701 대구광역시 달서구 신당동 1000
전화 053-580-6233
팩스 053-580-6235
홈페이지 www.kmupress.com
출판등록 · 제347-1998-1호(1970.9.1)
디자인 · 편집 · (주)이환디앤비 02-2254-4301
총괄 디렉터 · 박 정 원
본문 편집 · 유 진 경
인쇄 · (주)현 문
제본 · 광성문화사

ISBN 978-89-7585-557-3 96480 정가 39,000원

*잘못된 책은 교환하여 드립니다.